よくわかる
微分積分概論

笹野一洋・南部徳盛・松田重生　共著

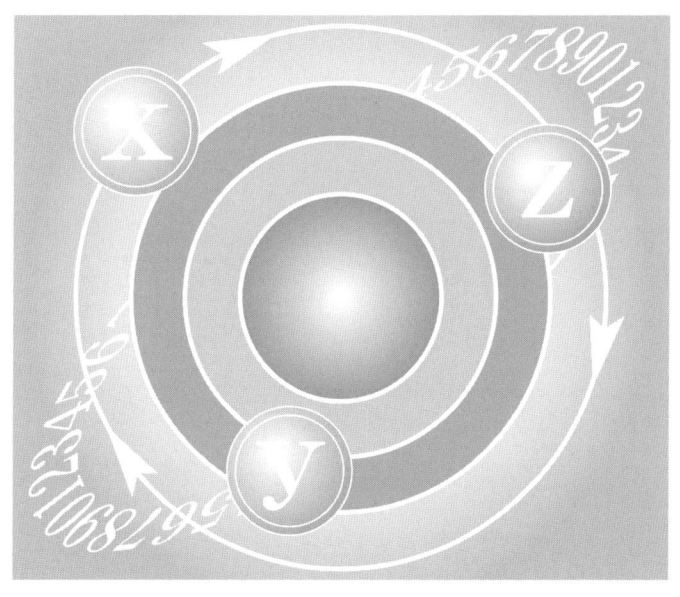

近代科学社

・本書の複製権・翻訳権・譲渡権は株式会社近代科学社が保有します.
・ JCOPY 〈(社)出版者著作権管理機構 委託出版物〉
本書の無断複写は著作権法上での例外を除き禁じられています.
複写される場合は,そのつど事前に(社)出版者著作権管理機構
(https://www.jcopy.or.jp, e-mail: info@jcopy.or.jp) の許諾を得てく
ださい.

まえがき

　本書は，大学初年級の学生を対象とする微分積分の入門用テキストである．第1章から第5章で1変数関数の微分積分について講じ，第6章と第7章では多変数関数の微分積分を考察し，第8章では簡単な微分方程式を取り扱う．

　現在，大学の初年級の学生に対する微分積分の教科書が数多く出版されている．このような状況で敢えて本書を出版するにあたり，著者三人は，長年にわたる大学での初年級の微分積分の講義経験を踏まえ，解り易さと学生の陥りやすい間違いの是正に特に注意を払って執筆した．

　また，高校新教育課程の内容をも検討し，新課程の数学IIまでしか履修していない学生であっても大学の微分積分をやさしく会得できるように留意した．また，多変数関数や空間図形が苦手な学生のために，図をなるべく多く使用した．

　さらに，教科書の問題の解答を求める学生の声も取り入れて，本書の問と演習問題の解答をまとめた演習書を別途執筆した．この演習書を併用することにより，本書の内容を確実に会得できると期待される．

　1変数関数の微分積分だけを到達目標とする場合には第1章から第5章までを，さらに，簡単な微分方程式までを到達目標に加える場合には第8章も学習することを薦める．また，多変数関数までを到達目標とするならば第1章から第7章までを学習することを薦める．第1章から第3章を簡略にすませるには，第1章の逆三角関数とその性質，および第3章の逆三角関数の微分と高次の導関数以降を学習すれば十分と思われる．

　本書の執筆にあたり，一部を「微分積分概論」（南部徳盛著）（近代科学社1990年発行）から引用した．また，一部の図の作成には数式処理ソフトMathematica, Mapleを使用した．

　なお，南部が1,2,3,8章を，松田が6章を，笹野が4,5,7章を担当した．

　この本の出版に際し，近代科学社の福澤富仁編集部長，吉原寿和営業部長に大変お世話になりました．ここで，著者一同心からお礼申し上げます．

2004年10月

著者一同

目　次

第1章　準備と助走 ……………………………………………………………… 1
1.1　この本で用いる記号について ………………………………………… 1
1.2　数列とその極限 …………………………………………………………… 2
1.3　関数 ………………………………………………………………………… 10
1.3.1　関数の定義 …………………………………………………………… 10
1.3.2　単調関数の定義 ……………………………………………………… 10
1.4　整関数, 分数関数 ………………………………………………………… 10
1.4.1　整関数 ………………………………………………………………… 10
1.4.2　分数関数 ……………………………………………………………… 11
1.5　逆関数, 合成関数, 無理関数 …………………………………………… 11
1.5.1　1対1の関数と上への関数 ………………………………………… 11
1.5.2　逆関数 ………………………………………………………………… 12
1.5.3　合成関数 ……………………………………………………………… 13
1.5.4　無理関数 ……………………………………………………………… 14
1.6　三角関数 …………………………………………………………………… 15
1.6.1　角の測り方 (度数法と弧度法) ……………………………………… 15
1.6.2　三角関数 ……………………………………………………………… 16
1.7　指数関数と対数関数 ……………………………………………………… 19
1.7.1　指数と指数関数 ……………………………………………………… 19
1.7.2　対数と対数関数 ……………………………………………………… 20
1.8　逆三角関数 ………………………………………………………………… 22
1.9　双曲線関数 ………………………………………………………………… 24
1.10　無限級数 …………………………………………………………………… 26
演習問題 1 ………………………………………………………………………… 28

第2章　1変数関数の極限と連続性 …………………………………………… 32
2.1　関数の極限 ………………………………………………………………… 32

2.2	連続関数 …………………………………………………………………	38
演習問題 2 ………………………………………………………………………		43

第 3 章　1 変数関数の微分 …………………………………… **45**

- 3.1　微分可能の定義と導関数 …………………………………………… 45
- 3.2　微分法の公式 ………………………………………………………… 49
- 3.3　高次導関数 $f^{(n)}(x)$ …………………………………………………… 56
  - 3.3.1　2 次導関数 $f''(x)$ ……………………………………………… 57
  - 3.3.2　高次導関数 $f^{(n)}(x)$ …………………………………………… 59
- 3.4　平均値の定理とその応用 …………………………………………… 62
- 3.5　テイラーの定理とテイラーの近似多項式 ………………………… 65
- 3.6　テイラー級数展開とマクローリン級数展開 ……………………… 70
- 3.7　微分の応用 …………………………………………………………… 72
  - 3.7.1　不定形の極限値 ………………………………………………… 72
  - 3.7.2　極値 ……………………………………………………………… 74
- 3.8　方程式 $f(x)=0$ の数値解 x について …………………………… 77
- 演習問題 3 ……………………………………………………………………… 81

第 4 章　不定積分 ……………………………………………… **86**

- 4.1　不定積分の定義 ……………………………………………………… 86
- 4.2　置換積分・部分積分 ………………………………………………… 88
- 4.3　有理関数の不定積分 ………………………………………………… 92
- 4.4　いろいろな関数の不定積分 ………………………………………… 97
- 演習問題 4 ……………………………………………………………………… 101

第 5 章　定積分 ………………………………………………… **103**

- 5.1　定積分の定義 ………………………………………………………… 103
- 5.2　微分積分の基本定理：不定積分との関係 ………………………… 106
- 5.3　置換積分・部分積分 ………………………………………………… 109
- 5.4　広義積分 ……………………………………………………………… 112
- 5.5　定積分の応用 ………………………………………………………… 116
  - 5.5.1　区分求積法 ……………………………………………………… 116

	5.5.2　面積・体積・長さ ………………………………………	117
5.6	発展：定積分 $\int_a^b f(x)dx$ の数値積分について ………………	123
	5.6.1　中点公式 (長方形の面積の和として定積分の値を近似) ……	124
	5.6.2　台形公式 (台形の面積の和として定積分の値を近似) ………	124
	5.6.3　シンプソン公式 (2次曲線の面積の和として定積分の値を近似) ……	125
5.7	発展：フーリエ級数 ………………………………………………	127
	5.7.1　フーリエ級数の定義 ………………………………………	127
	5.7.2　フーリエ級数の性質 ………………………………………	131
演習問題 5 ……………………………………………………………………		132

第 6 章　多変数関数 … **135**

6.1	多変数関数 …………………………………………………………	135
	6.1.1　基礎事項 ……………………………………………………	135
	6.1.2　偏微分係数と偏導関数 ……………………………………	139
	6.1.3　方向微分 ……………………………………………………	141
	6.1.4　勾配 …………………………………………………………	142
	6.1.5　高次偏導関数 ………………………………………………	143
6.2	全微分とその応用 …………………………………………………	145
	6.2.1　全微分 ………………………………………………………	145
	6.2.2　線形近似 ……………………………………………………	147
	6.2.3　接平面 ………………………………………………………	148
	6.2.4　変数の変換，合成関数の微分 ……………………………	148
	6.2.5　合成関数の微分法と方向微分 ……………………………	152
6.3	テイラーの定理 ……………………………………………………	154
6.4	極値 …………………………………………………………………	157
6.5	陰関数 ………………………………………………………………	160
6.6	条件付き極値 ………………………………………………………	161
演習問題 6 ……………………………………………………………………		162

第 7 章　重積分 … **164**

7.1	2 重積分の定義 ……………………………………………………	164

7.2	2重積分の計算方法	167
	7.2.1 累次積分	167
7.3	変数変換：重積分の置換積分	174
	7.3.1 変数変換による面積の拡大率	174
	7.3.2 変数変換の公式	177
	7.3.3 極座標による変数変換	180
	7.3.4 空間での変数変換	182
7.4	広義積分	186
7.5	立体の体積	189
7.6	曲面積	191
演習問題 7		196

第8章 微分方程式 199

8.1	序	199
8.2	変数分離形	199
8.3	同次形	201
8.4	完全微分方程式	203
8.5	1階線形微分方程式	204
8.6	定数係数の2階線形微分方程式	207
	8.6.1 定数係数の同次2階線形微分方程式について	207
	8.6.2 定数係数をもつ非同次2階線形微分方程式について	210
	8.6.3 定数係数をもつ非同次2階線形微分方程式 (8.17) の特解 y_p の求め方	210
8.7	解の一意性定理と存在定理	213
演習問題 8		214

問と演習問題の略解	**218**
索 引	**233**

ギリシャ文字

大文字	小文字	発音 英語での表記	大文字	小文字	発音 英語での表記
A	α	アルファ alpha	N	ν	ニュー nu
B	β	ベータ beta	Ξ	ξ	グザイ，クシー xi
Γ	γ	ガンマ gamma	O	o	オミクロン omicron
Δ	δ	デルタ delta	Π	π	パイ pi
E	ϵ, ε	イプシロン epsilon	P	ρ	ロー rho
Z	ζ	ゼータ，ツェータ zeta	Σ	σ	シグマ sigma
H	η	イータ，エータ eta	T	τ	タウ，トウ tau
Θ	θ, ϑ	シータ，テータ theta	Υ	υ	ウプシロン upsilon
I	ι	イオタ iota	Φ	ϕ, φ	ファイ，フィー phi
K	κ	カッパ kappa	X	χ	カイ chi
Λ	λ	ラムダ lambda	Ψ	ψ	プサイ，プシー psi
M	μ	ミュー mu	Ω	ω	オメガ omega

第1章 準備と助走

　日頃，新聞，雑誌，専門書等の中で，数学はよく用いられている．例えば，種々の現象をグラフを用いて説明し，また，縦軸，横軸を用い，その時間的経過に伴う説明，今後の予測をしている．その際に，無意識に数列，関数が用いられる．また，パソコン，携帯用の電卓には多くの基本的な関数キーがある．これらの関数を知らないことには，パソコン，電卓は宝の持ちぐされになる．

　以下，この本で用いる記号を説明し，数列 $\{a_n\}$ の収束性，いくつかの基本的な1変数関数 $f(x)$ について説明する．

1.1 この本で用いる記号について

　$\mathbb{N}$ は自然数全体の集合 $\{1, 2, 3, \cdots\}$ を表し，$\mathbb{Z}$ は整数全体の集合 $\{0, \pm 1, \pm 2, \pm 3, \cdots\}$ を表す．表現 $p \in \mathbb{Z}$ は p が集合 $\mathbb{Z}$ の**元（要素）**であることを意味する．p, q に対して，分数 $\dfrac{p}{q}$ を有理数という．有理数全体の集合を $\mathbb{Q}$ で表す．$\mathbb{R}$ は実数全体の集合を表す．また，条件 $\cdots$ を満たす数 x の全体の集合を記号 $\{x \mid x \text{ は } \cdots \text{ を満たす}\}$ を用いて表す．

　区間について：a, b を実数とする．次のものを総称して**区間**という．
- (i) $[a, b] = \{x \mid x \in \mathbb{R}, a \leq x \leq b\}$ を**閉区間**という．
- (ii) $(a, b) = \{x \mid x \in \mathbb{R}, a < x < b\}$ を**開区間**という．
- (iii) $[a, b) = \{x \mid x \in \mathbb{R}, a \leq x < b\}$
- (iv) $(a, b] = \{x \mid x \in \mathbb{R}, a < x \leq b\}$
- (v) $(-\infty, \infty) = \mathbb{R}$

注 1.1. 記号 ∞ は**無限大**と呼ぶ．記号 ∞ はイギリスのワリス (John Wallis,

1616〜1703) という人が初めて使用した．なお，∞ は数ではないので，その使い方に注意を要する．

注 1.2. 記号 $\leq$ は記号 $\leqq$ と同じで，さらに，記号 $\geq$ は記号 $\geqq$ と同じである．この本では $\leq$，$\geq$ の記号を用いる．

注 1.3. $\max(a,b)$ は a と b での大きい数を表し，$\min(a,b)$ は a と b での小さい数を表す．S を数の集合とするとき，$\max S$ は S の中での最大数を，$\min S$ は S の中での最小数を表す．

実数の性質　実数 x, y, z に対して次が成り立つ：

1. $xy \leq |xy| = |x||y|$
2. $|x + y| \leq |x| + |y|$
3. $||x| - |y|| \leq |x - y|$
4. $x \leq y \leq z$ のとき，$|y| \leq \max(|x|, |z|) \leq |x| + |z|$．
5. a を正の数とする．$|x - y| \leq a$ ならば，$|x| \leq |y| + a$．

問 1.1.1. 実数 x, y, z に対して次の不等式を証明せよ．

1. $x \leq y \leq z$ のとき，$|y| \leq \max(|x|, |z|) \leq |x| + |z|$．
2. a を正の数とする．$|x - y| \leq a$ ならば，$|x| \leq |y| + a$．

1.2　数列とその極限

数列 $\{a_n\}$ とその極限 $\lim_{n \to \infty} a_n$ について考える．
無限個の数の列

$$a_1, a_2, a_3, \cdots, a_n, \cdots$$

を**数列**といい，記号 $\{a_n\}$ で表す．各数 a_n を数列 $\{a_n\}$ の**項**といい，a_1 を**初項**，n 番目の a_n を $\{a_n\}$ の**一般項**という．

1.2. 数列とその極限

（数列の収束）

数列 $\{a_n\}$ において,「n を限りなく大きくするとき，a_n が一定の値 L に限りなく近づく」ならば，数列 $\{a_n\}$ は L に**収束する**といい，L を数列 $\{a_n\}$ の「**極限**」または「**極限値**」という．このとき,

$$\lim_{n\to\infty} a_n = L \qquad \text{または} \qquad a_n \to L \quad (n\to\infty) \tag{1.1}$$

と書く．

（数列の発散）

数列 $\{a_n\}$ が収束しないとき，数列 $\{a_n\}$ は**発散する**という．

（数列の正の無限大への発散）

数列 $\{a_n\}$ において，n を限りなく大きくするとき，a_n が限りなく大きくなるならば，数列 $\{a_n\}$ は**正の無限大に発散する**という．このとき,

$$\lim_{n\to\infty} a_n = \infty \qquad \text{または} \qquad a_n \to \infty \quad (n\to\infty) \tag{1.2}$$

と書く．

（数列の負の無限大への発散）

数列 $\{a_n\}$ において，n を限りなく大きくするとき，$a_n < 0$ で $|a_n|$ が限りなく大きくなるならば，数列 $\{a_n\}$ は**負の無限大に発散する**という．このとき,

$$\lim_{n\to\infty} a_n = -\infty \qquad \text{または} \qquad a_n \to -\infty \quad (n\to\infty) \tag{1.3}$$

と書く．

（数列の振動）

発散する数列が正の無限大にも負の無限大にも発散しないとき，数列 $\{a_n\}$ は**振動する**という．

数列の極限に関する性質は次の通りである：

定理 1.4. $\lim_{n\to\infty} a_n = L$, $\lim_{n\to\infty} b_n = M$ で，α, β は定数とするとき，次の関係が成り立つ：

1. $\lim_{n\to\infty} (\alpha a_n + \beta b_n) = \alpha L + \beta M$

2. $\displaystyle\lim_{n\to\infty}(a_n b_n)=LM$

3. $\displaystyle\lim_{n\to\infty}\frac{a_n}{b_n}=\frac{L}{M}\quad(b_n\neq 0, M\neq 0)$

4. $\displaystyle\lim_{n\to\infty}|a_n|=|L|$

5. $a_n\leq b_n\,(n=1,2\cdots)$ のとき, $L\leq M$

6. (はさみうちの原理) $a_n\leq c_n\leq b_n\,(n=1,2,\cdots)$ で, $L=M$ のとき,
$$\lim_{n\to\infty}c_n=L$$

7. $L>0$ のとき, 十分に大なる番号 m があって, m より大きいすべての n に対して $a_n>0$ である.

証明 $a_n\to L\,(n\to\infty)$ は $\displaystyle\lim_{n\to\infty}|a_n-L|=0$ と同じである. 仮定より $\displaystyle\lim_{n\to\infty}|a_n-L|=0$ かつ $\displaystyle\lim_{n\to\infty}|b_n-M|=0$ である.

1. $|(\alpha a_n+\beta b_n)-(\alpha L+\beta M)|\leq|\alpha||a_n-L|+|\beta||b_n-M|$.

2. $\displaystyle\lim_{n\to\infty}|a_n-L|=0$ より, $|a_n-L|>1$ なる n は有限個しかない. このことからある番号 m が存在して, m より大きいすべての n に対して $|a_n-L|<1$, すなわち, 問 1.1.1 より $|a_n|<|L|+1$ が成り立つ. よって $|a_n|\leq A\equiv\max(|a_1|,|a_2|,\cdots,|a_m|,|L|+1)(n\in\mathbb{N})$ となる定数 A が存在する.

$$|a_n b_n-LM|=|a_n(b_n-M)+M(a_n-L)|\leq A|b_n-M|+|M||a_n-L|.$$

3. $\displaystyle\lim_{n\to\infty}|b_n-M|=0$ より, $|b_n-M|\geq\frac{|M|}{2}$ なる n は有限個しかない. このことから, ある番号 m が存在して, m より大きいすべての n に対して, $|b_n-M|<\frac{|M|}{2}$ である. この絶対値をはずすと, $-\frac{|M|}{2}<b_n-M<\frac{|M|}{2}$, $M-\frac{|M|}{2}<b_n<M+\frac{|M|}{2}$. よって, 問 1.1.1 より $\frac{|M|}{2}<|b_n|<\frac{3}{2}|M|\,(m\leq n, n\in\mathbb{N})$ が成り立つ. $a_n M-Lb_n=M(a_n-L)+L(M-b_n)$ より,

$$\left|\frac{a_n}{b_n}-\frac{L}{M}\right|=\left|\frac{a_n M-Lb_n}{b_n M}\right|\leq\frac{2}{M^2}|M(a_n-L)+L(M-b_n)|$$
$$\leq\frac{2}{M^2}\{|M||a_n-L|+|L||b_n-M|\}.$$

4. $||a_n| - |L|| \leq |a_n - L|$.
5. $c_n = b_n - a_n \ (n \in \mathbb{N})$ とおくと $c_n \geq 0 \ (n \in \mathbb{N})$.
$\lim_{n\to\infty} c_n = M - L$ のとき $M - L \geq 0$ を示せばよい．いま，$\gamma = M - L$ とおき，$\gamma < 0$ と仮定する．$\lim_{n\to\infty} c_n = \gamma$ より，$|c_n - \gamma| \geq \dfrac{|\gamma|}{2}$ なる n は高々 m 個である．番号 m より大きいすべての $n \in \mathbb{N}$ に対して，$|c_n - \gamma| < \dfrac{|\gamma|}{2}$ である．この絶対値をはずすと

$$\gamma - \frac{|\gamma|}{2} < c_n < \gamma + \frac{|\gamma|}{2} = \frac{\gamma}{2} < 0 \qquad (m < n, n \in \mathbb{N}).$$

これは $c_n \geq 0 \ (n \in \mathbb{N})$ に矛盾する．$\therefore \gamma \geq 0 \quad (M \geq L)$.
6. $a_n - L \leq c_n - L \leq b_n - L$ より

$$|c_n - L| \leq \max(|a_n - L|, |b_n - L|) \leq |a_n - L| + |b_n - L|.$$

7. $\lim_{n\to\infty} |a_n - L| = 0$ で，$L > 0$ より，$|a_n - L| \geq \dfrac{L}{2}$ なる n は有限個しかない．このことから，ある番号 m が存在して，m より大きいすべての n に対して，$|a_n - L| < \dfrac{L}{2}$ である．この絶対値をはずすと，$\dfrac{L}{2} < a_n < \dfrac{3}{2}L \ (m \leq n, n \in \mathbb{N})$．故に，十分に大きな番号 m があって，m より大きいすべての n に対して $a_n > 0$ である． $\square$

さらに次の定理が成り立つ：

定理 1.5.

1. $a_n \leq b_n \ (n \in \mathbb{N})$ で

    (1) $\lim_{n\to\infty} a_n = \infty$ ならば，$\lim_{n\to\infty} b_n = \infty$.

    (2) $\lim_{n\to\infty} b_n = -\infty$ ならば，$\lim_{n\to\infty} a_n = -\infty$.

2. $\lim_{n\to\infty} a_n = \infty$ ならば，$\lim_{n\to\infty} \dfrac{1}{a_n} = 0$.

3. $\lim_{n\to\infty} |a_n| = 0$ ならば，$\lim_{n\to\infty} a_n = 0$.

単調数列

数列 $\{a_n\}$ が

$$a_1 \leq a_2 \leq \cdots \leq a_n \leq \cdots$$

を満たすとき，**単調増加数列**という．また

$$a_1 \geq a_2 \geq \cdots \geq a_n \geq \cdots$$

を満たすとき，**単調減少数列**という．単調増加数列と単調減少数列を総称して**単調数列**という．

有界な数列

数列 $\{a_n\}$ において

(1) ある定数 M があって，すべての n に対して $a_n \leq M$ が成り立つならば，**上に有界である**という．

(2) ある定数 m があって，すべての n に対して $a_n \geq m$ が成り立つならば，**下に有界である**という．

(3) 上にも下にも有界な数列を**有界数列**という．

この本では次の命題を公理として認める：

命題 1.6. 上に有界な単調増加数列は収束する．

注 1.7. この公理から「下に有界な単調減少数列は収束する」が成り立つのは明らかである．

例 1.1. 次の数列の収束，発散を調べよ．

1. $\lim_{n \to \infty} n = +\infty$ （発散）
2. $\lim_{n \to \infty} \dfrac{1}{n} = 0$ （収束）
3. $\lim_{n \to \infty} n^2 = +\infty$ （発散）
4. $\lim_{n \to \infty} \dfrac{n+1}{n} = 1$ （収束）
5. $\lim_{n \to \infty} \dfrac{2n^2 + n + 1}{n^2 - n + 1} = 2$ （収束）
6. $(-1)^n$ は振動

1.2. 数列とその極限

7. $\lim_{n\to\infty} \dfrac{1}{n^2} = 0$ （収束）

8. $\lim_{n\to\infty} (-1)^n \dfrac{1}{n} = 0$ （収束）

9. $\lim_{n\to\infty} \sqrt{n+1} - \sqrt{n} = 0$ （収束）

10. $\lim_{n\to\infty} \dfrac{1}{n}\sin n = 0$ （収束）

解

1. 2. 3. は明らかである.

4. $\lim_{n\to\infty} \dfrac{n+1}{n} = \lim_{n\to\infty}\left(1 + \dfrac{1}{n}\right) = 1.$

5. $\lim_{n\to\infty} \dfrac{2n^2+n+1}{n^2-n+1} = \lim_{n\to\infty} \dfrac{2+\dfrac{1}{n}+\dfrac{1}{n^2}}{1-\dfrac{1}{n}+\dfrac{1}{n^2}} = \dfrac{2}{1} = 2.$

6. n が偶数ならば, $(-1)^n = 1$ で, n が奇数ならば, $(-1)^n = -1$ だから振動する.

7. は明らかである.

8. $\left|(-1)^n \dfrac{1}{n}\right| \leq \dfrac{1}{n}$ より, $\lim_{n\to\infty} (-1)^n \dfrac{1}{n} = 0.$

9. $\sqrt{n+1} - \sqrt{n} = \dfrac{\{\sqrt{n+1}-\sqrt{n}\}\times\{\sqrt{n+1}+\sqrt{n}\}}{\sqrt{n+1}+\sqrt{n}} = \dfrac{1}{\sqrt{n+1}+\sqrt{n}}$

より,

$\lim_{n\to\infty} \sqrt{n+1} - \sqrt{n} = \lim_{n\to\infty} \dfrac{1}{\sqrt{n+1}+\sqrt{n}} = 0.$

10. $0 \leq \left|\dfrac{1}{n}\sin n\right| \leq \dfrac{1}{n},$ $\lim_{n\to\infty}\dfrac{1}{n}=0,$ はさみうちの原理より明らかである. ∎

記号 $\displaystyle\sum_{k=1}^{n} a_k$ について

$a_1 + a_2 + \cdots + a_n$ を $\displaystyle\sum_{k=1}^{n} a_k$ を用いて表す.

例 1.2.

1. $\displaystyle\sum_{k=1}^{n} k = 1 + 2 + 3 + \cdots + n = \dfrac{n(n+1)}{2}$

2. $a \neq 1$ のとき, $\displaystyle\sum_{k=1}^{n} a^{k-1} = 1 + a + a^2 + \cdots + a^{n-1} = \dfrac{1-a^n}{1-a}$

定理 1.8. (二項定理)　a, b を数とする. n を自然数とするとき,

$$\begin{aligned}(a+b)^n &= {}_nC_0 a^n + {}_nC_1 a^{n-1} b + {}_nC_2 a^{n-2} b^2 + \cdots + {}_nC_{n-1} ab^{n-1} + {}_nC_n b^n \\ &= \sum_{k=0}^{n} {}_nC_k a^{n-k} b^k\end{aligned}$$

が成り立つ. ただし, ${}_nC_k = \dfrac{n!}{k!(n-k)!}$ で, $0! = 1$ とする.

例 1.3. $r > 1$ のとき,

$$\lim_{n \to \infty} \frac{r^n}{n} = +\infty$$

解　$r = 1 + h\ (h > 0)$ とおく. 二項定理より, $r^n = (1+h)^n > \dfrac{n(n-1)}{2} h^2$.

$\dfrac{r^n}{n} = \dfrac{(1+h)^n}{n} > \dfrac{n-1}{2} h^2$. $\displaystyle\lim_{n\to\infty} \dfrac{n-1}{2} h^2 = +\infty$ より, $\displaystyle\lim_{n\to\infty} \dfrac{r^n}{n} = +\infty$.

例 1.4.　$a_n = \left(1 + \dfrac{1}{n}\right)^n$ とするとき,

1. $a_n < a_{n+1}\ (n = 1, 2, \cdots)$.

2. $a_n < 3\ (n = 1, 2, \cdots)$.

この例の証明は章末の演習問題 1 の 5 とする.

注 1.9. 記号　定数 e について
例 1.4 より, 数列 $\left\{\left(1 + \dfrac{1}{n}\right)^n\right\}$ は単調増加数列で上に有界である. よって命題 1.6 により, $\displaystyle\lim_{n\to\infty} \left(1 + \dfrac{1}{n}\right)^n$ が存在する. この極限値を e で表す. 定数 e は**自然対数の底**あるいは**ネピアの数**と呼ばれている. 定数 e は無理数で $e \fallingdotseq 2.71828\cdots$ である.

1.2. 数列とその極限

注 1.10. 定数 π に関する質問はないけれども，この定数 e に関する質問が多い．文字 e, π, i を初めて用いたのはオイラー（L. Euler, 1707-1783）である．

問 1.2.1. 次の関係を証明せよ．

1. $\displaystyle\sum_{k=1}^{n} k^2 = \frac{1}{6}n(n+1)(2n+1)$

2. $\displaystyle\sum_{k=1}^{n} k^3 = \left\{\frac{1}{2}n(n+1)\right\}^2$

問 1.2.2. 次の関係を証明せよ．

1. ${}_nC_k = {}_nC_{n-k}$ （ただし，$0 \leq k \leq n$）

2. ${}_nC_{k-1} + {}_nC_k = {}_{n+1}C_k$ （ただし，$1 \leq k \leq n$）

3. ${}_nC_0 + {}_nC_1 + \cdots + {}_nC_{n-1} + {}_nC_n = 2^n$

4. ${}_nC_0 - {}_nC_1 + \cdots + (-1)^j {}_nC_j + \cdots + (-1)^n {}_nC_n = 0$

問 1.2.3. a を定数とするとき，次の極限を調べよ：$\displaystyle\lim_{n\to\infty} a^n$．

問 1.2.4. $0 < r < 1$ のとき，次の極限を調べよ：$\displaystyle\lim_{n\to\infty} \frac{r^n}{n}$．

問 1.2.5. $\displaystyle\lim_{n\to\infty} a_n = \alpha$ で $a_n > 0$ $(n \in \mathbb{N})$ かつ $\alpha > 0$ のとき，$\displaystyle\lim_{n\to\infty} \sqrt{a_n} = \sqrt{\alpha}$ を示せ．

問 1.2.6. 次の数列は収束するかどうかを調べよ．収束するときはその極限値を求めよ．a は定数とする．

(1) $\{2^n\}$

(2) $\left\{\dfrac{(-1)^n}{n}\right\}$

(3) $\left\{\left(\dfrac{5}{2}\right)^n\right\}$

(4) $\left\{\dfrac{2^{n+1}-1}{2^n}\right\}$

(5) $\left\{\dfrac{(-1)^n + \sqrt{n}}{n}\right\}$

(6) $\{\sqrt[3]{n+1} - \sqrt[3]{n}\}$

(7) $\{\sqrt{n^2+1} - n\}$

(8) $\{(a^2 - 4a)^n\}$

(9) $\{a^n\}$ $(0 < a)$

1.3 関数

1.3.1 関数の定義

I, J を実数 $\mathbb{R}$ の部分集合とする．このとき，I の各数 x に対して，J のただ一つの数 $y = f(x)$ を対応させる規則 f が定義されているとき，この対応を**関数**(function)といい記号 $y = f(x)$ を用いて表す．そして

$$f : I \ni x \mapsto y = f(x) \in J, \quad \text{または} \quad y = f(x) \quad (x \in I)$$

と書く．このとき，I を関数 f の**定義域**，集合 $\{f(x) | x \in I\}$ を f の**値域**という．値域 $\{f(x) | x \in I\}$ を $f(I)$ で表す．

関数 $f(x)$ の定義域を明記しない場合には $f(x)$ が意味のある x 全体の集合を関数 $f(x)$ の定義域とする．

1.3.2 単調関数の定義

関数 $f(x)$ の定義域 I に属する任意の 2 数 x_1, x_2 に対して

$$x_1 < x_2 \text{ ならば } f(x_1) < f(x_2)$$

が常に成り立つとき，$f(x)$ は I 上で**単調増加関数**であるという．さらに $x_1 < x_2$ ならば，$f(x_1) > f(x_2)$ が常に成り立つときには，$f(x)$ は I 上で**単調減少関数**であるという．この二つを総称して単調関数という．

さらに，$x_1 < x_2$ ならば，$f(x_1) \leq f(x_2)$ $(f(x_1) \geq f(x_2))$ が常に成り立つとき，$f(x)$ は I 上で**広義の単調増加関数**（**広義の単調減少関数**）であるという．

以下基本的な関数を説明する．

1.4 整関数，分数関数

1.4.1 整関数

x の多項式 $a_n x^n + a_{n-1} x^{n-1} + \cdots + a_2 x^2 + a_1 x + a_0 (a_n, a_{n-1}, \cdots, a_1, a_0$ は定数) を**整式**という．整式で定義される関数を**整関数**という．

例 1.5. 次の関数 $f(x)$ の定義域, 値域, 単調性について答えよ.
  1. $f(x) = x^2 - 2x + 3$ 2. $f(x) = x^3$ 3. $f(x) = x^4$

解
1. 定義域は $\mathbb{R}$, $y = f(x) = (x-1)^2 + 2$ より値域は区間 $[2, \infty) = \{y \,|\, 2 \leq y\}$.
2. 定義域は $\mathbb{R}$, 値域は $\mathbb{R}$, $f(x)$ は $\mathbb{R}$ 上で単調増加関数である.
3. 定義域は $\mathbb{R}$, 値域は $[0, +\infty)$. ∎

1.4.2 分数関数

$f(x), g(x)$ を整式とする. このとき, $\dfrac{f(x)}{g(x)}$ を**分数式**という. 分数式で定義される関数を**分数関数**(または**有理関数**) という.

例 1.6.

1. $y = \dfrac{x}{x-1} \left(= 1 + \dfrac{1}{x-1}\right)$ の定義域は $\{x \,|\, x \neq 1\}$ である.

2. $y = \dfrac{1}{x^2 - 3x + 2} \left(= \dfrac{1}{x-2} - \dfrac{1}{x-1}\right)$ の定義域は $\{x \,|\, x \neq 1, x \neq 2\}$ である.

3. $\dfrac{x^2}{x^2 - 1} = 1 + \dfrac{1}{2}\left(\dfrac{1}{x-1} - \dfrac{1}{x+1}\right)$ の定義域は $\{x \,|\, x \neq -1, x \neq 1\}$ である.

問 1.4.1. 次の関数 $f(x)$ の定義域を求めよ.
(1) $\dfrac{x}{x+1}$ (2) $\dfrac{1-2x}{x-2}$ (3) $\dfrac{1}{x^2+1}$ (4) $\dfrac{x^2}{x^2-1}$ (5) $\dfrac{x^2}{x^2+1}$

注 1.11. 一般に関数の値域の求め方は難しいので, これについては第 3 章の微分の応用としてふれる.

1.5 逆関数, 合成関数, 無理関数

1.5.1 1 対 1 の関数と上への関数

集合 I, J を $\mathbb{R}$ の部分集合とし, 関数 $f : I \ni x \mapsto y = f(x) \in J$ を考える.
  (1) $x_1 \neq x_2 (x_1 \in I, x_2 \in I)$ のとき, 必ず $f(x_1) \neq f(x_2)$ が成り立つな

らば，f は I 上で **1 対 1 の関数**であるという．

(2) $J = f(I) = \{f(x) | x \in I\}$ のとき，f は I から J の**上への関数**であるという．

(3) (1) と (2) の条件を共に満たす f を I から J への **1 対 1 の上への関数**という．

1.5.2 逆関数

集合 I, J を $\mathbb{R}$ の部分集合とする．関数 $f : I \ni x \mapsto y = f(x) \in J = f(I)$ が I から J への 1 対 1 の上への関数のとき，f の値域 $J = f(I)$ の**各元** y に対して $y = f(x)$ なる I の元 $x \in I$ が**唯一つ**定義される．このような，集合 $J = f(I)$ から集合 I への対応を $x = f^{-1}(y)$ と書く．この対応を関数 $f(x)$ の**逆関数**という．すなわち，関数 $y = f(x) \, (x \in I)$ の逆関数を $x = f^{-1}(y) \, (y \in J = f(I))$ で表す．

注 1.12. 定義された逆関数の表現は $y = f^{-1}(x) \, (x \in J)$，$s = f^{-1}(t) \, (t \in J)$，$b = f^{-1}(a) \, (a \in J)$ 等で書く．

注 1.13. $f^{-1}(x) \neq \dfrac{1}{f(x)}$ であることを注意しておく．

例 1.7.
1. 関数 $y = 5x + 7 \, (x \in \mathbb{R})$ は定義域 $\mathbb{R}$ から値域 $\mathbb{R}$ への 1 対 1 の上への関数（単調増加関数）である．その逆関数は $x = f^{-1}(y) = \dfrac{y - 7}{5} \, (y \in \mathbb{R})$ である．

2. 関数 $y = x^2 \, (x \in \mathbb{R})$ は定義域 $\mathbb{R}$ から値域 $[0, +\infty)$ への上への関数であるが 1 対 1 の関数ではない（なぜなら $(x)^2 = (-x)^2$ である）．この場合には逆関数は定義されない．

3. 関数 $y = x^2 \, (0 \leq x)$ は定義域 $[0, +\infty)$ から値域 $[0, +\infty)$ への 1 対 1 の上への関数（単調増加関数）である．よって逆関数が定義される．この逆関数を $x = f^{-1}(y) = \sqrt{y} \, (y \in [0, \infty))$ で表す．

4. 関数 $y = x^3 \, (x \in \mathbb{R})$ は定義域 $\mathbb{R}$ から値域 $\mathbb{R}$ への 1 対 1 の上への関数である．よってこの逆関数 $x = f^{-1}(y)$ が定義される．この逆関数を $x = \sqrt[3]{y} \, (y \in \mathbb{R})$ で表す．

5. n を自然数とする．関数 $y = x^{2n+1}$ $(x \in \mathbb{R})$ は定義域 $\mathbb{R}$ から値域 $\mathbb{R}$ への 1 対 1 の上への関数である．この逆関数が定義される．その逆関数 $x = f^{-1}(y)$ を $x = \sqrt[2n+1]{y}$ $(y \in \mathbb{R})$ で表す．

6. n を自然数とする．関数 $y = x^{2n}$ $(0 \leq x)$ は定義域 $[0, \infty)$ から値域 $[0, \infty)$ への 1 対 1 の上への関数である．この逆関数が定義される．その逆関数 $x = f^{-1}(y)$ を $x = \sqrt[2n]{y}$ $(y \in [0, \infty))$ で表す．

関数 $y = x^n$ $(0 \leq x)$, $y = \sqrt[n]{x}$ $(0 \leq x)$ のグラフは図 1.1 の通りである．

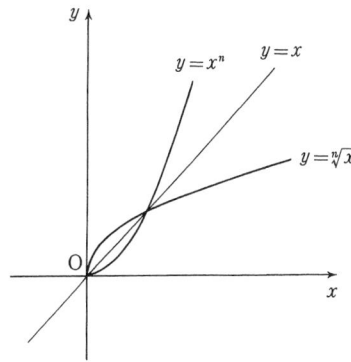

図 1.1: $y = x^n$, $y = \sqrt[n]{x}$

1.5.3 合成関数

集合 A, B, C を $\mathbb{R}$ の部分集合とする．このとき，二つの関数

$$f : A \ni x \mapsto y = f(x) \in B, \quad g : B \ni y \mapsto z = g(y) \in C$$

が与えられたとき，A の各元 a に対して C の元 $g(f(a))$ を対応させる関数を f と g の**合成関数**といい，

$$g \circ f : A \ni x \mapsto g(f(x)) \in C$$

で表す．すなわち，$(g \circ f)(x) = g(f(x))$ $(x \in A)$．

例 1.8. 次の与えられた関数 $f(x), g(x)$ に対して，合成関数 $(f\circ g)(x) = f(g(x))$, $(g \circ f)(x) = g(f(x))$ を求めよ．また，合成関数の定義域を明示せよ．
1. $f(x) = ax + b$ $(x \in \mathbb{R})$, $g(x) = px^2 + qx + r$ $(x \in \mathbb{R})$
2. $f(x) = x^2 + 1$ $(x \in \mathbb{R})$, $g(x) = \dfrac{1}{x}$ $(x \in \mathbb{R},\ x \neq 0)$

解
1. $(f \circ g)(x) = f(g(x)) = a(px^2 + qx + r) + b$ $(x \in \mathbb{R})$
    $(g \circ f)(x) = g(f(x)) = p(ax+b)^2 + q(ax+b) + r$ $(x \in \mathbb{R})$
2. $(f \circ g)(x) = f(g(x)) = \dfrac{1}{x^2} + 1$ $(x \in \mathbb{R},\ x \neq 0)$
    $(g \circ f)(x) = g(f(x)) = \dfrac{1}{x^2 + 1}$ $(x \in \mathbb{R})$ ∎

1.5.4 無理関数

$\sqrt{x}$, $\sqrt{ax+b}$, $\sqrt{x^2+1}$, $\sqrt[3]{(x^2-x-2)}$, $\sqrt[4]{x^2+x+1}$, $\sqrt[5]{x^2+1}$
のように $\sqrt{(****)}$, $\sqrt[n]{(****)}$ $(n \in \mathbb{N})$ の $(****)$ の部分が整式である式を**無理式**といい，無理式で表される関数を**無理関数**という．

例 1.9.

1. $y = \sqrt{x-1}$ の定義域は $\{x \mid 1 \leq x\}$，値域は $\{y \mid 0 \leq y\}$．
2. $y = x^2 \sqrt{x}$ の定義域は $\{x \mid 0 \leq x\}$，値域は $\{y \mid 0 \leq y\}$．
3. $y = \sqrt{x^2-1}$ の定義域は $\{x \mid 1 \leq |x|\}$，値域は $\{y \mid 0 \leq y\}$．
4. $y = \sqrt{1-x^2}$ の定義域は $\{x \mid |x| \leq 1\}$，値域は $\{y \mid 0 \leq y \leq 1\}$．

問 1.5.1. 次の関数の逆関数を求めよ．
(1) $y = -2x + 4$ $(x \in \mathbb{R})$ (2) $y = \dfrac{x}{x+1}$ $(-1 < x)$

問 1.5.2. 次の与えられた関数 $f(x), g(x)$ に対して合成関数 $f(g(x)), g(f(x))$ を求めよ．また，それらの定義域を明示せよ．
(1) $f(x) = x^2$ $(x \in \mathbb{R}), g(x) = \sqrt[3]{x}$ $(x \in \mathbb{R})$
(2) $f(x) = x^2 + 1$ $(x \in \mathbb{R}), g(x) = \sqrt{x}$ $(0 \leq x)$

問 1.5.3. 次の関数 $f(x)$ の定義域を求めよ．
(1) $\sqrt{2x-1}$ (2) $\sqrt{2-x}$ (3) $-\sqrt{x+1}$
(4) $\sqrt{x^2+x+1}$ (5) $x\sqrt{x^2-1}$

1.6 三角関数

1.6.1 角の測り方 (度数法と弧度法)

直角の $\dfrac{1}{90}$ を単位 1 度として角を測る方法を**度数法**といい，半径 1 の円周上において，弧の長さが 1 のときの中心角を 1 ラジアン（弧度）として角を測る方法を**弧度法**という．つまり，

$$1° = \frac{\pi}{180} \text{ラジアン}, \quad 1 \text{ラジアン} = \frac{180°}{\pi}$$

が成立する．今後，角度の単位は通常ラジアンの単位を用い，その単位は省略する．

例 1.10. 次の空欄を埋めよ.

度	30°	(1)	60°	(2)	120°	150°	(3)	270°	(4)
ラジアン	(5)	$\dfrac{\pi}{4}$	(6)	$\dfrac{\pi}{2}$	(7)	(8)	π	(9)	2π

解 (1) $45°$ (2) $90°$ (3) $180°$ (4) $360°$ (5) $\dfrac{\pi}{6}$ (6) $\dfrac{\pi}{3}$ (7) $\dfrac{2\pi}{3}$ (8) $\dfrac{5\pi}{6}$ (9) $\dfrac{3\pi}{2}$

例 1.11. $0 < x < \dfrac{\pi}{2}$ のとき，次の不等式が成り立つ:

$$\sin x < x < \tan x$$

解 半径が 1 で中心角が x $\left(0 < x < \dfrac{\pi}{2}\right)$ の扇形 OAB において (図 1.2 参照), 点 A における円弧 AB の接線と線分 OB の延長との交点を C とする. このとき，△OAB の面積 < 扇形 OAB の面積 < △OAC の面積 であるから, $\dfrac{1}{2}\sin x < \dfrac{1}{2}x < \dfrac{1}{2}\tan x$ を得る. ∎

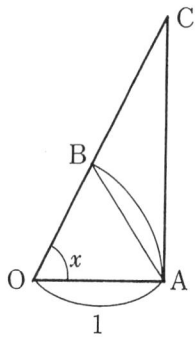

図 1.2: $\sin x < x < \tan x$

1.6.2　三角関数

座標平面上で直交座標系 $\mathrm{O}x$, $\mathrm{O}y$ が与えられているとする（図 1.3）．いま，角 $\theta\,(0 < \theta < \dfrac{\pi}{2})$ によって定まる動径を OP とする．点 P の座標を (x, y) とする．OP の長さを $r = \sqrt{x^2 + y^2}$ とおく．

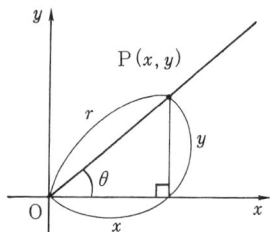

図 1.3: 三角比

このとき，三角比 $\sin\theta$, $\cos\theta$, $\tan\theta$, $\cot\theta$, $\sec\theta$, $\operatorname{cosec}\theta$ を

$$\sin\theta = \frac{y}{r}, \quad \cos\theta = \frac{x}{r}, \quad \tan\theta = \frac{y}{x},$$

$$\cot\theta = \frac{x}{y}, \quad \sec\theta = \frac{r}{x}, \quad \operatorname{cosec}\theta = \frac{r}{y}$$

1.6. 三角関数

で定義する．さらに，θ が一般角の場合にも，上の式によって $\sin\theta, \cos\theta, \tan\theta$, $\cot\theta, \sec\theta, \operatorname{cosec}\theta$ を定義する．この 6 つの右辺の比は動径 OP の長さ r に無関係で，角 θ だけによって定まるから，これらは一般角 θ の関数と考えることができる．そして，それぞれを **正弦関数**，**余弦関数**，**正接関数**，**余接関数**，**正割関数**，**余割関数** という．これらの 6 つの関数を総称して三角関数という．

定義から，次の三角関数の諸性質が成り立つ．

1. $\sin x, \cos x$ の性質

   これらの関数の定義域は $\mathbb{R} = (-\infty, +\infty)$ で，その値域は $[-1, 1]$ である．また，関数 $\sin x, \cos x$ は周期 2π の関数である．すなわち，$\sin(x+2n\pi) = \sin x$, $\cos(x+2n\pi) = \cos x$ $(n = \pm 1, \pm 2, \cdots)$ を満たす．

   $\sin x$ は奇関数で，$\cos x$ は偶関数である．すなわち，$\sin(-x) = -\sin x, \cos(-x) = \cos x$ である．

2. 関数 $\tan x, \cot x, \sec x, \operatorname{cosec} x$ の性質

   関数 $\tan x, \sec x$ は $x = \frac{\pi}{2} + n\pi$ $(n = 0, \pm 1, \pm 2, \cdots)$ 以外で定義され，関数 $\cot x, \operatorname{cosec} x$ は $x = n\pi$ $(n = 0, \pm 1, \pm 2, \cdots)$ 以外で定義される．これら 4 つの関数の値域は $(-\infty, \infty)$ である．

   $\tan x$ は周期 π の関数である．すなわち，$\tan(x+n\pi) = \tan x$ $(n = \pm 1, \pm 2, \cdots)$．$\tan x$ は奇関数である．すなわち，$\tan(-x) = -\tan x$ である．

3. $\sin^2 x + \cos^2 x = 1$, $1 + \tan^2 x = \dfrac{1}{\cos^2 x} = \sec^2 x$

4. $\sin(x + \dfrac{\pi}{2}) = \cos x$, $\cos(x + \dfrac{\pi}{2}) = -\sin x$, $\tan(x + \dfrac{\pi}{2}) = -\cot x$

5. $\sin(x + \pi) = -\sin x$, $\cos(x + \pi) = -\cos x$, $\tan(x + \pi) = \tan x$

6. **加法定理**（次の公式はすべて複号同順である）

$$\sin(A \pm B) = \sin A \cos B \pm \cos A \sin B$$
$$\cos(A \pm B) = \cos A \cos B \mp \sin A \sin B$$
$$\tan(A \pm B) = \frac{\tan A \pm \tan B}{1 \mp \tan A \tan B}$$

7. **2 倍角の公式と半角の公式**

$$\sin 2A = 2 \sin A \cos A$$
$$\cos 2A = \cos^2 A - \sin^2 A = 2\cos^2 A - 1 = 1 - 2\sin^2 A$$
$$\tan 2A = \frac{2 \tan A}{1 - \tan^2 A}$$

$$\sin^2 \frac{A}{2} = \frac{1 - \cos A}{2}$$

$$\cos^2 \frac{A}{2} = \frac{1 + \cos A}{2}$$

$$\tan^2 \frac{A}{2} = \frac{1 - \cos A}{1 + \cos A}$$

8. **3 倍角の公式**

$$\sin 3A = 3 \sin A - 4 \sin^3 A$$

$$\cos 3A = 4 \cos^3 A - 3 \cos A$$

9. **三角関数の積を和，差に変形する公式**

$$\sin A \cos B = \frac{1}{2} \{\sin(A + B) + \sin(A - B)\}$$

$$\cos A \sin B = \frac{1}{2} \{\sin(A + B) - \sin(A - B)\}$$

$$\cos A \cos B = \frac{1}{2} \{\cos(A + B) + \cos(A - B)\}$$

$$\sin A \sin B = -\frac{1}{2} \{\cos(A + B) - \cos(A - B)\}$$

10. **三角関数の和，差を積に変形する公式**

$$\sin A + \sin B = 2 \sin(\frac{A + B}{2}) \cos(\frac{A - B}{2})$$

$$\sin A - \sin B = 2 \cos(\frac{A + B}{2}) \sin(\frac{A - B}{2})$$

$$\cos A + \cos B = 2 \cos(\frac{A + B}{2}) \cos(\frac{A - B}{2})$$

$$\cos A - \cos B = -2 \sin(\frac{A + B}{2}) \sin(\frac{A - B}{2})$$

11. $y = \sin x$, $y = \cos x$, $y = \tan x$ のグラフはこの章末 p.31 にある．

問 1.6.1. 次の関数の グラフを描け．またその関数の定義域と値域を書け．
 (1) $y = \sin 3x$　　(2) $y = \cos^2 x$　　(3) $y = \sin^2 x$

1.7 指数関数と対数関数

1.7.1 指数と指数関数

$a\,(\neq 1)$ を正定数とするとき,$y = a^x\,(x \in \mathbb{R})$ を定義する.

$n \in \mathbb{N}$ のとき $a^{-n} = \dfrac{1}{a^n}$,$a^0 = 1$ とし $n, m \in \mathbb{Z}$ のとき $a^n \times a^m = a^{n+m}$,$a > 0, b > 0, n \in \mathbb{Z}$ のとき $(a \times b)^n = a^n b^n$ が成り立つことは熟知とする.さらに,$a > 0$ の平方根を $\sqrt{a}$,a の立方根を $a^{\frac{1}{3}}$ と表す.一般に,2 以上の自然数 n と $a > 0$ に対して $a = x^n$ となるただ一つの正の数 x を a の n 乗根といい,$a^{\frac{1}{n}}$ で表す.有理数 $\dfrac{n}{m}$ $(n \in \mathbb{Z}, m \in \mathbb{N})$ に対して $a^{\frac{n}{m}} = \left(a^{\frac{1}{m}}\right)^n$ と定義する.

実数 x に対して,$x = \lim\limits_{n \to \infty} x_n$ なる有理数の数列 $\{x_n\}$ ($x_n = \dfrac{p_n}{q_n}$,$p_n \in \mathbb{Z}, q_n \in \mathbb{N}$) を用いて,$a^x$ を $a^x = \lim\limits_{n \to \infty} a^{x_n}$ と定義する.このとき次の事柄が成り立つことが知られている.

指数法則

a, b は $a > 0, a \neq 1$,$b > 0, b \neq 1$ なる定数とする.$x, y \in \mathbb{R}$ に対して,次が成り立つ:

1) $a^x a^y = a^{x+y}$ 2) $(a^x)^y = a^{xy}$ 3) $(ab)^x = a^x b^x$

$a\,(a \neq 1)$ を正の定数とするとき,$\mathbb{R}$ を定義域とする関数 $y = a^x$ を a **を底とする指数関数**という.関数 $y = a^x$ の性質は次の通りである:

1. $f(x) = a^x$ の定義域は $(-\infty, \infty)$,値域は $(0, \infty)$

2. 単調性

   (1) $a > 1$ のとき $f(x) = a^x$ は単調増加関数である.すなわち,$x_1 < x_2$ のとき,$a^{x_1} < a^{x_2}$ である.

   (2) $0 < a < 1$ のとき,$y = a^x$ は単調減少関数である.すなわち,$x_1 < x_2$ のとき,$a^{x_1} > a^{x_2}$ である.

注 1.14. 定数 e を底とする指数関数 e^x を $\exp x$ と書くことがある.この本では記号 e^x, $\exp x$ の両方を用いる.

例 **1.12.**

1. 日本の子供の出産数の減少率は年に 1 ％とする．2000 年の出産数は 120 万人とする．n 年後の出産数を a_n 人として，a_n を求めよ．20 年後に子供の出産数はどうなるか？

2. 日本の老人（65 歳以上）の増加率は年に 3 ％とする．2000 年の老人数は 3000 万人とする．n 年後の老人数を a_n 人として，a_n を求めよ．20 年後に老人数はどうなるか？

3. あるバクテリアの増殖率は日に 10 ％とする．現在のバクテリア数は 100 万個とする．n 日後のバクテリア数を a_n 個として，a_n を求めよ．100 日後にバクテリア数はどうなるか？

解

1. $a_n = 120(1 - 0.01)^n$, $a_{20} = 120 \times (0.99)^{20} \fallingdotseq 98.15$（万）．
2. $a_n = 3000(1 + 0.03)^n$, $a_{20} = 3000 \times (1.03)^{20} \fallingdotseq 5418.3$（万）．
3. $a_n = 100(1 + 0.1)^n$, $a_{100} = 100 \times (1.1)^{100} \fallingdotseq 0.1378 \times 10^7$（万）． ■

1.7.2　対数と対数関数

上に述べた指数関数の性質より，関数 $y = a^x$ $(a \neq 1, a > 0)$ は定義域 $\mathbb{R}$ から値域 $(0, \infty)$ への 1 対 1 の上への関数であるから，この逆関数が定義できる．すなわち，区間 $(0, \infty)$ に属する任意の y に対して $y = a^x$ なる実数 x が唯一つ定まる．

この対応 $y \mapsto x$ を $x = \log_a y$ で表す．$\log_a y$ を a **を底とする** y **の対数**という．このようにして定義される関数 $y = \log_a x$ $(0 < x < \infty)$ を a **を底とする対数関数**という．

注 1.15. $a = 2$ を底とする対数関数 $\log_2 x$ はコンピューター理論や情報理論でよく使用される．また，$a = 10$ を底とする**常用対数** $\log_{10} x$ は 10 進法になれた我々はよく使用する．（ネピアの）定数 e を底とする対数 $\log_e x$ を**自然対数**という．$\log_e x$ は底 e を省略して単に $\log x$ または $\ln x$ と書く．この本では $\log x$ を用いる．

1.7. 指数関数と対数関数

注 1.16. 電卓にある関数キー log, ln はそれぞれ常用対数 $\log_{10} x$, 自然対数 $\log_e x$ を表す．電卓の説明書は必ず読むこと．

注 1.17. 常用対数 $\log_{10} x$ は「片対数方眼紙」とか「両対数方眼紙」で用いられる．「片対数方眼紙」は横軸を普通目盛りで，縦軸に対数目盛りを用いたものである．「両対数方眼紙」は横軸と縦軸に対数目盛りを用いたものである．これらの方眼紙は「けた違い」に変化する数値を観察するのに用いられる．

対数 $\log_a x$ の性質は次の通りである．

対数法則． $a > 0, a \neq 1$, $x > 0, y > 0$ のとき，次が成り立つ：

1. $\log_a xy = \log_a x + \log_a y$

2. $\log_a \dfrac{x}{y} = \log_a x - \log_a y$

3. $\log_a x^y = y \log_a x$

4. （底の変換公式） $\log_a x = \dfrac{\log_b x}{\log_b a}$ $(b > 0, b \neq 1)$

例 1.13.

1. $\log_2 3 = \dfrac{\log_{10} 3}{\log_{10} 2}$

2. 常用対数 $\log_{10} x$ では，値 $\log_{10} 2 = 0.3010\cdots$, $\log_{10} 3 = 0.4771\cdots$, $\log_{10} 7 = 0.8451\cdots$ を知っていると便利である．

対数関数 $y = \log_a x$ の性質は次の通りである．

1. 関数 $y = \log_a x$ の定義域は $(0, \infty)$，値域は $(-\infty, \infty)$ である．

2. (1) $a > 1$ のとき，関数 $y = \log_a x$ は単調増加関数である．すなわち，$x_1 < x_2$ のとき，$\log_a x_1 < \log_a x_2$ である．

   (2) $0 < a < 1$ のとき，関数 $y = \log_a x$ は単調減少関数である．すなわち，$x_1 < x_2$ のとき，$\log_a x_1 > \log_a x_2$ である．

例 1.14. $a = \exp(\log a) = e^{\log a}$ $(a > 0)$

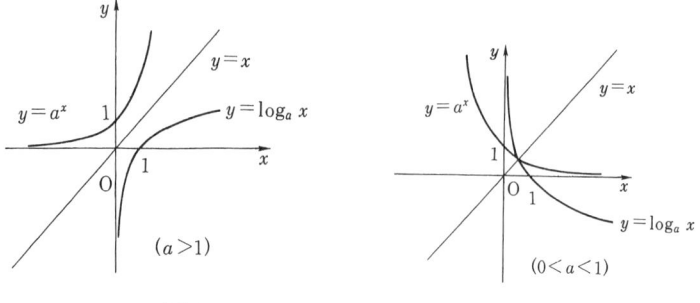

図 1.4: $y = a^x$, $y = \log_a x$ $(a \neq 1)$

解 $u = \log a$ とおくと $a = \exp u$ である．よって $a = \exp(\log a)$ ∎

関数 $y = a^x$, $y = \log_a x$ のグラフは図 1.4 の通りである．

問 1.7.1. 次の関係式を証明せよ．ただし a は正の定数とする．
(1) $\log(\exp u) = u \, (u \in \mathbb{R})$ 　　(2) $a^x = \exp(x \log a) \, (x \in \mathbb{R})$

1.8　逆三角関数

1) 関数 $y = \sin x$ の定義域を区間 $[-\frac{\pi}{2}, \frac{\pi}{2}]$ に制限すると各 $y \in [-1, 1]$ に対して $y = \sin x$ なる $x \in [-\frac{\pi}{2}, \frac{\pi}{2}]$ が唯一つ決定される．この対応を $x = \sin^{-1} y$ で表す．x の関数 $y = \sin^{-1} x \, (-1 \leq x \leq 1)$ を**逆正弦関数**という．$\sin^{-1} x$ を arcsin x（アークサイン x と読む）と書くこともある．そのグラフは図 1.5 の通りである．

2) $y = \cos x$ の定義域を区間 $[0, \pi]$ に制限すると各 $y \in [-1, 1]$ に対して $y = \cos x$ なる $x \in [0, \pi]$ が唯一つ決定される．この対応を $x = \cos^{-1} y$ で表す．x の関数 $y = \cos^{-1} x \, (-1 \leq x \leq 1)$ を**逆余弦関数**という．$\cos^{-1} x$ を arccos x（アークコサイン x と読む）と書くこともある．そのグラフは図 1.5 の通りである．

3) $y = \tan x$ の定義域を区間 $(-\frac{\pi}{2}, \frac{\pi}{2})$ に制限すると，各 $y \in (-\infty, \infty)$ に対

1.8. 逆三角関数

して $y = \tan x$ なる $x \in (-\frac{\pi}{2}, \frac{\pi}{2})$ がただ一つ決定される．この対応を $x = \tan^{-1} y$ で表す．x の関数 $y = \tan^{-1} x$ $(-\infty < x < \infty)$ を**逆正接関数**という．$\tan^{-1} x$ を $\arctan x$ （アークタンジェント x と読む）と書くこともある．そのグラフは図 1.6 の通りである．

注 1.18. パソコンでは逆三角関数は $\sin^{-1} x$ は asin の記号で，$\tan^{-1} x$ は atan の記号で用いられていることがある．

例 1.15.

1. $\sin^{-1}(\sin \frac{3\pi}{4}) = \frac{\pi}{4}$
2. $\tan^{-1}(\tan \frac{3\pi}{4}) = -\frac{\pi}{4}$
3. $\cos^{-1} \frac{1}{2} = \sin^{-1} x$ なる x は $x = \frac{\sqrt{3}}{2}$ である．

解
1. $\sin \frac{3\pi}{4} = \frac{\sqrt{2}}{2}$, $\sin^{-1}(\frac{\sqrt{2}}{2}) = \frac{\pi}{4}$.
2. $\tan \frac{3\pi}{4} = -1$, $\tan^{-1}(-1) = -\frac{\pi}{4}$.
3. $\cos^{-1} \frac{1}{2} = \frac{\pi}{3}$, $\frac{\pi}{3} = \sin^{-1} x$ なる x は $x = \frac{\sqrt{3}}{2}$ である． ∎

例 1.16. $\sin^{-1} x + \cos^{-1} x = \frac{\pi}{2}$ $(-1 \leq x \leq 1)$

解 $a = \sin^{-1} x, b = \cos^{-1} x$ とおくと，$\sin a = x\,(-\frac{\pi}{2} \leq a \leq \frac{\pi}{2})$，$\cos b = x\,(0 \leq b \leq \pi)$．よって $x = \cos b = \sin(\frac{\pi}{2} - b) = \sin a$．ここで，$0 \leq b \leq \pi$ より，$-\frac{\pi}{2} \leq \frac{\pi}{2} - b \leq \frac{\pi}{2}$．$a \in [-\frac{\pi}{2}, \frac{\pi}{2}]$ であるから，$a = \frac{\pi}{2} - b$．∴ $a + b = \frac{\pi}{2}$ ∎

注 1.19. 上の例 1.16 で $a, \frac{\pi}{2} - b \in [-\frac{\pi}{2}, \frac{\pi}{2}]$ で，$\sin(\frac{\pi}{2} - b) = \sin a$ から，$a = \frac{\pi}{2} - b$ を得る．

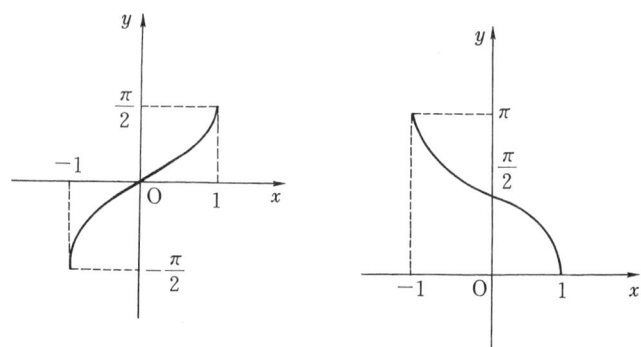

図 1.5: $y = \sin^{-1} x$ $y = \cos^{-1} x$

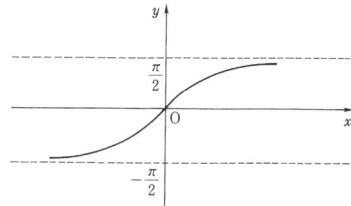

図 1.6: $y = \tan^{-1} x$

問 1.8.1. 次を満たす x を求めよ.

(1) $2\sin^{-1}\dfrac{4}{5} = \cos^{-1} x$ (2) $2\tan^{-1}\dfrac{3}{4} = \tan^{-1} x$

問 1.8.2. 次の関係式を証明せよ.

(1) $\sin^{-1}\dfrac{12}{13} = \cos^{-1}\dfrac{5}{13}$ (2) $\tan^{-1} 2 + \tan^{-1} 3 = \dfrac{3\pi}{4}$

1.9　双曲線関数

関数 e^x, e^{-x} を用いて定義される次の関数を**双曲線関数**という.

$$\sinh x = \frac{e^x - e^{-x}}{2}, \ \cosh x = \frac{e^x + e^{-x}}{2} \quad (x \in \mathbb{R})$$

1.9. 双曲線関数

$$\tanh x = \frac{\sinh x}{\cosh x} = \frac{e^x - e^{-x}}{e^x + e^{-x}} \quad (x \in \mathbb{R})$$

sinh はハイパボリック・サインと読む．他も同様に読む．

例 1.17. 関数 $y = \sinh x, y = \cosh x$ のグラフは図 1.7 の通り：

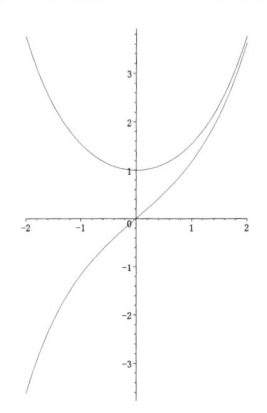

図 1.7: $y = \cosh x$ と $y = \sinh x$

双曲線関数の性質

双曲線関数の定義から次の性質が成り立つのはすぐにわかる．

(1) $y = \sinh x$ は定義域は $\mathbb{R}$ で，増加関数である．その値域は $\mathbb{R}$ である．
(2) $y = \cosh x$ は定義域は $\mathbb{R}$ である．その値域は $[1, \infty)$ である．
(3) $\cosh^2 x - \sinh^2 x = 1$
(4) $\sinh(x \pm y) = \sinh x \cosh y \pm \cosh x \sinh y$ （複号同順）
(5) $\cosh(x \pm y) = \cosh x \cosh y \pm \sinh x \sinh y$ （複号同順）
(6) $\tanh(x \pm y) = \dfrac{\tanh x \pm \tanh y}{1 \pm \tanh x \tanh y}$ （複号同順）

問 1.9.1. 次の双曲線関数の性質を示せ．

1. $\cosh^2 x - \sinh^2 x = 1$

2. $\sinh(x \pm y) = \sinh x \cosh y \pm \cosh x \sinh y$ （複号同順）

3. $\cosh(x \pm y) = \cosh x \cosh y \pm \sinh x \sinh y$ （複号同順）

4. $\tanh(x \pm y) = \dfrac{\tanh x \pm \tanh y}{1 \pm \tanh x \tanh y}$ （複号同順）

1.10 無限級数

数列 $\{a_n\}$ に対して，形式的な和 $a_1 + a_2 + \cdots + a_n + \cdots$ を**級数**または**無限級数**といい，これを $\displaystyle\sum_{n=1}^{\infty} a_n$ で表す．

a_n をこの級数の**第 n 項**といい，和 $S_n = a_1 + a_2 + \cdots + a_n$ をこの級数の**第 n 部分和**という．以下簡単のため，$\displaystyle\sum_{n=1}^{\infty} a_n$ を $\sum a_n$ で表す．

級数 $\sum a_n$ において，数列 $\{S_n\}$ が定数 S に収束するとき，級数 $\sum a_n$ は**収束**するといい，$\sum a_n = S$ と書く．また，数列 $\{S_n\}$ が収束しないとき，級数 $\sum a_n$ は**発散**するという．

級数 $\sum a_n$ において，級数 $\sum |a_n|$ が収束するとき，級数 $\sum a_n$ は**絶対収束**するという．

級数の性質
1. $\sum a_n$ が収束すれば，$\displaystyle\lim_{n\to\infty} a_n = 0$ である．対偶から，$\displaystyle\lim_{n\to\infty} a_n \neq 0$ であれば，$\sum a_n$ は発散する．
2. $\sum a_n$, $\sum b_n$ が収束すれば，定数 α, β に対して

$$\sum(\alpha a_n + \beta b_n) = \alpha \sum a_n + \beta \sum b_n$$

3. 級数 $\sum a_n$ が絶対収束するならば，級数 $\sum a_n$ は収束する．

証明
1. $S = \sum a_n$ とする．$S_n = S_{n-1} + a_n$ より，$a_n = S_n - S_{n-1}$. $\therefore \displaystyle\lim_{n\to\infty} a_n = \lim_{n\to\infty} S_n - \lim_{n\to\infty} S_{n-1} = S - S = 0$.
2. $S_n = \displaystyle\sum_{k=1}^{n} a_k$, $T_n = \displaystyle\sum_{k=1}^{n} b_k$, $\displaystyle\lim_{n\to\infty} S_n = S$, $\displaystyle\lim_{n\to\infty} T_n = T$ とおくと，$\displaystyle\lim_{n\to\infty}(\alpha S_n + \beta T_n) = \alpha S + \beta T$.

1.10. 無限級数

3. この本の程度を超えるので，この証明は省略する．なお，逆は一般に真でない．つまり，収束していても，絶対収束するとは限らない． □

例 1.18. 次の級数の収束，発散を調べよ．$a\ (a>0)$ は定数とする．

1. $\sum \dfrac{1}{n(n+1)}$ 　 2. $\sum a^n$

解

1. $S_n = \sum_{k=1}^{n} \dfrac{1}{k(k+1)} = \sum_{k=1}^{n}\left(\dfrac{1}{k} - \dfrac{1}{k+1}\right) = 1 - \dfrac{1}{n+1} \to 1\ (n \to \infty)$.

2. $a \neq 1$ のとき，$\sum_{k=1}^{n} a^k = a\dfrac{1-a^n}{1-a}$, 　 $a=1$ のとき，$\sum_{k=1}^{n} 1 = n$.

よって 　 $0 < a < 1$ のとき，$\lim_{n\to\infty}\sum_{k=1}^{n} a^k = a\lim_{n\to\infty}\dfrac{1-a^n}{1-a} = \dfrac{a}{1-a}$.

$a \geq 1$ のとき $\lim_{n\to\infty} a^n \neq 0$ より，$\lim_{n\to\infty}\sum_{k=1}^{n} a^k$ は発散する． ∎

次の定理が成り立つ（その証明はこの章末の演習問題問 18 にする）．

定理 1.20. $\sum_{n=1}^{\infty}(-1)^n a_n\ (a_n > 0)$ において，

$$a_1 > a_2 > \cdots > a_n > \cdots \quad \text{かつ} \quad \lim_{n\to\infty} a_n = 0$$

ならば，$\sum_{n=1}^{\infty}(-1)^n a_n$ は収束する．

例 1.19. 次の級数の収束，発散を調べよ．

1. $\sum_{n=1}^{\infty}(-1)^n \dfrac{1}{n}$ 　 2. $\sum_{n=1}^{\infty}(-1)^n \dfrac{1}{n^2}$

解 　 1. と 2. は上の定理 1.20 から収束する．

問 1.10.1. 次の級数の収束，発散を調べよ．

(1) $\sum \left(\dfrac{2}{5}\right)^n$ 　 (2) $\sum \left(-\dfrac{2}{5}\right)^n$ 　 (3) $\sum \dfrac{n}{n+3}$

(4) $\sum \dfrac{1}{(n+1)(n+2)}$ 　 (5) $\sum \dfrac{1^n + 3^n}{4^n}$

演習問題 1

1. 次の数列の収束,発散を調べよ. $a \neq 0$ は定数とする.
  (1) $\left\{\dfrac{2^n + a^n}{3^n - a^n}\right\}$ $(a > 3)$
  (2) $\{\sqrt{n}(\sqrt{n+1} - \sqrt{n})\}$
  (3) $\{\sqrt{n+1} - \sqrt{n}\}$
  (4) $\{(1 - a^n)^2\}$ $(|a| < 1)$
  (5) $\{\sqrt{n^2 + n + 1} - n\}$
  (6) $\left\{\left(1 + \dfrac{2}{n+1}\right)^n\right\}$

2. 次のことを証明せよ. α, β は定数とする.
  (1) $a_n > 0$, $a_{n+1} > \alpha a_n$ $(n \in \mathbb{N})$, $\alpha > 1$ ならば,数列 $\{a_n\}$ は発散する.
  (2) $a_n > 0$, $a_{n+1} < \alpha a_n$ $(n \in \mathbb{N})$, $0 < \alpha < 1$ ならば,数列 $\{a_n\}$ は収束する.
  (3) $a_{n+1} = \alpha a_n + \beta$ $(n \in \mathbb{N})$, $0 < \alpha < 1$ ならば,数列 $\{a_n\}$ は収束する.

3. $a_n > 0$ $(n \in \mathbb{N})$, $\lim\limits_{n \to \infty} \dfrac{a_{n+1}}{a_n} = \alpha$ とする.次を証明せよ.
  (1) $0 < \alpha < 1$ ならば,数列 $\{a_n\}$ は収束する.
  (2) $\alpha > 1$ ならば,数列 $\{a_n\}$ は発散する.

4. $\lim\limits_{n \to \infty} \dfrac{a^n}{n!} = 0$ $(a > 0)$ を証明せよ.

5. $a_n = \left(1 + \dfrac{1}{n}\right)^n$ は次を満たすことを示せ.
  1. $a_n < a_{n+1}$ $(n = 1, 2, \cdots)$.
  2. $a_n < 3$ $(n = 1, 2, \cdots)$.

6. 次の二つの関数 $f(x), g(x)$ の合成関数 $f(g(x)), g(f(x))$ を求めよ.また,その合成関数の定義域を明示せよ.
  (1) $y = f(x) = e^x$ $(x \in \mathbb{R})$, $y = g(x) = x^2 - x + 1$ $(x \in \mathbb{R})$
  (2) $y = f(x) = \log x$ $(x \in (0, \infty))$, $y = g(x) = -x^2 + 2x + 3$ $(x \in \mathbb{R})$
  (3) $y = f(x) = \sin x$ $(x \in \mathbb{R})$, $y = g(x) = e^x$ $(x \in \mathbb{R})$

7. $0 < |x| < \dfrac{\pi}{2}$ のとき,次の不等式を証明せよ:
$$|\sin x| < |x| < |\tan x|$$

8. $\tan \dfrac{\theta}{2} = x$ とおくとき,$\sin \theta = \dfrac{2x}{1 + x^2}$, $\cos \theta = \dfrac{1 - x^2}{1 + x^2}$ を示せ.

9. 次の関数の逆関数を求めよ．
 (1) $y = x^2 + 1\ (0 \leq x)$ (2) $y = x^3 - 1\ (x \in \mathbb{R})$
10. 次の値を求めよ．
 (1) $\sin^{-1}(\sin\frac{2\pi}{3})$ (2) $\sin^{-1}(\cos\frac{3\pi}{4})$ (3) $\cos^{-1}(\cos\frac{5\pi}{4})$
 (4) $\cos^{-1}(\cos(-\frac{\pi}{3}))$ (5) $\tan^{-1}(\tan\frac{5\pi}{6})$ (6) $\tan^{-1}(\sin\frac{3\pi}{2})$
11. 次の関係を調べよ．
 (1) $\sin^{-1}(-x)$ と $\sin^{-1} x$ $(-1 \leq x \leq 1)$
 (2) $\cos^{-1}(-x)$ と $\cos^{-1} x$ $(-1 \leq x \leq 1)$
 (3) $\tan^{-1}(-x)$ と $\tan^{-1} x$ $(x \in \mathbb{R})$
12. 次の関係式を証明せよ．
 (1) $\cos^{-1}\frac{63}{65} + \cos^{-1}\frac{12}{13} = \sin^{-1}\frac{3}{5}$
 (2) $4\tan^{-1}\frac{1}{5} - \tan^{-1}\frac{1}{239} = \frac{\pi}{4}$ （マチンの公式）
(ヒント)
 (2) $a = \tan^{-1}\frac{1}{5}, b = \tan^{-1}\frac{1}{239}$ とおいて
 (i) $\tan(4a - b) = 1$ を示せ． (ii) $0 < b < a < \frac{\pi}{12}$ を示せ．
13. 次の関係式を証明せよ．
 $\cos^{-1} x = \sin^{-1}\sqrt{1 - x^2}$ $(0 \leq x \leq 1)$
14. 次の関係式を証明せよ．
$$\sin^{-1} x + 2\tan^{-1}\sqrt{\frac{1-x}{1+x}} = \frac{\pi}{2} \quad (-1 < x \leq 1)$$

15. 次の関数のグラフを描け．
 (1) $f(x) = \sin(\sin^{-1} x)$ $(|x| \leq 1)$
 (2) $f(x) = \sin^{-1}(\sin x)$ $(x \in \mathbb{R})$
 (3) $f(x) = \tan(\tan^{-1} x)$ $(x \in \mathbb{R})$
 (4) $f(x) = \tan^{-1}(\tan x)$ $(x \neq \frac{\pi}{2} + n\pi, n \in \mathbb{Z})$
(ヒント) 関数の定義域，値域に注意すること．
16. 次の関数の逆関数を求めよ．
 (1) $y = \sinh x$ $(-\infty < x < \infty)$
 (2) $y = \cosh x$ $(0 \leq x < \infty)$

17. 次の級数の収束,発散を調べよ.
 (1) $\sum \dfrac{2}{(n+1)(n+3)}$ (2) $\sum \dfrac{1^n + 3^n}{5^n}$ (3) $\sum \dfrac{1 + 2 + \cdots + n}{n^2}$
 (4) $\sum (-1)^n \sqrt{2n+1}$ (5) $\sum \dfrac{1}{n^2}$ (6) $\sum \left(\dfrac{1}{1+x^2}\right)^n$ $(x \in \mathbb{R})$

18. $\displaystyle\sum_{n=1}^{\infty} (-1)^n a_n \ (a_n > 0)$ において,

$$a_1 > a_2 > \cdots > a_n > \cdots \quad \text{かつ} \quad \lim_{n\to\infty} a_n = 0$$

ならば,$\displaystyle\sum_{n=1}^{\infty} (-1)^n a_n$ は収束することを証明せよ.

19. 次の真偽を確かめよ.ただし,$n \in \mathbb{N}$ である.

 1. $\cos^{-1}(-x) = \cos^{-1}(x)$ $(-1 \le x \le 1)$ である.

 2. $\displaystyle\lim_{n\to\infty} \dfrac{\sqrt{1+n^2}}{n} = \left(\lim_{n\to\infty} \dfrac{1}{n}\right)\left(\lim_{n\to\infty} \sqrt{1+n^2}\right) = 0.$

演習問題 1

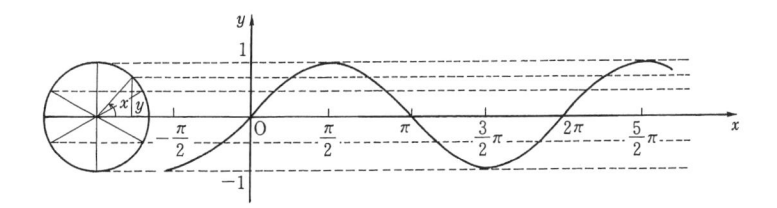

図 1.8: 正弦関数 $y = \sin x$

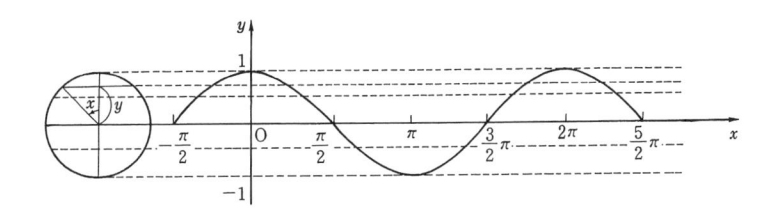

図 1.9: 余弦関数 $y = \cos x$

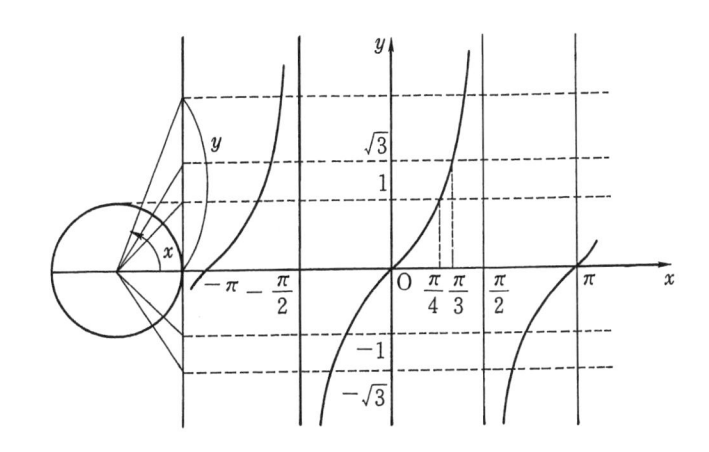

図 1.10: 正接関数 $y = \tan x$

第2章　1変数関数の極限と連続性

2.1　関数の極限

関数の極限値

x が $x \neq a$ を満たしつつ，a に限りなく近づくとき，$f(x)$ が定数 L に限りなく近づくならば，x が a に限りなく近づくときの関数 $f(x)$ の**極限値**は L である（または，$f(x)$ は定数 L に**収束する**）といい，

$$\lim_{x \to a} f(x) = \mathrm{L} \tag{2.1}$$

または

$$f(x) \to L \quad (x \to a)$$

で表す．または，簡略に

$$x \to a \quad \text{のとき} \quad f(x) \to L$$

あるいは，

$$f(x) \xrightarrow[x \to a]{} L$$

で表す．ただし，$f(x)$ の方は L になることがあってもよいとする．さらに，このような定数 L が存在しないときは，x が a に限りなく近づくとき，関数 $f(x)$ の極限値は**存在しない**（**収束しない**）という．

また x を限りなく大きくなるとき，$f(x)$ が定数 L に限りなく近づくならば，

$$\lim_{x \to \infty} f(x) = \mathrm{L} \quad \text{または} \quad f(x) \to L \quad (x \to \infty) \tag{2.2}$$

などと表す．

2.1. 関数の極限

同様に x が負で，$|x|$ が限りなく大きくなるとき，$f(x)$ が定数 L に限りなく近づくならば，

$$\lim_{x \to -\infty} f(x) = \mathrm{L} \quad \text{または} \quad f(x) \to L \quad (x \to -\infty) \tag{2.3}$$

などと表す．

例 **2.1.**

1. $\lim_{x \to a} 3 = 3$

2. $\lim_{x \to a} x^3 = a^3, \quad a > 0$ のとき，$\lim_{x \to a} x^{\frac{1}{2}} = a^{\frac{1}{2}}$

3. $\lim_{x \to a} 2^x = 2^a, \quad \lim_{x \to a} e^x = e^a$

4. $\lim_{x \to a} \log_2 x = \log_2 a, \quad \lim_{x \to a} \log x = \log a \quad (a > 0)$

5. $\lim_{x \to a} \sin x = \sin a, \quad \lim_{x \to a} \cos x = \cos a, \quad \lim_{x \to a} \tan x = \tan a$

6. $\lim_{x \to a} \sqrt{x+1} = \sqrt{a+1}$

関数の極限値について，次の定理が成り立つことが知られている（証明は，数列の場合の定理 1.4 と同様である）．

定理 2.1. 点 a の近くの区間 I で定義されている関数 $f(x), g(x)$ において，$\lim_{x \to a} f(x) = L, \lim_{x \to a} g(x) = M$ で，α, β を定数とするとき，次の関係が成り立つ：

1. $\lim_{x \to a} (\alpha f(x) + \beta g(x)) = \alpha L + \beta M$

2. $\lim_{x \to a} (f(x) g(x)) = LM$

3. $\lim_{x \to a} \dfrac{f(x)}{g(x)} = \dfrac{L}{M}$ （ただし，$g(x) \neq 0, M \neq 0$）

4. $\lim_{x \to a} |f(x)| = |L|$

5. $f(x) \leq g(x) \ (x \in I)$ のとき，$L \leq M$

6. （はさみうちの原理）　$f(x) \leq h(x) \leq g(x) \ (x \in I)$ で $L = M$ のとき，$\lim_{x \to a} h(x) = L$

7. $L>0$ のとき，a に十分に近い x に対して，$f(x)>0$ が成り立つ．また，$L<0$ のとき，a に十分に近い x に対して，$f(x)<0$ が成り立つ．

注 2.2. $\lim_{x\to\infty}f(x)=L$, $\lim_{x\to\infty}g(x)=M$ (または $\lim_{x\to-\infty}f(x)=L$, $\lim_{x\to-\infty}g(x)=M$) の場合にも，$x\to a$ を $x\to\infty$ (または $x\to-\infty$) で置き換えた定理 2.1 が成立する．

注 2.3. 数列の場合と同様に，

$$\lim_{x\to a}f(x)=\infty, \qquad \lim_{x\to\infty}f(x)=\infty, \qquad \lim_{x\to-\infty}f(x)=\infty$$

$$\lim_{x\to a}f(x)=-\infty, \qquad \lim_{x\to\infty}f(x)=-\infty, \qquad \lim_{x\to-\infty}f(x)=-\infty$$

が定義される．

例 2.2.

1. $\lim_{x\to 0}(x^3+9x^2+9x+9)=9$

2. $\lim_{x\to 0}\dfrac{e^x+\cos x}{x^2+1}=\dfrac{2}{1}=2$

3. $\lim_{x\to\infty}\dfrac{x^2+9x+8}{3x^2+10}=\lim_{x\to\infty}\dfrac{1+\dfrac{9}{x}+\dfrac{8}{x^2}}{3+\dfrac{10}{x^2}}=\dfrac{1}{3}$

4. $\lim_{x\to\infty}\dfrac{1}{\sqrt{x+1}+\sqrt{x}}=0$

5. $\lim_{x\to-\infty}(x^3+1)=-\infty$

例 2.3.

1. $\lim_{x\to 0}\sin\dfrac{1}{x}$ は存在しない．

2. $\lim_{x\to 0}x\sin\dfrac{1}{x}=0$ である．

2.1. 関数の極限

解

1. $\dfrac{1}{x_n} = 2n\pi + \dfrac{\pi}{2}$ $(n = \pm 1, \pm 2, \cdots)$ のとき，$\sin \dfrac{1}{x_n} = 1$ であり，$\lim_{n\to\pm\infty} x_n = 0$ である．また，$\dfrac{1}{x_m} = 2m\pi + \dfrac{3\pi}{2}$ $(m = \pm 1, \pm 2, \cdots)$ のとき，$\sin \dfrac{1}{x_m} = -1$ であり，$\lim_{m\to\pm\infty} x_m = 0$ である．よって，$\lim_{x\to 0} \sin \dfrac{1}{x}$ は存在しない．

2. $|\sin \dfrac{1}{x}| \leq 1$ $(x \neq 0)$ であるから，$0 \leq |x \sin \dfrac{1}{x}| \leq |x|$ $(x \neq 0)$
はさみうちの原理から，$\lim_{x\to 0} x \sin \dfrac{1}{x} = 0$. ∎

例 2.4.
$$\lim_{x\to 0} \frac{\sin x}{x} = 1 \tag{2.4}$$

証明 例 1.11 より $0 < x < \dfrac{\pi}{2}$ のとき，$\sin x < x < \tan x$ が成り立つから，$\sin x\ (>0)$ で割り，逆数をとると，次の不等式を得る：

$$\cos x < \frac{\sin x}{x} < 1 \tag{2.5}$$

$\cos(-x) = \cos(x)$, $\dfrac{\sin(-x)}{-x} = \dfrac{\sin x}{x}$ であるから，(2.5) は $-\dfrac{\pi}{2} < x < 0$ に対しても成り立つ．$\lim_{x\to 0} \cos x = 1$ であるから，(2.5) から，はさみうちの原理により (2.4) が成り立つ． □

注 2.4. 上の例からわかるように，関数 $f(x) = \sin \dfrac{1}{x}$, $f(x) = x \sin \dfrac{1}{x}$, $f(x) = \dfrac{\sin x}{x}$ は $x = 0$ で，$f(0)$ が定義されていないが，極限 $\lim_{x\to 0} f(x)$ を考えることができる．一般に $\lim_{x\to a} f(x)$ を調べるとき，関数 $f(x)$ は $x = a$ で定義されていなくてもよい．

右側極限値と左側極限値

$x < a$ を満たしつつ，x が a に限りなく近づくとき，$f(x)$ が定数 L に限りなく近づくならば，

$$\lim_{x\to a-0} f(x) = L, \quad \lim_{x \nearrow a} f(x) = L, \quad \lim_{x \uparrow a} f(x) = L$$

などと表し，L を $f(x)$ の点 a における**左側極限値**という．

$a < x$ を満たしつつ，x が a に限りなく近づくとき，$f(x)$ が定数 M に限りなく近づくならば

$$\lim_{x \to a+0} f(x) = M, \quad \lim_{x \searrow a} f(x) = M, \quad \lim_{x \downarrow a} f(x) = M$$

などと表し，M を $f(x)$ の点 a における**右側極限値**という．

特に $a = 0$ のとき，$x \to 0-0$ を $x \to -0$ と書き，$x \to 0+0$ を $x \to +0$ と書く．

次の定理が成り立つことが知られている．

定理 2.5. $\lim_{x \to a} f(x)$ が存在するための必要十分条件は，$\lim_{x \to a-0} f(x)$ と $\lim_{x \to a+0} f(x)$ が存在し，かつ，

$$\lim_{x \to a-0} f(x) = \lim_{x \to a+0} f(x)$$

が成り立つことである．

例 2.5. $\lim_{x \to 0} \dfrac{|x|}{x}$ は存在しない．

証明 $f(x) = \dfrac{|x|}{x}$ とおく．$x > 0$ のとき $f(x) = 1$ で，$x < 0$ のとき $f(x) = -1$ であるから $\lim_{x \to +0} f(x) = 1$，$\lim_{x \to -0} f(x) = -1$ より，上の定理 2.5 から $\lim_{x \to 0} \dfrac{|x|}{x}$ は存在しない． □

例 2.6. $\lim_{x \to \infty} e^{-x} \sin x = 0$

解 $0 \leq |e^{-x} \sin x| \leq e^{-x}$，$\lim_{x \to \infty} e^{-x} = 0$ であるから，はさみうちの原理から，$\lim_{x \to \infty} e^{-x} \sin x = 0$． ■

例 2.7.
$$\lim_{x \to \infty} (1 + \frac{1}{x})^x = \lim_{x \to -\infty} (1 + \frac{1}{x})^x = e \tag{2.6}$$

証明 $x > 1$ としよう．$n \leq x < n+1$ なる自然数 $n = [x]$（$[x] = x$ を超えない最大の整数を表す（**ガウス記号**））をとると，$1 + \dfrac{1}{n+1} < 1 + \dfrac{1}{x} \leq 1 + \dfrac{1}{n}$ で

2.1. 関数の極限

あるから

$$\left(1+\frac{1}{n+1}\right)^n < \left(1+\frac{1}{x}\right)^n \le \left(1+\frac{1}{x}\right)^x < \left(1+\frac{1}{x}\right)^{n+1} \le \left(1+\frac{1}{n}\right)^{n+1}.$$

ここで, $x \to \infty$ のとき, $n \to \infty$ となるから,

$$\lim_{n\to\infty}\left(1+\frac{1}{n+1}\right)^n = \lim_{n\to\infty}\left\{\left(1+\frac{1}{n+1}\right)^{n+1}\left(1+\frac{1}{n+1}\right)^{-1}\right\} = e,$$

$$\lim_{n\to\infty}\left(1+\frac{1}{n}\right)^{n+1} = \lim_{n\to\infty}\left\{\left(1+\frac{1}{n}\right)^n\left(1+\frac{1}{n}\right)\right\} = e$$

より,「はさみうちの原理」より $\lim_{x\to\infty}\left(1+\frac{1}{x}\right)^x = e$ を得る.

$x \to -\infty$ のときは, $x = -y$ とおくと $y \to \infty$ で,

$$\lim_{x\to-\infty}\left(1+\frac{1}{x}\right)^x = \lim_{y\to\infty}\left(1-\frac{1}{y}\right)^{-y} = \lim_{y\to\infty}\left(\frac{y-1}{y}\right)^{-y} = \lim_{y\to\infty}\left(\frac{y}{y-1}\right)^y =$$

$$\lim_{y\to\infty}\left(1+\frac{1}{y-1}\right)^y = \lim_{y\to\infty}\left(1+\frac{1}{y-1}\right)^{y-1}\left(1+\frac{1}{y-1}\right) = e. \qquad \square$$

無限小 $[f(x) = o(g(x))]$

$\lim_{x\to a} f(x) = 0$ ならば, $x \to a$ のとき, $f(x)$ は**無限小**であるという.

$f(x)$ と $g(x)$ が $x \to a$ のとき無限小とする. このとき,

$$\lim_{x\to a}\frac{f(x)}{g(x)} = 0$$

が成り立つとき, $f(x)$ は $g(x)$ より**高位の無限小**であるといい,

$$f(x) = o(g(x)) \quad (x \to a) \tag{2.7}$$

と表す (これは「$f(x) =$ スモール・オー $g(x)$ である」と読む).

例 2.8. $x \to 0$ のとき,

1. $x^2 = o(x)$ 2. $x = o(\sqrt{|x|})$ 3. $x^2 \sin\frac{1}{x} = o(x)$

解

1. $\displaystyle\lim_{x\to 0}\frac{x^2}{x}=\lim_{x\to 0}x=0$
2. $\displaystyle\lim_{x\to 0}\left|\frac{x}{\sqrt{|x|}}\right|=\lim_{x\to 0}\sqrt{|x|}=0$
3. $\left|x\sin\dfrac{1}{x}\right|\leq |x|$ であるから，$\displaystyle\lim_{x\to 0}\left|\frac{x^2\sin\frac{1}{x}}{x}\right|=\lim_{x\to 0}\left|x\sin\frac{1}{x}\right|=0.$ ■

問 2.1.1. 次の関数の極限値を調べよ．（λ は定数とする）

(1) $\displaystyle\lim_{x\to 0}\frac{\sqrt{2x+1}-1}{x}$ (2) $\displaystyle\lim_{x\to 0}\frac{\sin 3x}{x}$ (3) $\displaystyle\lim_{x\to 0}\frac{1-\cos x}{x^2}$

(4) $\displaystyle\lim_{x\to 0}x^2\cos\frac{1}{x}$ (5) $\displaystyle\lim_{x\to\infty}e^{-x}\left(\frac{x+1}{x}\right)$ (6) $\displaystyle\lim_{x\to\infty}\frac{\sqrt{x^2+1}-1}{x}$

(7) $\displaystyle\lim_{x\to\infty}e^{-x}\tan^{-1}(x+1)$ (8) $\displaystyle\lim_{x\to\infty}\left(1+\frac{\lambda}{x}\right)^x$ (9) $\displaystyle\lim_{x\to-\infty}\left(1+\frac{\lambda}{x}\right)^x$

2.2 連続関数

点 a を含む開区間 I で定義されている関数 $f(x)$ に対して

1. $\displaystyle\lim_{x\to a}f(x)=L$ が存在して，かつ
2. $\displaystyle\lim_{x\to a}f(x)=L=f(a)$

が成り立つとき，関数 $f(x)$ は点 $x=a$ で**連続である**という．

さらに，開区間 $I=(a,b)$ で定義された関数 $f(x)$ が開区間 I のすべての点 x で連続であるとき，**関数 $f(x)$ は開区間 I で連続である**という．閉区間 $[a,b]$ で定義された関数が開区間 (a,b) で連続であって，$\displaystyle\lim_{x\to a+0}f(x)=f(a)$, $\displaystyle\lim_{x\to b-0}f(x)=f(b)$ であるとき，関数 $f(x)$ は閉区間 $[a,b]$ で連続であるという．
定理2.1. より，次の定理が成り立つ：

定理 2.6. 関数 $f(x), g(x)$ が $x=a$

2.2. 連続関数

1. 関数 $\alpha f(x) + \beta g(x)$ は $x = a$ で連続である（ただし α, β は定数である）．

2. 関数 $f(x)g(x)$ は $x = a$ で連続である．

3. $g(a) \neq 0$ のとき，関数 $\dfrac{f(x)}{g(x)}$ は $x = a$ で連続である．

4. 関数 $|f(x)|$ は $x = a$ で連続である．

定理 2.7 (合成関数の連続性). 関数 $f(x)$ を区間 I で連続，関数 $g(y)$ を区間 J で連続であると仮定する．$f(I) \subset J$ ならば合成関数 $h(x) = (g \circ f)(x) = g(f(x))$ は I で連続になる．

定理 2.8 (逆関数の連続性). $f(x)$ を区間 I で連続な単調関数とし，$J = f(I)$ とおく．f の逆関数 $x = f^{-1}(y)$ $(y \in J)$ は区間 J で連続になる．

例 2.9. 例 2.1 であげた関数 $x^3, \sqrt{x}, 2^x, e^x (= \exp x), \log_2 x, \log x, \sin x, \cos x, \tan x, \sqrt{1+x}$ などはその定義域で連続である．

例 2.10. $f(x) = \dfrac{e^x - 1}{x}$ $(x \neq 0), f(0) = 1$ なる関数 $f(x)$ は $x = 0$ で連続である．

解 例 2.7 より，$\displaystyle\lim_{t \to \pm\infty} \left(1 + \dfrac{1}{t}\right)^t = e$ である．ここで，$t = \dfrac{1}{u}$ とおくと，$t \to \pm\infty$ のとき，$u \to \pm 0$ であるから，$\displaystyle\lim_{u \to 0}(1+u)^{\frac{1}{u}} = e$ が成り立つ．したがって $\displaystyle\lim_{u \to 0} \dfrac{1}{u}\log(1+u) = \lim_{u \to 0} \log(1+u)^{\frac{1}{u}} = \log e = 1$．ここで，$x = \log(1+u)$ とおくと $u = e^x - 1$ となるから，$x \to 0$ のとき，$u \to 0$ である．故に

$$\lim_{x \to 0} f(x) = \lim_{x \to 0} \dfrac{e^x - 1}{x} = \lim_{u \to 0} \dfrac{u}{\log(1+u)} = \lim_{u \to 0} \dfrac{1}{\dfrac{1}{u}\log(1+u)} = 1$$

故に，$\displaystyle\lim_{x \to 0} f(x) = 1 = f(0)$ で，f は $x = 0$ で連続である． ■

定理 2.9. 関数 $f(x)$ が閉区間 $[a, b]$ で連続で，$f(a)f(b) < 0$ ならば，

$$f(c) = 0, \quad a < c < b \tag{2.8}$$

なる点 c が少なくとも一つ存在する (図 2.1 参照)．

証明 一般性を失わずに $f(a) < 0, f(b) > 0$ とする．

(1) $a_1 = a, b_1 = b, x_1 = \dfrac{a+b}{2}$ とおく．

(2) $f(x_1) = 0$ ならば，証明終わり．

(3) $f(x_1) \neq 0$ のとき，$f(x_1) > 0$ ならば，$a_2 = a_1, b_2 = x_1, x_2 = \dfrac{a_2 + b_2}{2}$ とおき，$f(x_1) < 0$ ならば，$a_2 = x_1, b_2 = b_1, x_2 = \dfrac{a_2 + b_2}{2}$ とおく．かくして，$f(x_1) \neq 0$ のとき，$f(a_2) < 0 < f(b_2), a_1 \leq a_2 < b_2 \leq b_1$ なる点 a_2, b_2 と点 $x_2 = \dfrac{a_2 + b_2}{2}$ が定まる．

$f(x_1) \neq 0$ のとき，$f(x_2)$ の値を調べて，上の考察 (2) と (3) を行う．$f(x_2) = 0$ ならば，証明終了する．$f(x_2) \neq 0$ の時，(3) の方法で，$f(a_3) < 0 < f(b_3), a_1 \leq a_2 \leq a_3 < b_3 \leq b_2 \leq b_1$ なる点 a_3, b_3 と点 $x_3 = \dfrac{a_3 + b_3}{2}$ が定まる．以下この操作を繰り返す．$f(x_n) = 0$ となる点 x_n が存在すれば証明は終了．

$f(x_n) \neq 0$ $(n = 1, 2, 3, \cdots)$ のとき，$a_n \leq a_{n+1}$，$b_{n+1} \leq b_n$，$a_n < b_n$ $(n = 1, 2, 3, \cdots)$．$f(a_n) < 0 < f(b_n)$ $(n \in \mathbb{N}), b_n - a_n = \dfrac{b-a}{2^{n-1}}$ を満たす単調増加数列 $\{a_n\}$ と単調減少数列 $\{b_n\}$ が存在する．$b_n - a_n \to 0 \, (n \to \infty)$ より $\lim\limits_{n \to \infty} a_n = \lim\limits_{n \to \infty} b_n = c$ なる点 c が存在する．関数 $f(x)$ の連続性より，$\lim\limits_{n \to \infty} f(a_n) = f(c) \leq 0$ かつ $\lim\limits_{n \to \infty} f(b_n) = f(c) \geq 0$．故に $f(c) = 0$． □

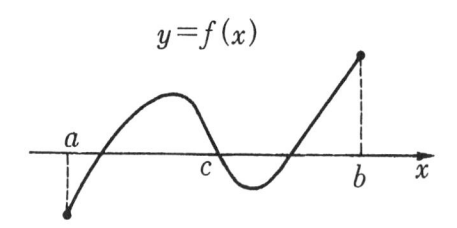

図 2.1: $f(c) = 0$ なる c

2.2. 連続関数

注 2.10. 上の定理の証明の方法は第3章 (§3.8) 発展で考える方程式 $f(x) = 0$ の数値解 x を見つける際に使用される.

定理 2.11 (中間値の定理). 関数 $f(x)$ が閉区間 $[a,b]$ で連続であるとき,

$$f(a) < k < f(b) \quad \text{または} \quad f(a) > k > f(b)$$

ならば,

$$f(c) = k, \quad a < c < b$$

なる点 c が少なくとも一つ存在する（図 2.2 参照）.

証明 $g(x) = f(x) - k$ とおく. 仮定より $(f(a) - k)(f(b) - k) < 0$ であるから, 定理 2.9 より $g(c) = f(c) - k = 0$ となる点 c が区間 (a,b) で少なくとも一つ存在する. □

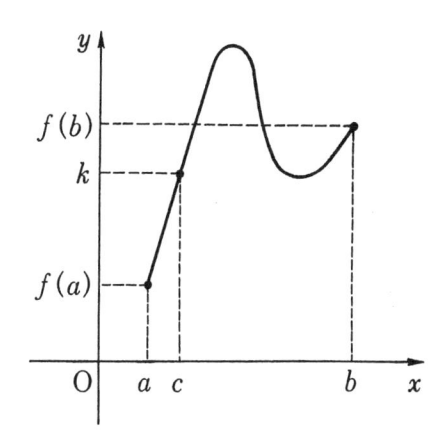

図 2.2: 中間値の定理

例 2.11. 方程式 $x - \cos x = 0$ は閉区間 $[0, \frac{\pi}{2}]$ で解 x をもつ.

解 $f(x) = x - \cos x$ とおくと, $f(0) = -1 < 0, f(\frac{\pi}{2}) = \frac{\pi}{2} > 0$ であるから区間 $[0, \frac{\pi}{2}]$ で方程式 $f(x) = 0$ は解 x をもつ. ■

例 2.12. 関数 $f(x) = x^3 + ax^2 + bx + c$ (a, b, c は定数) に対して，方程式 $f(x) = 0$ は実数解 x をもつ．

解 $x \neq 0$ なる x に対して，$\dfrac{f(x)}{x^3} = 1 + \dfrac{a}{x} + \dfrac{b}{x^2} + \dfrac{c}{x^3}$ で，$\displaystyle\lim_{x \to \pm\infty} \dfrac{1}{x} = 0$, $\displaystyle\lim_{x \to \pm\infty} \dfrac{1}{x^2} = 0$, $\displaystyle\lim_{x \to \pm\infty} \dfrac{1}{x^3} = 0$ であるから，$\displaystyle\lim_{x \to \infty} \dfrac{f(x)}{x^3} = 1$, $\displaystyle\lim_{x \to -\infty} \dfrac{f(x)}{x^3} = 1$ である．

よって，$f(\beta) = \dfrac{f(\beta)}{\beta^3} \beta^3 > 0$ なる正の数 $\beta(> 0)$ と，$f(\alpha) = \dfrac{f(\alpha)}{\alpha^3} \alpha^3 < 0$ なる負の数 $\alpha(< 0)$ が存在する．故に，定理 2.10 から，閉区間 $[\alpha, \beta]$ で方程式 $f(x) = 0$ は解 x をもつ． ■

関数 $y = f(x)$ の値を定義域 I 全体で考察する（**大局的に関数を考察する**）：

$$\text{すべての } x \in I \text{ に対して} \quad f(x) \leq f(a) \tag{2.9}$$

なる点 $a \in I$ が存在するとき，$f(x)$ は $x = a$ で**最大である**といい，値 $f(a)$ を**最大値**という．

$$\text{すべての } x \in I \text{ に対して} \quad f(x) \geq f(a) \tag{2.10}$$

なる点 $a \in I$ が存在するとき，$f(x)$ は $x = a$ で**最小である**といい，値 $f(a)$ を**最小値**という．

最大値・最小値に関して，次の定理が成り立つことが知られている：

定理 2.12 (最大値・最小値の定理). 有界閉区間 $[a, b]$ で連続な関数 $f(x)$ は，閉区間 $[a, b]$ において最大値と最小値をとる．

例 2.13.

1. 関数 $f(x) = x^2$ を開区間 $I = (0, 1)$ で考えると区間 I で連続であるが，I では f の最大値と最小値は存在しない．しかし，関数 $f(x) = x^2$ を閉区間 $I = [0, 1]$ で考えると f は $x = 1$ で最大値 1 を，$x = 0$ で最小値 0 をとる．

2. 関数 $f(x) = \log x$ を区間 $I = [1, \infty)$ で考えると区間 I での f の最大値は存在しないが，$x = 1$ で f は最小値 $f(1) = 0$ をとる．

3. 関数 $f(x) = e^{-x}$ を区間 $I = [0, \infty)$ で考えると $0 < e^{-x} \leq 1 = f(0)$ であるから, $x = 0$ で f は最大値 1 をとり, f の I での最小値は存在しない.

問 2.2.1. 次の方程式は, それぞれ指示された区間で解をもつこと示せ.

(1) $e^x - 3x = 0$ $([0, 1])$ (2) $\sin 2x = x$ $([\frac{\pi}{4}, \frac{\pi}{2}])$

(3) $x^3 - 9x^2 + 2 = 0$ $([0, 3])$ (4) $x^5 + x^3 + x + 1 = 0$ $((-\infty, \infty))$

演習問題 2

1. 次の極限値を求めよ. a, b は 0 でない定数とする.

(1) $\displaystyle\lim_{x \to 3} \frac{\sqrt{x+1} - 2}{x - 3}$ (2) $\displaystyle\lim_{x \to 0} \frac{1 - \cos ax}{bx}$

(3) $\displaystyle\lim_{x \to 0} \frac{\sin ax}{\sin bx}$ (4) $\displaystyle\lim_{x \to 0} \frac{1 - \cos^2 ax}{bx^2}$

(5) $\displaystyle\lim_{x \to 0} \frac{\sin^{-1} ax}{bx}$ (6) $\displaystyle\lim_{x \to -\infty} \left\{\sqrt{x^2 + x + 1} + x\right\}$

(7) $\displaystyle\lim_{x \to \infty} \tan^{-1}\left(1 + \frac{1}{x}\right)$ (8) $\displaystyle\lim_{x \to \infty} \tan^{-1}\left(\frac{1 - x}{1 + x}\right)$

(9) $\displaystyle\lim_{x \to \infty} e^{-x} \cos(ax + b)$ (10) $\displaystyle\lim_{x \to \infty} \left(\sqrt{x + 2} - \sqrt{x}\right)$

2. 次の関数 $f(x)$ の $x = 0$ における連続性を調べよ.

(1) $f(x) = \begin{cases} x \cos \dfrac{1}{x} & (x \neq 0) \\ 0 & (x = 0) \end{cases}$ (2) $f(x) = \begin{cases} x^2 \sin \dfrac{1}{x} & (x \neq 0) \\ 0 & (x = 0) \end{cases}$

(3) $f(x) = \begin{cases} \exp(-\dfrac{1}{x^2}) & (x \neq 0) \\ 0 & (x = 0) \end{cases}$ (4) $f(x) = \begin{cases} x \tan^{-1} \dfrac{1}{x^2} & (x \neq 0) \\ 0 & (x = 0) \end{cases}$

3. 関数 $f(x) = \displaystyle\lim_{n \to \infty} \frac{|x|^n + 1}{2|x|^n + 1}$ のグラフを描け.

4. 任意の実数 x に対して $f(2x) = f(x)$, かつ $x = 0$ で連続である関数 $f(x)$ は定数に限ることを証明せよ.

5. $f(x)$ が閉区間 $[a, b]$ で連続で, $\{f(x) \mid x \in [a, b]\} \subseteq [a, b]$ であるとき, $f(c) = c$ となる点 $c \in [a, b]$ が存在することを証明せよ.

6. 関数 $f(x)$ は $\mathbb{R}$ で連続とする．任意の $x, x' \in \mathbb{R}$ に対して $f(x+x') = f(x) + f(x')$ を満たせば，$f(x)$ は $f(x) = f(1)x \ (x \in \mathbb{R})$ と表されることを証明せよ．

7. 次の真偽を確かめよ．

(1) a を含む区間で $f(x)$ が定義されているとき，$\lim_{x \to a} f(x) = f(a)$ が常に成り立つ．

(2) $f(x)$ が区間 $(0, \infty)$ で定義されていると，$\lim_{x \to +0} f(x) = 1$ ならば，$f(x) = 1 \ (x > 0)$ である．

(3) $\lim_{x \to +0} x \log x = \left(\lim_{x \to +0} x \right) \left(\lim_{x \to +0} \log x \right) = 0$ である．

(4) $\lim_{x \to 0} x \sin \dfrac{1}{x} = \lim_{t \to \infty} \dfrac{1}{t} \sin t = 0$ （ただし，$x = \dfrac{1}{t}$ とおく）．

(5) $\lim_{x \to 0} x \sin \dfrac{1}{x} = \left(\lim_{x \to 0} x \right) \left(\lim_{x \to 0} \sin \dfrac{1}{x} \right) = 0$ である．

(6) $\lim_{x \to \infty} \dfrac{\sin x}{x} = \left(\lim_{x \to \infty} \dfrac{1}{x} \right) \left(\lim_{x \to \infty} \sin x \right) = 0$ である．

(7) $f(x)$ は区間 $(0, \infty)$ で定義されている．n を自然数とする．このとき，数列 $\{f(n)\}$ を考える．$\lim_{n \to \infty} f(n) = L$ が存在するとき，$\lim_{x \to \infty} f(x) = L$ である．

第3章　1変数関数の微分

　この章ではニュートンとライプニッツによって確立された微分について考える．この微分の考えは種々の現象を解析する手段（道具）として用いられる．この章では微分に関する事柄を考察する．

3.1　微分可能の定義と導関数

　点 a を含む開区間で定義された関数 $y = f(x)$ において，極限値

$$\lim_{h \to 0} \frac{f(a+h) - f(a)}{h} = L \tag{3.1}$$

が存在するとき，関数 $f(x)$ は $x = a$ で**微分可能**であるという．L を $f'(a)$ で表し，$x = a$ における関数 $f(x)$ の**微分係数**という．(3.1) の極限値が存在しないとき，関数 $f(x)$ は点 a で**微分不可能**（微分できない）という．

　また，x が a から $a+h$ まで変化するときの $f(x)$ の変化の割り合い

$$\frac{f(a+h) - f(a)}{h} \tag{3.2}$$

を x が $x = a$ から $x = a+h$ まで変化するときの関数 $f(x)$ の**平均変化率**という．

1)　**(3.2) と $f'(a)$ の幾何学的意味**

　曲線 $y = f(x)$ 上（図 3.1 参照）の 2 点 $P(a, f(a))$, $Q(a + \Delta x, f(a + \Delta x))$ に対して，(3.2) は直線 PQ の傾きを表している．$\Delta x \to 0$ とすると，点 Q は点 P に限りなく近づく．「(3.1) の極限値 L が存在する」ことは，「$\Delta x \to 0$ とすると，直線 PQ の傾きが L に近づく」こと，すなわち，「直線 PQ は点 P を通り傾きが $f'(a)$ である定直線 PT」に限りなく近づくことを意味する．この定直

線 PT を曲線 $y = f(x)$ の点 P における**接線**という．このとき，曲線 $y = f(x)$ の点 P における接線の方程式は次で与えられる：

$$y - f(a) = f'(a)(x - a) \tag{3.3}$$

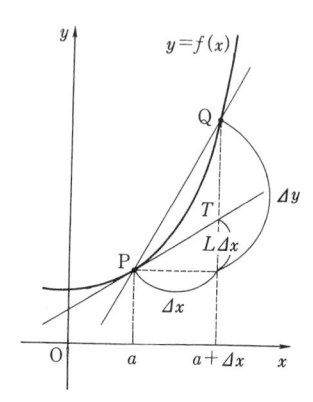

図 3.1: 微分係数 $f'(a)$

2) 平均速度と瞬間速度

変数 x は時間を表し，関数 $f(x)$ を時刻 x までの自動車の進んだ距離を表すとすると，(3.2) は時刻 a から時刻 $a+h$ までの自動車の平均速度を表す．また，$f'(a)$ は時刻 a での自動車の瞬間速度を表す．自動車のスピード取締りでは，この $f'(a)$ が測定されている．

3) 微小な区間の拡大率

$f'(a)$ は「$x = a$ を含む極く小さな区間が $f(x)$ によって，約何倍に拡大されるか？」という拡大率と考えることができる．

例 3.1. 関数 $f(x) = x^3 + x$ $(x \in R)$ に対して，点 a における微分係数 $f'(a)$ と曲線 $y = x^3 + x$ 上の点 $(a, a^3 + a)$ における接線の方程式を求めよ．

解　$f'(a) = \lim_{h \to 0} \dfrac{(a+h)^3 + (a+h) - (a^3 + a)}{h} = \lim_{h \to 0} \dfrac{3a^2 h + 3ah^2 + h^3 + h}{h}$

3.1. 微分可能の定義と導関数

$= 3a^2 + 1$. よって，点 $(a, a^3 + a)$ における接線の方程式は，$y - (a^3 + a) = (3a^2 + 1)(x - a)$，すなわち，$y = (3a^2 + 1)x - 2a^3$. ∎

例 3.2. 関数 $y = |x|$ $(x \in R)$ は $x = 0$ で微分不可能である．

解 $\lim_{h \to +0} \dfrac{|h|}{h} = 1$, $\lim_{h \to -0} \dfrac{|h|}{h} = -1$ より $x = 0$ で微分可能でない．∎

関数 $f(x)$ が区間 I のすべての点 x で微分可能であるとき，$f(x)$ は**区間 I で x に関して微分可能**であるという．

関数 $f(x)$ が区間 I で x に関して微分可能であるとき，I の各点 x に微分係数 $f'(x)$ を対応させる関数を $f(x)$ の**導関数**といい，$f'(x)$ で表す．$f(x)$ の導関数を表す記号として

$$y', \quad \{f(x)\}', \quad \frac{dy}{dx}, \quad \frac{df(x)}{dx}, \quad \frac{d}{dx}f(x), \quad Df(x)$$

などが用いられる．

$f(x)$ の導関数 $f'(x)$ を求めることを「$f(x)$ **を微分する**」という．

例 3.3. 次の関数 f を微分せよ．ただし，$\exp t = e^t$ とする．
1. $f(x) = x^n$ $(n \in N)$
2. $f(x) = \sin x$
3. $f(x) = \cos x$
4. $f(x) = \exp x \; (= e^x)$
5. $f(x) = \log x$

解

1. $a^n - b^n = (a - b)(a^{n-1} + a^{n-2}b + \cdots + ab^{n-2} + b^{n-1})$ であるから，
$\dfrac{(x+h)^n - x^n}{h} = (x+h)^{n-1} + (x+h)^{n-2}x + \cdots + (x+h)x^{n-2} + x^{n-1}$.
よって，$f'(x) = \lim_{h \to 0} \dfrac{(x+h)^n - x^n}{h} = nx^{n-1}$.

2. $f'(x) = \lim_{h \to 0} \dfrac{\sin(x+h) - \sin x}{h} = \lim_{h \to 0} \dfrac{2\cos\left(x + \dfrac{h}{2}\right)\sin\dfrac{h}{2}}{h}$
$= \lim_{h \to 0} \cos\left(x + \dfrac{h}{2}\right) \lim_{h \to 0} \dfrac{\sin\dfrac{h}{2}}{\dfrac{h}{2}} = \cos x$.

3. これは演習とする．($f'(x) = -\sin x$ を示せ．)

4. 例 2.10 より $\lim_{h \to 0} \dfrac{e^h - 1}{h} = 1$ であるから，$f'(x) = \lim_{h \to 0} \dfrac{\exp(x+h) - \exp x}{h}$
$= (\exp x) \lim_{h \to 0} \dfrac{\exp h - 1}{h} = \exp x.$

5. 問 2.1.1 の (8), (9) より $\lim_{x \to \pm\infty} \left(1 + \dfrac{\lambda}{x}\right)^x = e^\lambda$ であるから，$x = \dfrac{1}{h}, \lambda = \dfrac{1}{a}$ とおくと，$\lim_{h \to 0} \left(\dfrac{a+h}{a}\right)^{\frac{1}{h}} = e^{\frac{1}{a}}$ である．よって，$\dfrac{\log(x+h) - \log x}{h} = \dfrac{1}{h} \log\left(\dfrac{x+h}{x}\right) = \log\left(\dfrac{x+h}{x}\right)^{\frac{1}{h}}$. 故に，$f'(x) = \lim_{h \to 0} \log\left(\dfrac{x+h}{x}\right)^{\frac{1}{h}} = \log e^{\frac{1}{x}} = \dfrac{1}{x}.$ ■

関数 f の微分 df

関数 $f(x)$ において，変数 x の変化量 $\Delta x (\neq 0)$ に対して $\Delta y = f(x + \Delta x) - f(x)$ とおく．

関数 $f(x)$ が点 x で微分可能ならば，
$$\dfrac{\Delta y - f'(x)\Delta x}{\Delta x} \to 0 \quad (\Delta x \to 0)$$
であるから，$\Delta y - f'(x)\Delta x$ は Δx より高位の無限小である．よって
$$\Delta y = f'(x)\Delta x + o(\Delta x) \quad (\Delta x \to 0) \tag{3.4}$$
が成り立つ（記号 o については第 2 章 (2.7) を参照せよ）．ここで，$f'(x)\Delta x$ を dy または $df(x)$ で表し，それを点 x における f の**微分**あるいは**全微分**という．$f(x) = x$ のとき，$f'(x) = 1$ であるから，$(df =) dx = \Delta x$ となる．よって，通常，
$$dy = f'(x)\Delta x = f'(x)dx \tag{3.5}$$
と書く．(3.4) から Δx が十分小のとき，近似 $\Delta y \fallingdotseq dy$ が成り立つ．

例 3.4.

1. $y = x^2$ のとき，$dy (= d(x^2)) = 2x\,dx$.
2. $y = \sin x$ のとき，$dy (= d(\sin x)) = \cos x\,dx$.

定理 3.1. 点 a を含む開区間で定義された関数 $f(x)$ が $x = a$ で微分可能ならば，$f(x)$ は $x = a$ で連続である．

証明 $\displaystyle\lim_{x \to a} \{f(x) - f(a)\} = \lim_{x \to a} \left\{\frac{f(x) - f(a)}{x - a}\right\}(x - a) = f'(a)0 = 0.$ □

3.2 微分法の公式

定理 3.2. 関数 $f(x)$ と $g(x)$ が x に関して微分可能ならば，$cf(x)$（c は定数），$f(x) \pm g(x)$，$f(x)g(x)$，$\dfrac{f(x)}{g(x)}$ ($g(x) \neq 0$) は x に関して微分可能で，次の公式が成り立つ：

1. $\{cf(x)\}' = cf'(x)$
2. $\{f(x) \pm g(x)\}' = f'(x) \pm g'(x)$
3. $\{f(x)g(x)\}' = f'(x)g(x) + f(x)g'(x)$
4. $\left\{\dfrac{f(x)}{g(x)}\right\}' = \dfrac{f'(x)g(x) - f(x)g'(x)}{\{g(x)\}^2}$ $\quad (g(x) \neq 0)$

証明
1. 2. の証明は明らかである．
x の変化量 Δx に対する関数 $y = f(x), z = g(x)$ の変化量をそれぞれ

$$\Delta y = f(x + \Delta x) - f(x), \quad \Delta z = g(x + \Delta x) - g(x)$$

とおく．定理 3.1 により，$\Delta x \to 0$ のとき，$\Delta y \to 0$ かつ $\Delta z \to 0$ である．

3. Δx に対する関数 $u = f(x)g(x)$ の変化量 Δu は

$$\begin{aligned}\Delta u &= f(x + \Delta x)g(x + \Delta x) - f(x)g(x) \\ &= (f(x) + \Delta y)(g(x) + \Delta z) - f(x)g(x) \\ &= g(x)\Delta y + f(x)\Delta z + \Delta y \Delta z\end{aligned}$$

よって,

$$(f(x)g(x))' = \lim_{\Delta x \to 0} \frac{\Delta u}{\Delta x} = \lim_{\Delta x \to 0} \frac{g(x)\Delta y + f(x)\Delta z + \Delta y \Delta z}{\Delta x}$$
$$= g(x) \lim_{\Delta x \to 0} \frac{\Delta y}{\Delta x} + f(x) \lim_{\Delta x \to 0} \frac{\Delta z}{\Delta x} + \lim_{\Delta x \to 0} \frac{\Delta y}{\Delta x} \frac{\Delta z}{\Delta x}(\Delta x)$$
$$= f'(x)g(x) + f(x)g'(x).$$

4. $\left\{\dfrac{1}{g(x)}\right\}' = -\dfrac{g'(x)}{(g(x))^2}$ を示せば十分である.関数 $w = \dfrac{1}{g(x)}$ の変化量 Δw は,$\Delta w = \dfrac{1}{g(x+\Delta x)} - \dfrac{1}{g(x)} = \dfrac{g(x) - g(x+\Delta x)}{g(x)g(x+\Delta x)} = \dfrac{-\Delta z}{g(x)g(x+\Delta x)}$. よって,

$$\left\{\frac{1}{g(x)}\right\}' = \lim_{\Delta x \to 0} \frac{\Delta w}{\Delta x} = \lim_{\Delta x \to 0} \left[-\frac{\Delta z}{\Delta x} \frac{1}{g(x+\Delta x)g(x)}\right] = -g'(x)\frac{1}{(g(x))^2}.$$

□

例 3.5. 定理 3.2 を用いると

1. $\left(x^2 + 3\cos x + 4\sin x + e^x\right)' = 2x - 3\sin x + 4\cos x + e^x$
2. $\left(x^2 \sin x\right)' = 2x\sin x + x^2 \cos x$
3. $\left(\dfrac{1}{x^2+1}\right)' = -\dfrac{2x}{(x^2+1)^2}$
4. $(\tan x)' = \left(\dfrac{\sin x}{\cos x}\right)' = \dfrac{1}{\cos^2 x}$

次の合成関数の微分の公式は重要であり,この公式が自由に使えるようになれば,導関数の計算が大変容易になる.

定理 3.3 (合成関数の微分の公式その 1 (連鎖律 1)). 関数 $z = g(y)$ は y について微分可能,関数 $y = f(x)$ は x について微分可能ならば,合成関数 $z = (g \circ f)(x) = g(f(x))$ は x について微分可能で,次の公式が成り立つ:

$$\frac{dg(f(x))}{dx} = \frac{dg}{dy}(f(x)) \cdot \frac{df}{dx}(x) = g'(f(x)) \cdot f'(x) \tag{3.6}$$

3.2. 微分法の公式

注 3.4. (3.6) を簡単に $\dfrac{dz}{dx} = \dfrac{dz}{dy}\dfrac{dy}{dx}$ と書くことがある.

証明 x の変化量 Δx に対する y の変化量を Δy, Δy に対する関数 z の変化量を Δz とする. (3.5) より

(i) $\quad \Delta y = f'(x)\Delta x + \varepsilon_1 \Delta x,$ (ii) $\quad \Delta z = g'(y)\Delta y + \varepsilon_2 \Delta y$

ここで, $\Delta x \to 0$ のとき, $\varepsilon_1 \to 0$ かつ $\Delta y \to 0$ のとき, $\varepsilon_2 \to 0$.
(i) を (ii) に代入すると,

$$\Delta z = g'(y)f'(x)\Delta x + \left(g'(y)\varepsilon_1 + \varepsilon_2 f'(x) + \varepsilon_1 \varepsilon_2\right)\Delta x$$

ここで, $\Delta x \to 0$ のとき, $\Delta y \to 0$ かつ $\varepsilon_1 \to 0$ で, さらに $\varepsilon_2 \to 0$ である.

$$\lim_{\Delta x \to 0} \frac{\Delta z}{\Delta x} = g'(y)f'(x) + \lim_{\Delta x \to 0}[g'(y)\varepsilon_1 + \varepsilon_2 f'(x) + \varepsilon_1 \varepsilon_2] = g'(f(x))\,f'(x)$$

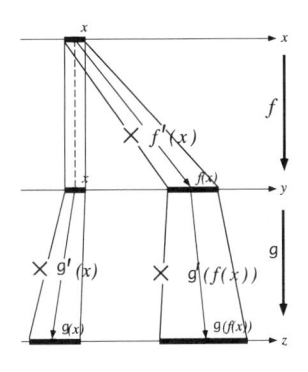

□

図 3.2: 合成関数の微分

注 3.5. 上の定理で $\dfrac{d\,g(f(x))}{dx} \neq g'(x)f'(x)$ であることを注意しておく.

例 3.6. 関数 $f(x)$ は微分可能とする. このとき, 次が成り立つ:

1. 関数 $z = (f(x))^n$ $(n \in N)$ は微分可能で, $\dfrac{dz}{dx} = n\,(f(x))^{n-1}\,f'(x)$.

2. 関数 $z = f(ax + b)\,(a, b$ は定数$)$ は微分可能で，$\dfrac{dz}{dx} = af'(ax+b)$.

証明

1. $z = y^n, y = f(x)$ とおくと,
$$\frac{dz}{dx} = \frac{dz}{dy}\frac{dy}{dx} = ny^{n-1}f'(x) = n(f(x))^{n-1}f'(x).$$

2. $z = f(y), y = ax + b$ とおくと, $\dfrac{dz}{dx} = \dfrac{dz}{dy}\dfrac{dy}{dx} = f'(y)\,a = af'(ax+b).$
□

例 3.7. (対数微分法) a を定数とする．

1. $(x^a)' = ax^{a-1} \ (x > 0)$

2. $(a^x)' = (\log a)\,a^x \ (a > 0)$

3. $(x^x)' = (\log x + 1)x^x \ (x > 0)$

解

1. $x^a = e^{\log x^a} = e^{a \log x}$ であるから, $z = e^y, y = a \log x$ とおくと, $(x^a)' = \dfrac{dz}{dy}\dfrac{dy}{dx} = e^y \dfrac{a}{x} = x^a \dfrac{a}{x} = ax^{a-1}.$

2. $a^x = e^{x \log a}$ であるから, $z = e^y, y = x \log a$ とおくと, $(a^x)' = \dfrac{dz}{dy}\dfrac{dy}{dx} = e^y \log a = a^x (\log a).$

3. $x^x = e^{\log x^x} = e^{x \log x}$ であるから, $z = e^y, y = x \log x$ とおくと, $(x^x)' = \dfrac{dz}{dy}\dfrac{dy}{dx} = e^y(\log x + 1) = x^x(\log x + 1).$
■

例 3.8. 次の関数 $f(x)$ は $x = 0$ で微分可能かどうかを調べよ．

1. $f(x) = |x|\,e^{-x}$

2. $f(x) = x \sin \dfrac{1}{x}\,(x \neq 0), \quad f(0) = 0$

3.2. 微分法の公式

解

1. $0 \leq x$ で $f(x) = xe^{-x}$, $x < 0$ で $f(x) = -xe^{-x}$. よって, $\lim_{h \to +0} \dfrac{f(h) - f(0)}{h} = \lim_{h \to +0}(e^{-h}) = 1$, $\lim_{h \to -0} \dfrac{f(h) - f(0)}{h} = \lim_{h \to -0}(-e^{-h}) = -1$. 故に $f'(0)$ は存在しない. よって, $f(x)$ は $x = 0$ で微分不可能である.

2. $\lim_{h \to 0} \dfrac{f(h) - f(0)}{h} = \lim_{h \to 0} \sin \dfrac{1}{h}$ は存在しない. 故に $f'(0)$ は存在しない. よって, $f(x)$ は $x = 0$ で微分不可能である. ■

注 3.6. $f'(a)$ を考察する際に, よくある間違いの例は $\lim_{x \to a} f'(x) = f'(a)$ とすることである. 上の例 3.8 の 2. でいえば, まず, $x \neq 0$ で $f'(x) = \sin \dfrac{1}{x} - \dfrac{1}{x}\cos\dfrac{1}{x}$ を求める. ついで, $\lim_{x \to 0} f'(x)$ が存在しないから, $x = 0$ で $f(x)$ は微分不可能と結論する. この解答には, どこに間違いがあるのか？

定理 3.7 (逆関数の微分の公式). $y = f(x)$ は区間 I で微分可能かつ単調関数とする. 各点 $x \in I$ で $f'(x) \neq 0$ とする. このとき, 逆関数 $x = f^{-1}(y)$ は区間 $J = f(I)$ で y に関して微分可能で次の公式が成り立つ:

$$\frac{df^{-1}(y)}{dy} = \frac{1}{f'(x)} = \frac{1}{f'(f^{-1}(y))} \tag{3.7}$$

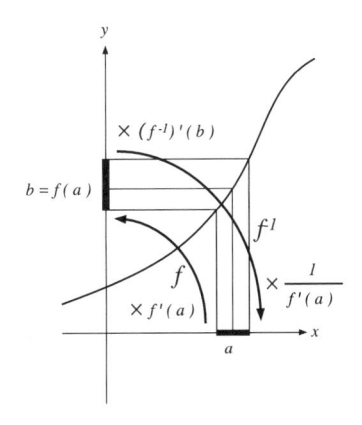

図 3.3: 逆関数の微分

証明 $a = f^{-1}(b)$, $\Delta x = f^{-1}(b+\Delta y) - f^{-1}(b)$ とおくと，$\Delta x + f^{-1}(b) = f^{-1}(b+\Delta y)$ より，

$$\Delta x + a = f^{-1}(b+\Delta y) \iff f(a+\Delta x) = b + \Delta y.$$

よって $\Delta y \to 0$ のとき，$\Delta x \to 0$ である．故に，

$$(f^{-1})'(b) = \lim_{\Delta y \to 0} \frac{\Delta x}{\Delta y} = \lim_{\Delta x \to 0} \frac{1}{\frac{\Delta y}{\Delta x}} = \frac{1}{f'(a)} = \frac{1}{f'(f^{-1}(b))}. \qquad \Box$$

例 3.9. (逆三角関数の微分)

1. $(\sin^{-1} x)' = \dfrac{1}{\sqrt{1-x^2}}$ $(-1 < x < 1)$

2. $(\cos^{-1} x)' = -\dfrac{1}{\sqrt{1-x^2}}$ $(-1 < x < 1)$

3. $(\tan^{-1} x)' = \dfrac{1}{1+x^2}$ $(x \in \mathbb{R})$

証明

1. $y = \sin^{-1} x$ とおくと，$x = \sin y$ $\left(-1 \leq x \leq 1, -\dfrac{\pi}{2} \leq y \leq \dfrac{\pi}{2}\right)$ である．$-1 < x < 1$ のとき，$-\dfrac{\pi}{2} < y < \dfrac{\pi}{2}$ だから，$\cos y = \sqrt{1-x^2}(>0)$ より $\dfrac{dy}{dx} = \dfrac{1}{\frac{dx}{dy}} = \dfrac{1}{\cos y} = \dfrac{1}{\sqrt{1-x^2}}$.

2. $\cos^{-1} x + \sin^{-1} x = \dfrac{\pi}{2}$ $(-1 \leq x \leq 1)$ であるから，$(\sin^{-1} x)' = \dfrac{1}{\sqrt{1-x^2}}$ $(-1 < x < 1)$ より，$(\cos^{-1} x)' = -\dfrac{1}{\sqrt{1-x^2}}$ $(-1 < x < 1)$.

3. $y = \tan^{-1} x$ とおくと，$x = \tan y$ で，$-\infty < x < +\infty, -\dfrac{\pi}{2} < y < \dfrac{\pi}{2}$ である．$(\tan y)' = \dfrac{1}{\cos^2 y} = 1 + x^2$ より，$x \in \mathbb{R}$ のとき，$\dfrac{dy}{dx} = \dfrac{1}{\frac{dx}{dy}} = \cos^2 y = \dfrac{1}{1+x^2}$. $\qquad \Box$

3.2. 微分法の公式

注 3.8. 例 3.9 の 1. に対する別の考察

関数 $y = \sin^{-1} x$ は関係 $x = \sin y$ で定まる x の関数 y であるから $x = \sin y (= \sin(\sin^{-1} x))$ の両辺を x で微分すると

$$1 = \cos y \frac{dy}{dx} \quad (-1 < x < 1, -\frac{\pi}{2} < y < \frac{\pi}{2}).$$

ここで, $-\frac{\pi}{2} < y < \frac{\pi}{2}$ より $\cos y = \sqrt{1-x^2}(>0)$. 故に $\dfrac{dy}{dx} = \dfrac{1}{\sqrt{1-x^2}}$.

定理 3.9 (パラメーター表示の微分の公式). $x = f(t), y = g(t)\,(\alpha \leq t \leq \beta)$ は微分可能で, $f'(t) \neq 0\,(\alpha < t < \beta)$ であるとき, 次の公式が成り立つ:

$$\frac{dy}{dx} = \frac{g'(t)}{f'(t)} \tag{3.8}$$

証明 $f'(t) \neq 0 \,(\alpha < t < \beta)$ であるから, 逆関数 $t = f^{-1}(x)$ が定義される. これから, 合成関数 $y = g(f^{-1}(x))$ を得る. 逆関数の微分の公式から $\dfrac{dt}{dx} = \dfrac{1}{\frac{dx}{dt}}$, 合成関数の微分の公式から $\dfrac{dy}{dx} = \dfrac{dy}{dt}\dfrac{dt}{dx} = \dfrac{g'(t)}{f'(t)}$. □

例 3.10.

1. $x = t, y = t^3\,(-\infty < t < \infty)$ のとき, $\dfrac{dy}{dx} = \dfrac{3t^2}{1} = 3t^2$

2. $x = a\cos t, y = b\sin t\,(0 \leq t < 2\pi)\,(a, b$ は正の定数$)$ のとき,

    $\dfrac{dy}{dx} = -\dfrac{b}{a}\cot t\,(\sin t \neq 0$ のとき$)$,

    $\dfrac{dx}{dy} = -\dfrac{a}{b}\tan t\,(\cos t \neq 0$ のとき$)$.

問 3.2.1. 関数 $f(x)$ は x に関して微分可能とする. 次の合成関数を微分せよ.

  (1) $z = \sin f(x)$ (2) $z = f(\sin x)$ (3) $z = \log f(x)\,(f(x) > 0)$
  (4) $z = f(\log x)\,(x > 0)$ (5) $z = f(x^2)$

問 3.2.2. 次の関数を微分せよ．$a(\neq 0), b$ は定数とする．

(1) $\sinh ax$ (2) $\left(x - \dfrac{1}{x}\right)^3$ (3) $\dfrac{6x+3}{x^2+x+1}$

(4) $\cosh ax$ (5) $x^2 \sin ax$ (6) $x^2 \log_a x \ \ (a>0, a\neq 1)$

(7) $e^x \sin(ax+b)$ (8) $x^3 \tan \dfrac{1}{x}$ (9) $\sqrt[3]{(2x+3)^2}$

(10) $\sin^{-1} \dfrac{x}{a} \ (a>0)$ (11) $\sin^{-1} \dfrac{x}{1+x^2}$ (12) $\cos^{-1} \dfrac{x}{a} \ (a>0)$

(13) $\cos^{-1} \sqrt{1-x^2}$ (14) $\tan^{-1} \dfrac{x}{a}$ (15) $\tan^{-1} e^x$

(16) $\sqrt{a+x^2}$ (17) $\sqrt{a^2-x^2}$ (18) $\log(x+\sqrt{x^2+1})$

(19) $x^2 a^x \ (a>0)$ (20) $e^x \sin^2 ax$ (21) $\exp(-x^2)$

問 3.2.3. a を正の定数とする．次のパラメーター表示より $\dfrac{dy}{dx}$ を求めよ．

(1) $x = a\cos t, y = a\sin t \ (0<t<\pi)$

(2) $x = a(t-\sin t), y = a(1-\cos t) \ (0<t<2\pi)$ （サイクロイド）

(3) $x = 2\sinh t, y = 3\cosh t \ (0<t)$

(4) $x = t\sin t, y = t\cos t \ \left(0<t<\dfrac{\pi}{2}\right)$

3.3 高次導関数 $f^{(n)}(x)$

関数 $y=f(x)$ が区間 I で導関数 $f'(x)$ をもつとする．この導関数 $f'(x)$ が区間 I で微分可能である時，導関数 $(f'(x))'$ が定義される．これを $f''(x)$ または $f^{(2)}(x)$ と書いて，$f''(x)$ を f の **2 次**（**2 階**）**導関数**という．$f(x)$ が導関数 $f'(x), f''(x)$ をもつとする．さらに，2 次導関数 $f''(x)$ を微分して $(f''(x))' = f'''(x)$ を考える．これを $f^{(3)}(x)$ で表し，それを $f(x)$ の **3 次**（**3 階**）**導関数**という．このように $f(x)$ を順次に n 回微分して得られる関数を $f(x)$ の n 次（n 階）**導関数**といい，$f^{(n)}(x)$ で表わし，$f(x)$ は I で n 回微分可能であるという．

$$f^{(n)}(x) = \frac{df^{(n-1)}(x)}{dx} = (f^{(n-1)}(x))'$$

$f(x)$ の 2 次（2 階）以上の導関数を**高次導関数**という．$y=f(x)$ の n 階導関数を

$$\frac{d^n f(x)}{dx^n}, \ \frac{d^n}{dx^n}f(x), \ \frac{d^n y}{dx^n}, \ y^{(n)}, \ D^n f(x)$$

3.3. 高次導関数 $f^{(n)}(x)$

などで表す．ただし，$f^{(0)}(x) = f(x)$ と約束する．

関数 $y = f(x)$ が区間 I で n 回微分可能で，導関数 $f^{(n)}(x)$ が区間 I で連続であるとき，関数 $f(x)$ は I で C^n 級であるという．さらに，区間 I で C^n 級である関数全体の集合を $C^n(I)$ で表す．関数 $y = f(x)$ が区間 I で無限回微分可能であるとき，関数 $f(x)$ は I で C^∞ 級であるという．

以下，まず，2 次導関数 $f''(x)$ に関することを調べ，ついで，一般の高次導関数 $f^{(n)}(x)$ のことを考える．

3.3.1　2 次導関数 $f''(x)$

関数 $f(x)$ の **2 次（2 階）導関数** $f''(x)$ は次で定義される：

$$f^{(2)}(x) = f''(x) = \lim_{h \to 0} \frac{f'(x+h) - f'(x)}{h}$$

注 3.10. $D^2 f \neq (Df)^2$, $\dfrac{d^2 f}{dx^2} \neq \left(\dfrac{df}{dx}\right)^2$ を注意しておく．

例 3.11. 次の関数 $f(x)$ の 2 次導関数 $f''(x)$ を求めよ．
1. $f(x) = \sqrt{1+x}$　2. $f(x) = \exp ax$　3. $f(x) = \sin ax$

解
1. $f'(x) = \dfrac{1}{2}(1+x)^{-1/2}$,　$f''(x) = -\dfrac{1}{4}(1+x)^{-3/2}$.
2. $f'(x) = a \exp ax$,　$f''(x) = a^2 \exp ax$.
3. $f'(x) = a \cos ax$,　$f''(x) = -a^2 \sin ax$. ∎

合成関数の 2 次導関数については，次の定理が成り立つ：

定理 3.11 (合成関数の微分の公式その **2** (連鎖律 2))**．**関数 $y = f(x)$ が x について 2 回微分可能で，関数 $z = g(y)$ が y について 2 回微分可能であるとき，合成関数 $z = g(f(x))$ に対して次が成り立つ：

$$\frac{d^2 z}{dx^2} = \frac{d^2 g}{dy^2}\left(\frac{df}{dx}\right)^2 + \frac{dg}{dy}\frac{d^2 f}{dx^2}$$

証明 定理 3.3 より
$$\frac{dz}{dx} = g'(y)f'(x) = g'(f(x))f'(x).$$
この両辺を x で微分する．ここで，この右辺の関数 $g'(f(x))$ は関数 $z = g'(y)$ と関数 $y = f(x)$ の合成関数であることに気づくことが，肝要である．さらに，右辺は x の二つの関数の積であるから，積の関数の微分則より

$$\frac{d^2z}{dx^2} = \frac{d}{dx}\left(g'(f(x))f'(x)\right) = \frac{d(g'(f(x)))}{dx}f'(x) + g'(f(x))\frac{d(f'(x))}{dx}$$
$$= \underline{[g''(f(x))f'(x)]}\,f'(x) + g'(f(x))f''(x) = \frac{d^2g}{dy^2}\left(\frac{df}{dx}\right)^2 + \frac{dg}{dy}\frac{d^2f}{dx^2}.$$
□

注 3.12. 上の定理の証明で下線部の合成関数 $g'(f(x))$ の微分に注意してほしい．この下線部がよく質問のある箇所である．

定理 3.13 (逆関数の微分の公式その 2). $y = f(x)$ はある区間 I で 2 回微分可能かつ単調関数とする．各点 $x \in I$ で $f'(x) \neq 0$ とする．このとき，逆関数 $x = f^{-1}(y)$ は区間 $J = f(I)$ で 2 回微分可能で次の公式が成り立つ：

$$\frac{d^2 f^{-1}(y)}{dy^2} = \frac{-f''(f^{-1}(y))}{(f'(f^{-1}(y)))^3}$$

証明 定理 3.7 より
$$\frac{df^{-1}(y)}{dy} = \frac{1}{f'(f^{-1}(y))}.$$
この両辺を y で微分すると

$$\frac{d^2 f^{-1}(y)}{dy^2} = \frac{d}{dy}\left(\frac{1}{f'(f^{-1}(y))}\right) = \frac{-1}{(f'(f^{-1}(y)))^2}\frac{d}{dy}(f'(f^{-1}(y)))$$
$$= \frac{-1}{(f'(f^{-1}(y)))^2}\left(f''(f^{-1}(y))\frac{d(f^{-1}(y))}{dy}\right) = \frac{-f''(f^{-1}(y))}{(f'(f^{-1}(y)))^3}.$$
□

3.3. 高次導関数 $f^{(n)}(x)$

定理 3.14. $x = f(t), y = g(t)$ $(\alpha \leq t \leq \beta)$ が開区間 (α, β) において 2 回微分可能でかつ $f'(t) \neq 0$ $(\alpha < t < \beta)$ を満たすとき，次式が成り立つ：

$$\frac{d^2y}{dx^2} = \frac{g''(t)f'(t) - g'(t)f''(t)}{\{f'(t)\}^3}$$

この証明は省略する．

例 3.12. 関数 $f(x)$ は x に関して 2 回微分可能とする．次の合成関数の第 2 次導関数を求めよ．
1. $z = f(ax + b)$ $(a, b$ は定数$)$ 2. $z = e^{f(x)}$ 3. $z = f(e^x)$

解
1. $\dfrac{dz}{dx} = af'(ax + b),\quad \dfrac{d^2z}{dx^2} = a^2 f''(ax + b)$.

2. $\dfrac{dz}{dx} = e^{f(x)} f'(x),\quad \dfrac{d^2z}{dx^2} = \dfrac{d(e^{f(x)} f'(x))}{dx} = \dfrac{d(e^{f(x)})}{dx} f'(x) + e^{f(x)} f''(x)$
$= \underline{e^{f(x)} f'(x)} f'(x) + e^{f(x)} f''(x) = e^{f(x)} (f'(x))^2 + e^{f(x)} f''(x)$.

3. $\dfrac{dz}{dx} = f'(e^x) e^x,\quad \dfrac{d^2z}{dx^2} = \dfrac{d(f'(e^x) e^x)}{dx} = \dfrac{d(f'(e^x))}{dx} e^x + f'(e^x) e^x =$
$\underline{f''(e^x) e^x} e^x + f'(e^x) e^x = f''(e^x) e^{2x} + f'(e^x) e^x$.
（下線部に注意すること） ∎

問 3.3.1. 関数 $f(x)$ は x に関して 2 回微分可能とする．次の合成関数の第 2 次導関数を求めよ．
(1) $z = (f(x))^2$ (2) $z = f(x^2)$ (3) $z = \sin f(x)$
(4) $z = f(\sin x)$ (5) $z = \log f(x)$ $(f(x) > 0)$ (6) $z = f(\log x)$ $(x > 0)$

3.3.2 高次導関数 $f^{(n)}(x)$

関数 $f(x)$ の高次導関数 $f^{(n)}(x)$ は次で定義される：

$$f^{(n)}(x) = \frac{d(f^{(n-1)}(x))}{dx} = \lim_{h \to 0} \frac{f^{(n-1)}(x + h) - f^{(n-1)}(x)}{h}$$

例 3.13. 次の関係を証明せよ．

1. $(\exp x)^{(n)} = \exp x$
2. $(\sin x)^{(n)} = \sin(x + \dfrac{n\pi}{2})$
3. $\left(\dfrac{1}{x+a}\right)^{(n)} = \dfrac{(-1)^n n!}{(x+a)^{n+1}}$

証明
1. $(e^x)' = e^x$ より明らかである．
2. n に関する数学的帰納法で証明する．$n=1$ のときは，$y' = \cos x = \sin(x + \dfrac{\pi}{2})$．いま，$n=k$ で成立しているとする．すなわち，$(\sin x)^{(k)} = \sin(x + \dfrac{k\pi}{2})$．ここで，この両辺を微分すると，$(\sin x)^{(k+1)} = \left(\sin(x + \dfrac{k\pi}{2})\right)' = \cos(x + \dfrac{k\pi}{2}) = \sin(x + \dfrac{(k+1)\pi}{2})$．よって $n = k+1$ でも成り立つ．故にすべての $n \in \mathbb{N}$ に対して成り立つ．
3. n に関する数学的帰納法で証明する．$n=1$ のときは，$y' = \dfrac{-1}{(x+a)^2}$．いま，$n=k$ で成立しているとする．すなわち，$\left(\dfrac{1}{x+a}\right)^{(k)} = \dfrac{(-1)^k k!}{(x+a)^{k+1}}$．ここで，この両辺を微分すると $\left(\dfrac{1}{x+a}\right)^{(k+1)} = \left(\dfrac{(-1)^k k!}{(x+a)^{k+1}}\right)' = \dfrac{(-1)^{k+1}(k+1)!}{(x+a)^{k+2}}$．よって $n = k+1$ でも成り立つ．故にすべての $n \in \mathbb{N}$ に対して成り立つ． □

定理 3.15. 関数 $f(x), g(x)$ は n 回微分可能とする．このとき 次が成り立つ：
(i) a, b を定数とすると $af(x) + bg(x)$ も n 回微分可能で
$(af(x) + bg(x))^{(n)} = af^{(n)}(x) + bg^{(n)}(x)$
(ii) $f(x)g(x)$ も n 回微分可能で
$(f(x)g(x))^{(n)} = \displaystyle\sum_{k=0}^{n} {}_nC_k f^{(k)}(x) g^{(n-k)}(x)$　　　(ライプニッツの公式)

ただし，$f^{(0)}(x) = f(x), g^{(0)}(x) = g(x)$ と約束する．

証明　いずれも n に関する数学的帰納法を用いて証明される．(i) は明らかである．(ii) の証明：$n=1$ のときは，定理 3.2 によって明らか．n で (ii) が成

り立つと仮定すると，
$$(f(x)g(x))^{(n)} = \sum_{k=0}^{n} {}_nC_k f^{(k)} g^{(n-k)}$$
が成立する．この両辺を微分すると，

$$\begin{aligned}(f(x)g(x))^{(n+1)} &= ((f(x)g(x))^{(n)})' = \left(\sum_{k=0}^{n} {}_nC_k f^{(k)} g^{(n-k)}\right)' \\ &= \sum_{k=0}^{n} {}_nC_k \left(f^{(k+1)} g^{(n-k)} + f^{(k)} g^{(n-k+1)}\right) \\ &= fg^{(n+1)} + \sum_{k=1}^{n}({}_nC_{k-1} + {}_nC_k)f^{(k)}g^{(n+1-k)} + f^{(n+1)}g.\end{aligned}$$

ここで，2項係数の関係 ${}_nC_{k-1} + {}_nC_k = {}_{n+1}C_k$ $(1 \leq k \leq n)$ を用いると，
$$(f(x)g(x))^{(n+1)} = \sum_{k=0}^{n+1} {}_{n+1}C_k f^{(k)} g^{(n+1-k)}.$$
よって $n+1$ に対しても成り立つ．よってすべての $n \in \mathbb{N}$ に対して成り立つ． □

例 3.14. 次の関係を証明せよ．
(i) $\left(\dfrac{1}{x(x+1)}\right)^{(n)} = \dfrac{(-1)^n n!}{x^{n+1}} - \dfrac{(-1)^n n!}{(x+1)^{n+1}}$
(ii) $(x^2 e^x)^{(n)} = \left[x^2 + 2nx + n(n-1)\right] e^x$

証明

(i) $\dfrac{1}{x(x+1)} = \dfrac{1}{x} - \dfrac{1}{x+1}$ である．よって，例 3.13 より，$\left(\dfrac{1}{x(x+1)}\right)^{(n)} = \left(\dfrac{1}{x}\right)^{(n)} - \left(\dfrac{1}{x+1}\right)^{(n)} = \dfrac{(-1)^n n!}{x^{n+1}} - \dfrac{(-1)^n n!}{(x+1)^{n+1}}$．

(ii) $(x^2)' = 2x$, $(x^2)'' = 2$, $(x^2)^{(n)} = 0 \ (3 \leq n)$, $(e^x)^{(n)} = e^x$ より，ライプニッツの公式で $f(x) = x^2, g(x) = e^x$ とおくと，$(x^2 e^x)^{(n)} = (x^2 + 2nx + n(n-1))e^x$． □

問 **3.3.2.** 次の関係を証明せよ．

1. $(\cos x)^{(n)} = \cos(x + \dfrac{n\pi}{2})$
2. $(x^m)^{(n)} = m(m-1)\cdots(m-n+1)x^{m-n}$ （ただし，$x > 0$ で，$m \in \mathbb{R}$）
3. $(\log(x+a))^{(n)} = (-1)^{n-1}\dfrac{(n-1)!}{(x+a)^n}$ （a は定数，$n \geq 1$）
4. $(a^x)^{(n)} = (\log a)^n\, a^x$ （a は正の定数，$a \neq 1$）

問 **3.3.3.** 次の関数の n 次導関数を求めよ．

(1) $\sin 2x \cos 3x$ (2) $\dfrac{1}{x^2 - 1}$ (3) $\sin^2 x$ (4) $x^2 \sin x$ (5) $x^3 e^x$

3.4 平均値の定理とその応用

定理 3.16 (ロルの定理)．関数 $f(x)$ が閉区間 $[a,b]$ で連続，開区間 (a,b) で微分可能で $f(b) = f(a)$ ならば，

$$f'(c) = 0, \quad a < c < b$$

なる点 c が少なくとも 1 つ存在する．

証明 $f(x)$ が定数ならば，$f'(x) = 0$ より明らかである．$f(x) \neq$ 定数 の場合を考える．連続関数の最大値・最小値の定理から，関数 $f(x)$ は閉区間 $[a,b]$ で最大値と最小値をとったとする．いま，$a < c < b$ なる点 c で最大値をとったとする．するとすべての点 $c + h \in [a,b]$ ($h \neq 0$) に対して $f(c+h) - f(c) \leq 0$ が成り立つ．よって，

$$\lim_{h \to +0} \frac{f(c+h) - f(c)}{h} \leq 0, \quad \lim_{h \to -0} \frac{f(c+h) - f(c)}{h} \geq 0.$$

f は点 c で微分可能であるから，$f'(c) = 0$ である．関数の最大値が $f(a) = f(b)$ のときは，$a < c < b$ なる点 c で関数 $f(x)$ は最小値をとる．この場合も上の最大値の場合と同様に証明される． □

3.4. 平均値の定理とその応用

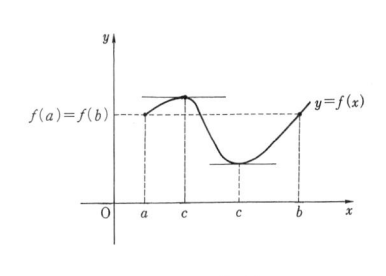

ロルの定理

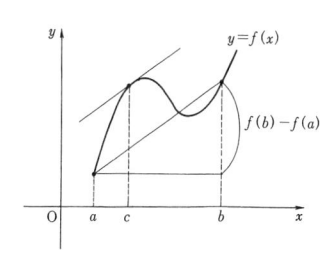

平均値の定理

図 3.4:

定理 3.17 (平均値の定理). 関数 $f(x)$ が閉区間 $[a,b]$ で連続，区間 (a,b) で微分可能のとき，

$$f(b) - f(a) = f'(c)(b-a), \quad a < c < b$$

なる点 c が存在する．

証明 $F(x) = f(x) - f(a) - \dfrac{(f(b)-f(a))}{b-a}(x-a)$ とおくと，$F(b) = F(a) = 0$ で，ロルの定理により，$F'(c) = 0$ なる $c\,(a < c < b)$ が存在する．すなわち，$F'(c) = f'(c) - \dfrac{(f(b)-f(a))}{b-a} = 0.$ □

$a > b$ の場合にも同様に定理 3.17 が成立する．

定理 3.18. $f(x)$ が閉区間 $[a,b]$ で連続で，開区間 (a,b) で微分可能のとき，
1. $f'(x) > 0 \quad (a < x < b)$ ならば，$f(x)$ は区間 $[a,b]$ で増加関数である．
2. $f'(x) < 0 \quad (a < x < b)$ ならば，$f(x)$ は区間 $[a,b]$ で減少関数である．
3. $f'(x) = 0 \quad (a < x < b)$ ならば，$f(x)$ は区間 $[a,b]$ で定数である．

証明 平均値の定理から，任意の $x, y \in [a,b]$, $(x < y)$ に対して，$f(y) - f(x) = f'(c)(y-x), x < c < y$ なる c が存在する．よって，
1. $f'(c) > 0$ かつ $y - x > 0$ より，$f(y) > f(x)$.
2. $f'(c) < 0$ かつ $y - x > 0$ より，$f(y) < f(x)$.

3. $f'(c) = 0$ より，$f(y) = f(x)$. □

例 3.15.
1. 関数 $f(x) = e^x$ は常に増加する関数である．
2. 関数 $f(x) = x^4 - 8x^2 + 1$ の増減を調べよ．

解
1. $f'(x) = e^x > 0$ であるから増加関数である．
2. $f'(x) = 4x^3 - 16x = 4x(x^2 - 4)$ より，$x < -2$ のとき $f'(x) < 0$ より $f(x)$ は減少関数，$-2 < x < 0$ のとき $f'(x) > 0$ より $f(x)$ は増加関数，$0 < x < 2$ のとき $f'(x) < 0$ より $f(x)$ は減少関数，$2 < x$ のとき $f'(x) > 0$ より $f(x)$ は増加する． ■

例 3.16. $\log(1+x) > x - \dfrac{x^2}{2} \quad (x > 0)$

証明 $f(x) = \log(1+x) - x + \dfrac{x^2}{2}$ とおくと，$f'(x) = \dfrac{1}{x+1} - 1 + x = \dfrac{x^2}{1+x} > 0 \ (x > 0)$．$f(0) = 0$ であるから，定理 3.18 により，$f(x) > f(0) = 0 \ (0 < x)$ である． □

定理 3.19 (コーシーの平均値の定理). 関数 $f(x), g(x)$ が区間 $[a,b]$ で連続で，区間 (a,b) で微分可能で，$g'(x) \neq 0 \, (a < x < b)$ ならば，
$$\frac{f(b) - f(a)}{g(b) - g(a)} = \frac{f'(c)}{g'(c)}, \qquad a < c < b$$
なる点 c が存在する．

証明 $K = \dfrac{f(b) - f(a)}{g(b) - g(a)}$ とおく．$F(x) = f(x) - f(a) - K(g(x) - g(a))$ とおくと $F(b) = F(a) = 0$ で，ロルの定理により，$F'(c) = 0$ なる $c \in (a,b)$ が存在する．すなわち，$F'(c) = f'(c) - Kg'(c) = 0$．つまり，$\dfrac{f'(c)}{g'(c)} = K = \dfrac{f(b) - f(a)}{g(b) - g(a)}$ である． □

$a > b$ の場合にも同様に定理 3.19 が成立する．

問 **3.4.1.** 次の不等式を証明せよ．
 (1) $e^x > 1+x$ $(x > 0)$ (2) $\sin x < x$ $(x > 0)$ (3) $\tan^{-1} x < x$ $(x > 0)$

問 **3.4.2.** 次の命題が成り立つことを証明せよ：$f(x)$ が区間 $I = [c, d]$ で定義されており，$f(x)$ は C^2 級とする．このとき，
 (i) $f''(x) > 0$ $(c < x < d)$ ならば，a を区間 (c, d) の点とすると，$f(x) \geq f(a) + f'(a)(x - a)$ $(c < x < d)$ が成り立つ．
 (ii) $f''(x) < 0$ $(c < x < d)$ ならば，a を区間 (c, d) の点とすると，$f(x) \leq f(a) + f'(a)(x - a)$ $(c < x < d)$ が成り立つ．

3.5 テイラーの定理とテイラーの近似多項式

1次式で表わされる関数 $f(x) = px + q$ $(p, q$ は定数$)$ は座標平面では直線が対応している．さらに，2次式で表される2次関数 $f(x) = px^2 + qx + r$ $(p, q, r$ は定数$)$ の取り扱いも簡単である．そこで一般の関数 $f(x)$ を定点 a の近くで変数 $x-a$ に関する1次式 $\alpha(x-a) + \beta$ $(\alpha, \beta$ は定数$)$ や，2次式 $\alpha(x-a)^2 + \beta(x-a) + \gamma$ $(\alpha, \beta, \gamma$ は定数$)$ で近似することを考える．

1) テイラーの定理とマクローリンの定理

定理 3.20 (テイラーの定理)．関数 $f(x)$ は区間 I で C^{n-1} 級とする．さらに，$a, b\,(a < b)$ を区間 I の点とする．$f(x)$ は区間 (a, b) で n 回微分可能とする $(n \geq 1)$．このとき，

$$f(b) = f(a) + f'(a)(b-a) + \frac{f^{(2)}(a)}{2!}(b-a)^2 + \cdots$$
$$\cdots + \frac{f^{(n-1)}(a)}{(n-1)!}(b-a)^{n-1} + R_n, \quad (3.9)$$

$$R_n = \frac{f^{(n)}(c)}{n!}(b-a)^n \quad (a < c < b) \quad (3.10)$$

なる点 c が少なくとも一つ存在する．

証明

$$g(x) = f(b) - \left\{ f(x) + f'(x)(b-x) + \cdots + \frac{f^{(n-1)}(x)}{(n-1)!}(b-x)^{n-1} + K(b-x)^n \right\}$$

とおく．ただし，K は定数で，$g(a) = 0$ を満たすとする．

$g(a) = g(b) = 0$ であるから，ロルの定理により，$g'(c) = 0 \, (a < c < b)$ なる点 c が存在する．$g(x)$ を微分すると「和と積の微分公式」から

$$\begin{aligned}
g'(x) = &-f'(x) - [f''(x)(b-x) + f'(x)(-1)] - \\
&-\frac{1}{2}\left[f^{(3)}(x)(b-x)^2 - 2f''(x)(b-x)\right] - \cdots \\
&-\frac{1}{(n-1)!}\left[f^{(n)}(x)(b-x)^{n-1} - (n-1)f^{(n-1)}(x)(b-x)^{n-2}\right] + nK(b-x)^{n-1} \\
= &-\frac{f^{(n)}(x)}{(n-1)!}(b-x)^{n-1} + nK(b-x)^{n-1}
\end{aligned}$$

であるから，$g'(c) = -\dfrac{f^{(n)}(c)}{(n-1)!}(b-c)^{n-1} + nK(b-c)^{n-1} = 0$ より，$K = \dfrac{f^{(n)}(c)}{n!}$ を得る． □

$a > b$ の場合にも同様に定理 3.20 が成り立つ．

上の定理 3.20 で $b = x$ とおくと次のように書きかえられる：

定理 3.21 (関数 $f(x)$ の点 a を中心とするテイラーの定理)．関数 $f(x)$ は点 a を含む区間 I で C^n 級とする．区間 I の任意の点 x に対して

$$f(x) = f(a) + \sum_{k=1}^{n-1} \frac{f^{(k)}(a)}{k!}(x-a)^k + R_n, \tag{3.11}$$

$$R_n = \frac{f^{(n)}(c)}{n!}(x-a)^n, \quad c = a + \theta(x-a) \quad (0 < \theta < 1) \tag{3.12}$$

なる点 θ が少なくとも一つ存在する．

注 3.22. (3.9), (3.11) の R_n を**ラグランジュの剰余項**と呼ばれる．(3.9) で $n = 1$ の場合が平均値の定理である．

3.5. テイラーの定理とテイラーの近似多項式

注 3.23.

1. 定理 3.21 で $n=2$ のとき，

$$f(x) = f(a) + f'(a)(x-a) + R_2. \qquad (3.13)$$

右辺の $x-a$ に関する 1 次式 $f(a) + f'(a)(x-a)$ の項を $f(x)$ の点 a における**テイラーの 1 次近似式**という．

2. 定理 3.21 で $n=3$ のとき，

$$f(x) = f(a) + f'(a)(x-a) + \frac{f''(a)}{2}(x-a)^2 + R_3. \qquad (3.14)$$

右辺の $x-a$ に関する 2 次式 $f(a) + f'(a)(x-a) + \frac{f''(a)}{2}(x-a)^2$ の項を $f(x)$ の点 a における**テイラーの 2 次近似式**という．

3. 座標平面で考えると，(3.13) で，右辺の関数 $y = f(a) + f'(a)(x-a)$ は曲線の点 $(a, f(a))$ における接線の式を表し，R_2 は点 $(a, f(a))$ の近くでの曲線 $y = f(x)$ とその接線との隔たりを示している．また，(3.14) は，右辺の 2 次曲線 $y = f(a) + f'(a)(x-a) + \frac{f''(a)}{2}(x-a)^2$ が点 $(a, f(a))$ で関数 $y = f(x)$ と接していることを意味する．そして R_3 が，点 $(a, f(a))$ の近くでの曲線 $y = f(x)$ とその 2 次曲線との隔たりを示している．

例 3.17. 関数 $f(x) = e^x$ の点 $a=0$ と $a=1$ におけるテイラーの 1 次近似式と 2 次近似式を求めよ．(図 3.5 参照)

解 $f'(x) = e^x, f''(x) = e^x, f^{(3)}(x) = e^x$ であるから，(3.13), (3.14) より

(1) $a=0$ のとき，$e^x \fallingdotseq 1 + x, \; e^x \fallingdotseq 1 + x + \dfrac{x^2}{2}$.

(2) $a=1$ のとき，$e^x \fallingdotseq e + e(x-1), \; e^x \fallingdotseq e + e(x-1) + e\dfrac{(x-1)^2}{2}$. ■

例 3.18. $p(>0), a$ は定数とすると次の近似式が成り立つ：

$$(a+x)^p \fallingdotseq a^p + p\, a^{p-1} x$$

解 $f(x) = (a+x)^p$ とおく．$f(0) = a^p, f'(x) = p(x+a)^{p-1}$．(3.13) より結論を得る． ■

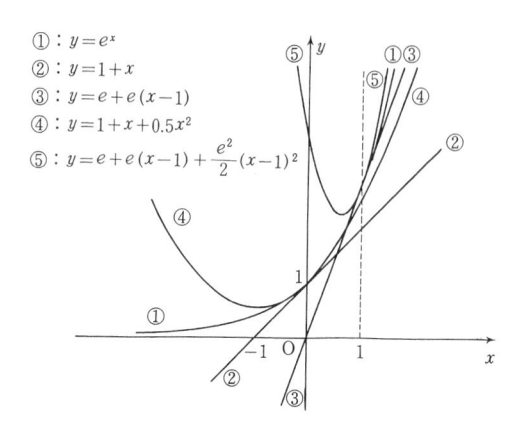

①: $y = e^x$
②: $y = 1 + x$
③: $y = e + e(x-1)$
④: $y = 1 + x + 0.5x^2$
⑤: $y = e + e(x-1) + \dfrac{e^2}{2}(x-1)^2$

図 3.5: $y = e^x$ とテイラー近似式

応用として，例えば，$\sqrt[3]{8} = 2$ より，$\sqrt[3]{7.9} \fallingdotseq 2 - \dfrac{1}{3}\dfrac{1}{4} \times 0.1 = 2 - \dfrac{1}{120} \fallingdotseq 1.9917$
を得る ($p = \dfrac{1}{3}$, $a = 8$, $x = -0.1$ とおく).

上の定理 3.21 で，特に，$a = 0$ の場合に次の公式を得る：

定理 3.24 (マクローリンの定理). 関数 $f(x)$ は点 0 を含む区間 I で C^n 級とする．区間 I の任意の点 x に対して

$$f(x) = f(0) + f'(0)x + \frac{f''(0)}{2}x^2 + \cdots + \frac{f^{(n-1)}(0)}{(n-1)!}x^{n-1} + R_n, \qquad (3.15)$$

$$R_n = \frac{f^{(n)}(c)}{n!}x^n \quad (c = \theta x, \ 0 < \theta < 1) \qquad (3.16)$$

なる点 θ が少なくとも一つ存在する．

2) テイラーの定理とマクローリンの定理の適用例

例 3.19. 関数 $f(x) = e^x$ に対して点 $a = 1$ でテイラーの定理，点 $a = 0$ でマクローリンの定理を適用せよ．

1. $e^x = \displaystyle\sum_{k=0}^{n-1} \dfrac{1}{k!} x^k + \dfrac{e^{\theta x}}{n!} x^n \quad (0 < \theta < 1)$

3.5. テイラーの定理とテイラーの近似多項式　　　　　　　　　　　　　　69

2. $e^x = e + \sum_{k=1}^{n-1} \dfrac{e}{k!}(x-1)^k + \dfrac{e^{1+\theta(x-1)}}{n!}(x-1)^n \quad (0 < \theta < 1)$

解　$(e^x)^{(k)} = e^x \, (k = 0, 1, 2, \cdots, n)$ であるから,

1. $f^{(k)}(0) = 1 \, (k = 0, 1, 2, \cdots, n-1)$ で, $R_n = \dfrac{e^{\theta x}}{n!}x^n \, (0 < \theta < 1)$.

2. $f^{(k)}(1) = e \, (k = 0, 1, 2, \cdots, n-1)$ で, $R_n = \dfrac{e^{1+\theta(x-1)}}{n!}(x-1)^n \, (0 < \theta < 1)$ ∎

注 3.25. 上の例 3.19.1 から, $x = 1$, $n = 7$ をとると定数 e の近似値が得られる：$\dfrac{1}{3!} = 0.16667$, $\dfrac{1}{4!} = 0.04167$, $\dfrac{1}{5!} = 0.00833$, $\dfrac{1}{6!} = 0.00139$, $\dfrac{1}{7!} = 0.00020$, $\dfrac{1}{8!} = 0.00003$ より

$$e \fallingdotseq 1 + 1 + \dfrac{1}{2!} + \dfrac{1}{3!} + \cdots + \dfrac{1}{7!} = 2.718\cdots$$

例 3.20. 関数 $f(x) = \sin x$ に対して点 $a = \dfrac{\pi}{2}$ でテイラーの定理を, 点 $a = 0$ でマクローリンの定理を適用せよ.

1. $\sin x = \sum_{m=0}^{n-1} \dfrac{(-1)^m}{(2m+1)!} x^{2m+1} + R_{2n} \quad (a = 0)$

2. $\sin x = 1 + \sum_{m=1}^{n} \dfrac{(-1)^m}{(2m)!}(x - \dfrac{\pi}{2})^{2m} + R_{2n+1} \quad (a = \dfrac{\pi}{2})$

解　$(\sin x)^{(k)} = \sin(x + \dfrac{k\pi}{2}) \, (k = 0, 1, 2, \cdots)$ であるから,

1. $f^{(2r)}(0) = 0, f^{(2r+1)}(0) = (-1)^r (r = 0, 1, 2, \cdots, n-1)$ であるから, 偶数次の項 x^{2r} は出てこないので, 剰余項を R_{2n} で適用する.

$$R_{2n} = \dfrac{\sin(\theta x + n\pi)}{(2n)!}x^{2n} = \dfrac{(-1)^n}{(2n)!}(\sin \theta x)x^{2n} \quad (0 < \theta < 1).$$

2. $f^{(2r)}(\dfrac{\pi}{2}) = (-1)^r, f^{(2r+1)}(\dfrac{\pi}{2}) = 0$ であるから, 奇数次の $(x - \dfrac{\pi}{2})^{2r+1}$ $(r = 0, 1, 2, \cdots, n-1)$ の項は出てこないので, 剰余項を R_{2n+1} で適用する.

$$R_{2n+1} = \frac{\sin(\theta(x-\frac{\pi}{2}) + (n+1)\pi)}{(2n+1)!}(x-\frac{\pi}{2})^{2n+1}$$
$$= \frac{(-1)^{n+1}}{(2n+1)!}\left(\sin(\theta(x-\frac{\pi}{2}))\right)(x-\frac{\pi}{2})^{2n+1} \quad (0 < \theta < 1).\blacksquare$$

問 3.5.1. 次の関数 $f(x)$ の点 $a = 0$ と点 $a = 1$ における 1 次式と 2 次式による近似式を求めよ．

(1) $f(x) = \cos \pi x$　　　　(2) $f(x) = \sin \pi x$

(3) $f(x) = \dfrac{1}{1+x}$　　　(4) $f(x) = \log(1+x)$

(5) $f(x) = \tan^{-1} x$　　　(6) $f(x) = \sqrt{1+x}$

問 3.5.2. 次の近似値を求めよ．小数点以下 2 桁まで求めよ．

(1) $\sin 31°$　(2) $\sqrt{100.5}$　(3) $\sqrt[3]{1004}$　(4) $\log_{10} 10.3$

問 3.5.3. 次の関数にマクローリンの定理を適用せよ．($a > 0, a \neq 1$)

(1) $\log(1+x)$　(2) $\cos x$　(3) a^x　(4) $\sqrt{1+x}$

3.6　テイラー級数展開とマクローリン級数展開

関数 $f(x)$ が区間 I で無限回微分可能（C^∞ 級）のとき，定理 3.21 または定理 3.24 で $\lim\limits_{n\to\infty} R_n = 0$ $(x \in I)$ ならば，それぞれ次が成り立つ：

$$f(x) = \sum_{n=0}^{\infty} \frac{f^{(n)}(a)}{n!}(x-a)^n \quad (x \in I). \tag{3.17}$$

(3.17) を $f(x)$ の点 a におけるテイラー級数展開という．

$$f(x) = \sum_{n=0}^{\infty} \frac{f^{(n)}(0)}{n!}x^n \quad (x \in I). \tag{3.18}$$

(3.18) を $f(x)$ のマクローリン級数展開という．

定理 3.26. 関数 $f(x)$ は $x = a$ を含む区間 $(a-\rho, a+\rho)$ で C^∞ 級のとき，$|f^{(n)}(x)| \leq M$ $(|x-a| < \rho)$ $(n = 1, 2, 3, \cdots)$ ならば，$f(x)$ は区間 $(a-\rho, a+\rho)$ で点 a においてテイラー級数展開可能である．

3.6. テイラー級数展開とマクローリン級数展開

証明 $k > \rho$ なる自然数 k をとり固定すると，$|x - a| < \rho$ なる x に対して，$|x - a| < \rho < k$ である．よって $n > k$ なるすべての自然数 n に対して，定理 3.21 から

$$|R_n| = \frac{|f^{(n)}(a + \theta(x-a))|}{n!}|(x-a)^n| \leq M\frac{|x-a|^n}{n!}$$

$$= M\frac{|x-a|^k}{k!}\left(\frac{|x-a|}{k+1}\frac{|x-a|}{k+2}\cdots\frac{|x-a|}{n}\right) \leq M\frac{\rho^k}{k!}\left(\frac{\rho}{k}\right)^{n-k}.$$

ここで，$\dfrac{|x-a|}{k+j} < \dfrac{\rho}{k}$ $(j = 1, 2, \cdots, n-k)$ を用いた．また，$0 < \dfrac{\rho}{k} < 1$ で $\displaystyle\lim_{n\to\infty}\left(\frac{\rho}{k}\right)^{n-k} = 0$ だから，任意の $x \in (a-\rho, a+\rho)$ に対して $\displaystyle\lim_{n\to\infty} R_n = 0$. □

例 3.21. 次の関数のマクローリン級数展開が成り立つ．

1. $e^x = \displaystyle\sum_{n=0}^{\infty} \frac{1}{n!} x^n$
2. $\sin x = \displaystyle\sum_{m=0}^{\infty} \frac{(-1)^m}{(2m+1)!} x^{2m+1}$
3. $\cos x = \displaystyle\sum_{m=0}^{\infty} \frac{(-1)^m}{(2m)!} x^{2m}$

解

1. $f(x) = e^x$ は，$f^{(n)}(x) = e^x$, $f^{(n)}(0) = 1$, $|R_n| = \dfrac{|x|^n}{n!}|e^{\theta x}| \leq e^x \dfrac{|x|^n}{n!}$ で，任意の x に対して，$\displaystyle\lim_{n\to\infty} R_n = 0$.

2. $f(x) = \sin x$ は，$f^{(n)}(x) = \sin(x + \frac{n\pi}{2})$, $f^{(n)}(0) = \sin(\frac{n\pi}{2})$, $|R_n| = \dfrac{|x|^n}{n!}|\sin(\theta x + \frac{n\pi}{2})|$ で，任意の x に対して，$\displaystyle\lim_{n\to\infty} R_n = 0$.

3. $f(x) = \cos x$ は，$f^{(n)}(x) = \cos(x + \frac{n\pi}{2})$, $f^{(n)}(0) = \cos(\frac{n\pi}{2})$, $|R_n| = \dfrac{|x|^n}{n!}|\cos(\theta x + \frac{n\pi}{2})|$ で，任意の x に対して，$\displaystyle\lim_{n\to\infty} R_n = 0$. ∎

注 3.27. (オイラーの関係式)
例 3.21 の e^x の展開式に形式的に $x = it$ ($i = \sqrt{-1}$) を代入して，例 3.21 の $\cos x$ と $\sin x$ の展開式を用いると次が成り立つ：

$$e^{it} = \sum_{n=0}^{\infty} \frac{1}{n!}(it)^n = \sum_{n=0}^{\infty} \frac{(-1)^n}{(2n)!}t^{2n} + i\sum_{n=0}^{\infty} \frac{(-1)^n}{(2n+1)!}t^{2n+1} = \cos t + i\sin t.$$

$e^{it} = \cos t + i\sin t$ ($t \in \mathbb{R}$) を**オイラーの関係式**という．

問 3.6.1. 次の関数のマクローリン級数展開を求めよ．
(1) $\log(1+x)$ (2) a^x (3) $\sqrt{1+x}$

3.7 微分の応用

3.7.1 不定形の極限値

$x \to a$ のとき，$f(x) \to 0, g(x) \to 0$ であるとき，$\dfrac{f(x)}{g(x)}$ は形式的に $\dfrac{0}{0}$ になる．一般に，形式的に

$$\frac{0}{0},\ \infty - \infty,\ 0 \times \infty,\ \frac{\infty}{\infty},\ 1^{\infty},\ \infty^0$$

なる形の極限を**不定形**という．($x \to a \pm 0$, $x \to \pm\infty$ の場合も同様である．)

定理 3.28 (ロピタルの定理)．関数 $f(x), g(x)$ は $x = a$ を含む区間 I で連続で，点 a を除いて微分可能でかつ $g'(x) \neq 0$ ($x \in I, x \neq a$)，$f(a) = g(a) = 0$ とする．$\lim_{x \to a} \dfrac{f'(x)}{g'(x)} = L$ ($-\infty \leq L \leq \infty$) が存在するとき，$\lim_{x \to a} \dfrac{f(x)}{g(x)}$ が存在し，さらに，次の関係が成り立つ：

$$\lim_{x \to a} \frac{f(x)}{g(x)} = \lim_{x \to a} \frac{f'(x)}{g'(x)} = L.$$

証明 コーシーの平均値の定理 3.17 より，a に十分近い x ($x \neq a$) に対して

$$\frac{f(x)}{g(x)} = \frac{f(x) - f(a)}{g(x) - g(a)} = \frac{f'(c)}{g'(c)}$$

3.7. 微分の応用

なる c が x と a の間に存在する．$x \to a$ のとき，$c \to a$ であるから，

$$\lim_{x \to a} \frac{f(x)}{g(x)} = \lim_{c \to a} \frac{f'(c)}{g'(c)} = \lim_{x \to a} \frac{f'(x)}{g'(x)} = L.$$

□

$\dfrac{\infty}{\infty}$ の型の不定形についても次の定理が成り立つことが知られている：

定理 3.29. 関数 $f(x), g(x)$ は $x = a$ を含む区間 I で連続で，点 a を除いて微分可能でかつ $g'(x) \neq 0$ ($x \in I$, $x \neq a$)，$\lim_{x \to a} f(x) = \pm\infty$, $\lim_{x \to a} g(x) = \pm\infty$ とする．$\lim_{x \to a} \dfrac{f'(x)}{g'(x)} = L$ ($-\infty \leq L \leq \infty$) が存在するとき，$\lim_{x \to a} \dfrac{f(x)}{g(x)}$ が存在し，さらに，次の関係が成り立つ：

$$\lim_{x \to a} \frac{f(x)}{g(x)} = \lim_{x \to a} \frac{f'(x)}{g'(x)} = L.$$

注 3.30. 定理 3.28，定理 3.29 で，$x \to a$ の代わりに $x \to a+0$, $x \to a-0$, $x \to \infty$ または $x \to -\infty$ としても同じ形の定理が成り立つ．

例 3.22.

1. $\displaystyle\lim_{x \to 0} \frac{e^x - 1}{x} = \lim_{x \to 0} e^x = 1$

2. $\displaystyle\lim_{x \to 0} \frac{\sin x - x}{x^3} = \lim_{x \to 0} \frac{\cos x - 1}{3x^2} = \lim_{x \to 0} \frac{-\sin x}{6x} = -\lim_{x \to 0} \frac{\cos x}{6} = -\frac{1}{6}$

3. $\displaystyle\lim_{x \to 1} \frac{x - x^{1/3}}{x - 1} = \lim_{x \to 1} \frac{1 - \dfrac{1}{3} x^{-2/3}}{1} = \frac{2}{3}$

4. $\displaystyle\lim_{x \to +0} x \log x = \lim_{x \to +0} \frac{\log x}{\dfrac{1}{x}} = \lim_{x \to +0} \frac{\dfrac{1}{x}}{\dfrac{-1}{x^2}} = \lim_{x \to +0} (-x) = 0$

5. $\displaystyle\lim_{x \to \infty} \frac{e^x}{x} = \lim_{x \to \infty} \frac{e^x}{1} = \infty$

6. $\displaystyle\lim_{x \to \infty} \frac{x^2}{e^x} = \lim_{x \to \infty} \frac{2x}{e^x} = \lim_{x \to \infty} \frac{2}{e^x} = 0$

問 **3.7.1.** 次の不定形の極限値を求めよ．

(1) $\displaystyle \lim_{x \to 0} \frac{e^x - x - 1}{x^2}$
(2) $\displaystyle \lim_{x \to 0} \frac{1 - \cos x}{x^2}$
(3) $\displaystyle \lim_{x \to 1} \frac{\log x}{1 - x}$
(4) $\displaystyle \lim_{x \to \frac{\pi}{2}} \frac{\cos x}{\sin 2x}$
(5) $\displaystyle \lim_{x \to 0} \frac{e^x - e^{-x}}{\sin x}$
(6) $\displaystyle \lim_{x \to \infty} \frac{\log x}{1 - x}$
(7) $\displaystyle \lim_{x \to \infty} x^{1/x}$
(8) $\displaystyle \lim_{x \to \infty} \frac{(\log x)^2}{x}$
(9) $\displaystyle \lim_{x \to \infty} \frac{\sqrt{1 + x} - 1}{x}$
(10) $\displaystyle \lim_{x \to \infty} \frac{\log(1 + x^2)}{\log x}$

問 **3.7.2.** 次のどこに誤りがあるか？

(1) $\displaystyle \lim_{x \to 0} \frac{e^x - 1}{x^2} = \lim_{x \to 0} \frac{e^x}{2x} = \lim_{x \to 0} \frac{e^x}{2} = \frac{1}{2}$
(2) $\displaystyle \lim_{x \to 0} \frac{\sin x}{x^2} = \lim_{x \to 0} \frac{\cos x}{2x} = \lim_{x \to 0} \frac{-\sin x}{2} = 0$

3.7.2 極値

関数 $f(x)$ が点 $x = a$ を含むある区間 $I = (a - r, a + r)$ ($r > 0$) で定義されていて，点 a と異なる任意の点 $x \in (a - r, a + r)$ に対して

$$f(a) < f(x) \quad (\text{または } f(a) > f(x))$$

が成り立つとき，$f(x)$ は $x = a$ において**極小**(または**極大**)となるといい，$f(a)$ を $f(x)$ の**極小値**(または**極大値**)という．極小値，極大値を総称して**極値**という．

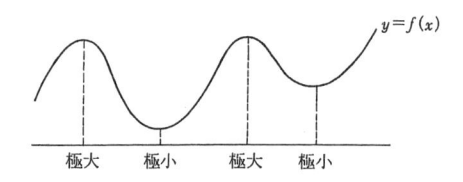

図 3.6: 極大と極小

定理 3.31.

1. (**極値をとるための必要条件**) 点 a のある近傍 $(a-r, a+r)\,(r>0)$ で C^1 級の関数 $f(x)$ が $x=a$ で極値をとるならば，$f'(a)=0$ である．

2. (**極値をとるための十分条件**) 点 a のある近傍 $(a-r, a+r)\,(r>0)$ で C^2 級の関数 $f(x)$ が，$f'(a)=0$ かつ $f''(a)>0\,(f''(a)<0)$ ならば，$f(x)$ は $x=a$ で極小値（極大値）をとる．

証明

1. $f(x)$ が点 a で極小になる場合を考える．h が十分に小さい時，$h>0$ ならば，$f(a+h)-f(a)>0$ より，$\dfrac{f(a+h)-f(a)}{h}>0$ かつ，$h<0$ ならば，$f(a+h)-f(a)<0$ より，$\dfrac{f(a+h)-f(a)}{h}<0$．ここで $h\to 0$ とすると，$0\leq f'(a)$ かつ $f'(a)\leq 0$ であるから $f'(a)=0$．

2. $f''(a)>0$ の場合を考える．関数 $f''(x)$ の連続性から，点 a のある近傍 $(a-\rho, a+\rho)\,(\rho>0)$ で $f''(x)>0$ である．$a-\rho<x<a+\rho, x\neq a$ なる x に対して，テイラーの定理から $f'(a)=0$ より

$$f(x)-f(a)=\frac{f''(c)}{2}(x-a)^2.$$

ここで，$c=a+\theta(x-a), 0<\theta<1, c\in(a-\rho, a+\rho)$ であるから，

$$f(x)-f(a)>0 \quad (x\in(a-\rho, a+\rho),\, x\neq a).$$

よって $x=a$ で $f(x)$ は極小値をとる．

$f'(a)=0$ かつ $f''(a)<0$ ならば，$x=a$ で $f(x)$ は極大値をとることも同様に証明される． $\square$

例 3.23. 関数 $f(x)=|x|e^{-x}$ の極値を調べよ．

解

(i) $x>0$ のとき，$f'(x)=(1-x)e^{-x}$ より，$0<x<1$ で $f'(x)>0$，$x=1$ で $f'(1)=0$，$x>1$ で $f'(x)<0$．f は $x=1$ で極大値をとる．

(ii) $x<0$ のとき，$f'(x)=(-1+x)e^{-x}<0$．

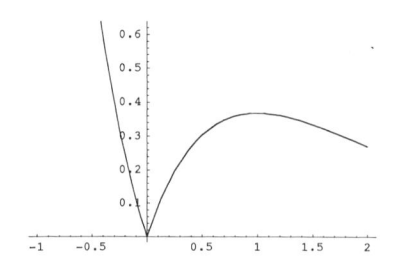

図 3.7: $y = |x|e^{-x}$ のグラフ

(iii) 例 3.8 で示したように, $f(x)$ は $x = 0$ では微分不可能である. $x < 0$ で $f(x)$ は減少関数で, $0 < x < 1$ で f は増加関数である. ここで, $f(x)$ は連続関数であるから, $x = 0$ で極小値 0 をとる (図 3.7 参照). ∎

注 3.32. 上の例 3.23 で, 点 $x = 0$ で極小値をとることを言及しないことが多い. 点 $x = 0$ で $f(x)$ は微分不可能であるので, $x = 0$ で極小値をとらないと間違った結論を出すことがある. このように微分不可能な点があっても, 関数のグラフをも考察すべきである.

例 3.24. 次の関数の極値とそのグラフの形状 (概形) を調べよ.

1. $f(x) = x^2 e^{-x}$ 2. $f(x) = x + \dfrac{1}{x}$

解
1. $f'(x) = (2x - x^2)e^{-x}$, $f''(x) = (2 - 4x + x^2)e^{-x}$ より $f'(x) = 0$ となる x は $x = 0$ または $x = 2$ である. そして $f''(0) = 2 > 0$, $f''(2) = -2e^{-2} < 0$ であるから, $f(x)$ は $x = 0$ で極小値 0 をとり, $x = 2$ で極大値 $4e^{-2}$ をとる.
2. $f'(x) = 1 - \dfrac{1}{x^2}$, $f''(x) = \dfrac{2}{x^3}$ より $f'(x) = 0$ となる x は $x = 1$ または $x = -1$ である. そして $f''(1) = 2 > 0$, $f''(-1) = -2 < 0$ であるから, $f(x)$ は $x = 1$ で極小値 2 をとり, $x = -1$ で極大値 -2 をとる. ∎

問 3.7.3. 次の関数 $f(x)$ の極値とそのグラフの形状 (概形) を調べよ. ただし, a は正の定数とする.

(1) $f(x) = x^3 e^{-x}$ (2) $f(x) = x^3 - 2x^2$ (3) $f(x) = x^4 e^{-x}$
(4) $f(x) = (\cos x) e^{-x}$ (5) $f(x) = x^4 - 2x^2$ (6) $f(x) = x^4 - 2ax^3 + a^2 x^2$

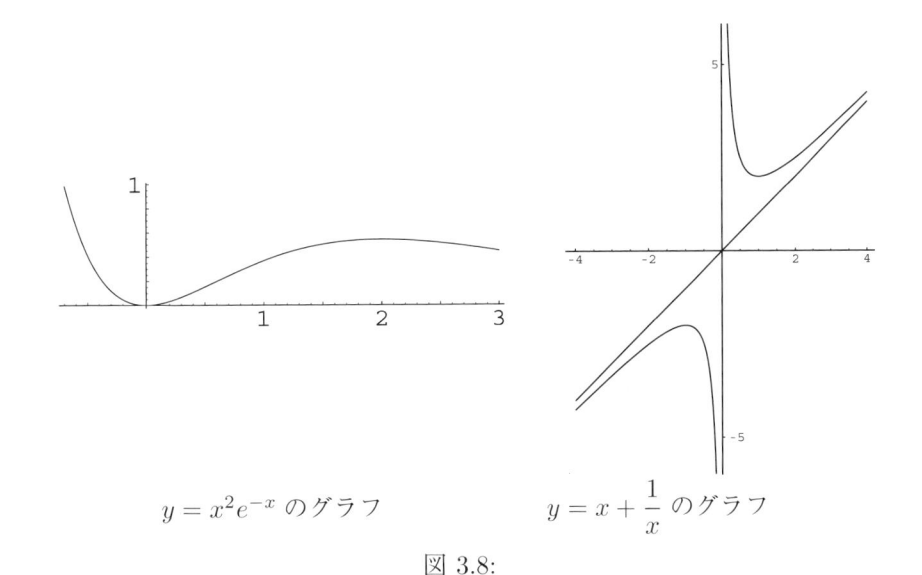

$y = x^2 e^{-x}$ のグラフ $\qquad y = x + \dfrac{1}{x}$ のグラフ

図 3.8:

3.8　方程式 $f(x) = 0$ の数値解 x について

　方程式 $x^3 - 3x - 1 = 0$, $x^4 - 2x^3 + 3x - 1 = 0$, $f(x) = x - \sin x - \frac{1}{2} = 0$ の解（**本当の解**）を求めることは不可能である．この節ではこれらの解けない方程式の**数値解**（近似解）を求める方法を考察する．

方程式 $f(x) = 0$ の解 x の求め方について

1) 1次方程式 $ax + b = 0$ ($a \neq 0$) の解は $x = -b/a$．2次方程式 $ax^2 + bx + c = 0$ の解の公式はよく知られている．ただし，$a(\neq 0), b, c$ は定数である．

2) 3次方程式 $ax^3 + bx^2 + cx + d = 0$ の解の公式もカルダノ（Cardano(1501～1576)）の公式として知られている．

3) 4次方程式 $ax^4 + bx^3 + cx^2 + dx + e = 0$ (a, b, c, d, e は定数) の解の公式もフェラリ（Ferrari(1522～1565)）の公式として知られている．

4) 次々にこれを考えると $n(n > 4)$ 次方程式の解の公式はあると予想するかも知れないが，5次以上の方程式の解の公式は存在しないことが，ガロア（Galois(1811～1832)）により証明された．

5) 一般に，関数 $y = f(x)$ のグラフを考えると x 軸（$y = 0$）との交点から，$f(x) = 0$ の解 x の存在がわかる．しかし，方程式 $f(x) = 0$ のこの真の解 x は

どのようにして求めることが出来るのか？　方程式 $f(x)=0$ の真の解 x が求められないときに，できる限り真の解に近い解＝近似解（＝数値解）をどのようにして求めるか？　この近似解を求める2つの方法（**2分法**と**ニュートン法**）を以下で述べる．

1)　2分法による方程式 $f(x)=0$ の数値解 x の求め方

定理2.9の証明を振りかえってみる．関数 $y=f(x)$ を区間 I で定義されている連続な関数とし，$a,b\,(a<b)$ を区間 I の点とする．$f(a)<0,\ f(b)>0$ と仮定する．ここで $c=\dfrac{(a+b)}{2}$ とおく．

第1段．　$f(c)=0$ のときは $x=c$ が求める解である．このときはこれで終り．

第2段．

(i)　$f(c)>0$ のときは $b_1=c,\ a_1=a$ とおき，$c_1=\dfrac{(a_1+b_1)}{2}$ とおく．そして，$f(c_1)$ の値を計算する．

(ii)　$f(c)<0$ のときは $a_1=c,\ b_1=b$ とおき，$c_1=\dfrac{(a_1+b_1)}{2}$ とおく．そして，$f(c_1)$ の値を計算する．

第3段．　$f(c_1)=0$ のときは $x=c_1$ が求める解である．
$f(c_1)>0$ または $f(c_1)<0$ のときは，第2段に戻る．すなわち，

(i)　$f(c_1)>0$ のときは $b_2=c_1,\ a_2=a_1,\ c_2=\dfrac{(a_2+b_2)}{2}$

(ii)　$f(c_1)<0$ のときは $a_2=c_1,\ b_2=b_1,\ c_2=\dfrac{(a_2+b_2)}{2}$

とおいて $f(c_2)$ を計算して，第1段または第2段に戻る．
以下この操作を繰り返す．

有限回 n ステップで $f(c_n)=0$ なる c_n が存在すれば，この c_n が求める解となる．そうでなくて，$f(c_n)\neq 0\,(n=1,2,\cdots)$ となる第2段操作が無限回続けば，このとき，次を満たす数列 $\{a_n\},\{b_n\}$ を得る：

$$a_1\leq a_2\leq \cdots \leq a_n\leq \cdots <\cdots \leq b_n\leq \cdots \leq b_2\leq b_1,$$
$$f(a_n)<0<f(b_n)\quad (n=1,2,\cdots)$$

ここで，$b_n-a_n=\dfrac{1}{(b-a)^{n-1}}\to 0\,(n\to\infty)$ であるから，$\displaystyle\lim_{n\to\infty}a_n=\lim_{n\to\infty}b_n=c$ とおくと関数 $f(x)$ の連続性より $f(c)=0$ を得る．上で構成した数列 $\{a_n\},\{b_n\}$

3.8. 方程式 $f(x) = 0$ の数値解 x について

から，$f(x) = 0$ の近似解 x が定まる．この近似解の求め方を **2 分法**という．

例 3.25. $f(x) = x^3 - 3x - 1$ に対して $f(x) = 0$ の正の数値解 $x = \alpha$ を小数点第 1 位まで求めよ．

解 2 分法による数値解 α を求める．
$f(-1) = 1, f(0) = -1, f(1) = -3, f(2) = 1$
$a = 1, b = 2$ で $(1 < \alpha < 2)$ なので，上記の第 1 段〜第 3 段を繰り返し適用して行く．

$f(1.5) = -2.125\cdots (1.5 < \alpha < 2)$, $f(1.725) = -1.0421\cdots (1.725 < \alpha < 2)$, $f(1.8625) = -0.1267\cdots (1.8625 < \alpha < 2)$, $f(1.93125) = 0.40925\cdots (1.8625 < \alpha < 1.93125)$, $f(1.896875) = 0.1346\cdots (1.8625 < \alpha < 1.896875)$
求める数値解は $\alpha = 1.8$　　答 $\alpha = 1.8$

例 3.26. $f(x) = x - \sin x - \frac{1}{2} = 0$ の近似解（数値解）x を小数点以下 3 桁まで求めよ．

解　$f(1) = -.34147\cdots, f(2) = .59070\cdots$ より $a = 1, b = 2$ とおく．以下の表は $+x$ は $f(x) > 0$ なる x を意味し，$-x$ は $f(x) < 0$ なる x を意味する．2 分法の操作を適用した結果は以下の通りである．

$+x$	2		1.5			1.499			1.498		
$-x$		1		1.25	1.375		1.438	1.485		1.493	1.497

ゆえに $f(1.498) > 0$ かつ $f(1.497) < 0$ で，次に $f(1.4975) > 0$ が成り立つから $f(x) = 0$ の解 x は　$1.497 < x < 1.4975$　を満たす．
よって求める近似解（数値解）は $x = 1.497$.　∎

注 3.33. 上の例をパソコンでのグラフ機能を用いて，そのグラフから，$f(x) = 0$ の近似解 x を実感せよ．

2) ニュートン法による方程式 $f(x) = 0$ の数値解の求め方

定理 3.34. 関数 $y = f(x)$ が区間 I で定義されている関数で $a, b\ (a < b)$ は区間 I の点とする．$f(x)$ の導関数 $f'(x), f''(x)$ は区間 I で連続とする．このとき，
(i) $f'(x) > 0, f''(x) > 0\ (a \leq x \leq b), f(a) < 0, f(b) > 0$ ならば

$$a_1 = b - \frac{f(b)}{f'(b)}, \quad a_n = a_{n-1} - \frac{f(a_{n-1})}{f'(a_{n-1})} \quad (n = 2, 3, \cdots)$$

で定義される数列 $\{a_n\}$ は $a_1 > a_2 > \cdots > a_n$ を満たし，数列 $\{a_n\}$ は方程式 $f(x) = 0$ の一つの解 α に収束する．

(ii) $f'(x) < 0, f''(x) > 0 \ (a \leq x \leq b), f(a) > 0, f(b) < 0$ ならば

$$a_1 = a - \frac{f(a)}{f'(a)}, \quad a_n = a_{n-1} - \frac{f(a_{n-1})}{f'(a_{n-1})} \quad (n = 2, 3, \cdots)$$

で定義される数列 $\{a_n\}$ は $a_1 < a_2 < \cdots < a_n$ を満たし，数列 $\{a_n\}$ は方程式 $f(x) = 0$ の一つの解 α に収束する．

証明

(i) の場合のみ証明する．α を $f(x) = 0$ の解とする．$f(a)f(b) < 0$ より $a < \alpha < b$ である．$y = f(x)$ の点 $(b, f(b))$ における接線 $y = f'(b)(x-b) + f(b)$ と x 軸との交点の x 座標が a_1 である．問 3.4.2. より $f(x) > f'(b)(x-b) + f(b)$ より，$f(a_1) > 0$ より $\alpha < a_1 < b$ である．次に $y = f(x)$ の点 $(a_1, f(a_1))$ における接線

$$y = f'(a_1)(x - a_1) + f(a_1)$$

を考える．この接線と x 軸との交点 $\left(a_1 - \frac{f(a_1)}{f'(a_1)}, 0\right)$ が $(a_2, 0)$ である．問 3.4.2. より $f(x) > f(a_1)(x-a_1) + f(a_1)$ を満たすから，$f(a_2) > 0$ で $\alpha < a_2 < a_1 < b$. 故に以下同様にして

$$a < \cdots < a_n < \cdots < a_3 < a_2 < a_1 < b.$$

なる数列 $\{a_n\}$ が存在する．$\lim_{n \to \infty} a_n = \beta$ とおき，$a_n = a_{n-1} - \frac{f(a_{n-1})}{f'(a_{n-1})}$ において，$n \to \infty$ とすると，$\beta = \beta - \frac{f(\beta)}{f'(\beta)}$. 故に $f(\beta) = 0$ すなわち，$\alpha = \beta$ を得る． □

問 3.8.1. 定理 3.34 の (ii) の部分を証明せよ．

例 3.27. 方程式 $f(x) = x \log x - 2 = 0$ の近似解（数値解）x を求めよ．

解 ニュートン法による数値解 α を求める．
$f'(x) = \log x + 1, f''(x) = \frac{1}{x}, \ f(2) = -0.6137\cdots < 0, f(3) = 1.2958\cdots > 0$

であるから，ニュートン法で $a=2, b=3$ とおく．
$a_1 = 2.38252\cdots,\quad a_2 = 2.345903\cdots,\quad a_3 = 2.345750\cdots,$
$a_4 = 2.345750\cdots$ より $f(x)=0$ の数値解 α として $\alpha = 2.34575$ を得る． ■

例 3.28. 方程式 $f(x) = x^3 - 3x - 1 = 0$ の数値解 $x = \alpha$ を小数点第 1 位まで求めよ．

解 ニュートン法による数値解 α を求める．$f(1) = -3, f(2) = 1$ より，ニュートン法で $a=1, b=2$ とおく．
$f'(x) = 3x^2 - 3$, $f''(x) = 6x$. $f''(x) = 6x > 0\,(1 < x < 2)$ より，
$a_1 = 2 - \dfrac{f(2)}{f'(2)} = 2 - \dfrac{1}{9} = \dfrac{17}{9} = 1.8888\cdots.$
$a_2 = a_1 - \dfrac{f(a_1)}{f'(a_1)} \fallingdotseq \dfrac{17}{9} - \dfrac{0.065}{7.693} \fallingdotseq 1.888 - 0.0084 = 1.879.$ 故に $\alpha = 1.8$．
答 $\alpha = 1.8$ ■

演習問題 3

1. 次の関数を微分せよ．ただし，$a\,(\neq 0)$ は定数とする．
 (1) $x^2 \tan^{-1} ax$ (2) $x^2 \cos^{-1} x$ (3) $\tan^{-1}\sqrt{3x+2}$
 (4) $\log_{10}(1 + x + x^2)$ (5) $\log(1 + \cos x)$ (6) $\tan^{-1}\dfrac{a}{x}$
 (7) $\log\tan\dfrac{x}{2}$ (8) $\tan^{-1}\dfrac{\sqrt{x}}{a}$ (9) $x\exp(-\dfrac{1}{x})$
 (10) $\tanh x$ (11) x^{x^x} (12) $\log\dfrac{1+\cos x}{1-\cos x}$

2. 次の関数の $x=0$ における微分可能性を調べよ．
 (1) $f(x) = \sqrt[3]{x}$ (2) $f(x) = x^2\sqrt[3]{x(x-1)}$
 (3) $f(x) = \begin{cases} x^2 \sin\dfrac{1}{x} & (x \neq 0) \\ 0 & (x=0) \end{cases}$ (4) $f(x) = \begin{cases} x^3 \sin\dfrac{1}{x} & (x \neq 0) \\ 0 & (x=0) \end{cases}$
 (5) $f(x) = \begin{cases} x^2 \log|x| & (x \neq 0) \\ 0 & (x=0) \end{cases}$ (6) $f(x) = \begin{cases} \exp(-\dfrac{1}{x^2}) & (x \neq 0) \\ 0 & (x=0) \end{cases}$

3. $\mathbb{R}$ を定義域とする関数 $f(x)$ に対し次のことを証明せよ．

(1) すべての実数 x に対して $f'(x) = 0$ を満たすならば，$f(x) = a$ (a は定数) である．

(2) すべての実数 x に対して $f^{(2)}(x) = 0$ を満たすならば，$f(x) = ax + b$ (a, b は定数) となる．

(3) すべての実数 x に対して $f^{(3)}(x) = 0$ を満たすならば，$f(x) = ax^2 + bx + c$ (a, b, c は定数) となる．

4. 不定形の極限値の定理により，次の極限値を求めよ．

(1) $\displaystyle\lim_{x \to 0} \frac{\sin x - x}{x^2}$
(2) $\displaystyle\lim_{x \to 0} \frac{\sin x - x}{x \sin x}$
(3) $\displaystyle\lim_{x \to 0} \frac{\tan x - x}{x \tan x}$

(4) $\displaystyle\lim_{x \to 1} \frac{x^{\frac{1}{3}} - \sqrt{x}}{x - 1}$
(5) $\displaystyle\lim_{x \to \infty} \frac{x^n}{e^x}$ ($n \in \mathbb{N}$)
(6) $\displaystyle\lim_{x \to \infty} \frac{x^2 \tan^{-1} x}{e^x}$

5. 曲線 $C : x = a(t), y = b(t)$ ($\alpha \leq t \leq \beta$) において，関数 $a(t), b(t)$ は区間 $[\alpha, \beta]$ で C^1 級とする．$a'(t_0)^2 + b'(t_0)^2 \neq 0$ のとき，点 $(a(t_0), b(t_0))$ における曲線 C の接線の方程式はパラメーター表示

$$x(t) = a(t_0) + a'(t_0)(t - t_0), \, y(t) = b(t_0) + b'(t_0)(t - t_0)$$

で与えられることを証明せよ．

6. $f(x) = \sin^{-1} x$ に対して，次の各問に答えよ．

(1) $f(x)$ は $(1 - x^2)f''(x) - xf'(x) = 0$ を満たすことを証明せよ．

(2) (1) で得られた関係式を n 回微分して，ライプニッツの公式より

$$(1 - x^2)f^{(n+2)}(x) - (2n+1)xf^{(n+1)}(x) - n^2 f^{(n)}(x) = 0$$

が成り立つことを証明せよ．

7. $f(x) = \tan^{-1} x$ に対して，次の各問に答えよ．

(1) $f(x)$ は $(1 + x^2)f'(x) = 1$ を満たすことを証明せよ．

(2) (1) で得られた関係式を n 回微分して，ライプニッツの公式より

$$(1 + x^2)f^{(n+1)}(x) + 2nxf^{(n)}(x) + n(n-1)f^{(n-1)}(x) = 0$$

が成り立つことを証明せよ．

8. 次の各問に答えよ．

演習問題 3

(1) $f(x) = (x^2-1)^n$ は $(x^2-1)f'(x) - 2nxf(x) = 0$ を満たすことを証明せよ．

(2) (1) で得られた関係式を $(n+1)$ 回微分して，ライプニッツの公式より

$$P_n(x) = \frac{d^n}{dx^n}(x^2-1)^n \quad (\text{ルジャンドル多項式})$$

は

$$(x^2-1)P_n''(x) + 2xP_n'(x) - n(n+1)P_n(x) = 0$$

を満たすことを証明せよ．

9. 次の各問に答えよ．$(n \in \mathbb{N})$

(1) $f(x) = x^n e^{-x}$ は $x f'(x) - (n-x) f(x) = 0$ を満たすことを証明せよ．

(2) (1) で得られた関係式を $(n+1)$ 回微分して，ライプニッツの公式より

$$L_n(x) = e^x \frac{d^n}{dx^n}(x^n e^{-x}) \quad (\text{ラゲール多項式})$$

は

$$xL_n''(x) - (x-1)L_n'(x) + nL_n(x) = 0$$

を満たすことを証明せよ．

10. 次の不等式を証明せよ．n は自然数とする．

(1) $e^x > 1 + x + \dfrac{x^2}{2}$ $(x > 0)$ \quad (2) $\sin x > x - \dfrac{x^3}{6}$ $(x > 0)$

(3) $e^x > \dfrac{x^n}{n!}$ $(x > 0)$ \quad (4) $\cos x > 1 - \dfrac{x^2}{2}$ $(x \neq 0)$

(5) $\tan^{-1} x > x - \dfrac{x^3}{3}$ $(x > 0)$

11. 次の各事項を証明せよ．

(1) 関数 $g(x)$ が $[a,b]$ で 2 回微分可能，かつ $g(a) = g(b) = g'(a) = 0$ のとき，

$$g''(c) = 0 \quad (a < c < b)$$

となる c が存在することを示せ．

(2) (1) を用いて，次が成り立つことを示せ．
$f(x)$ が $[a,b]$ で 3 回微分可能のとき，

$$f(b) = f(a) + \frac{1}{2}(b-a)(f'(a) + f'(b)) - \frac{1}{12}(b-a)^3 f^{(3)}(c)$$

かつ, $a < c < b$ となる c が存在する.

(3) (1) を用いて, 次が成り立つことを示せ.
$f(x)$ が $[a,b]$ で 5 回微分可能のとき,
$$f(b) = f(a) + \frac{1}{6}(b-a)\left(f'(a) + f'(b) + 4f'(\frac{a+b}{2})\right)$$
$$-\frac{1}{2880}(b-a)^5 f^{(5)}(c) \qquad (a < c < b)$$
となる c が存在する.

12. 次の関数 $f(x)$ の極値とそのグラフの形状（概形）を調べよ. ただし, $n(>1)$, $m(\geq 1)$ は自然数, a は正定数とする.

(1) $x^2 \log x$ $(0 < x)$ (2) $x^{n-1}(1+\frac{n}{m}x)^{-n-m}$ (3) $x^n e^{-x}$ $(0 < x)$

(4) $(\sin x)\,e^{-x}$ $(0 \leq x \leq 2\pi)$ (5) $x\sqrt[3]{1+x}$ $(-1 \leq x)$

(6) $(x+2)|x^2 - x - 2|$ (7) $x + \sqrt{1-x^2}$ $(-1 \leq x \leq 1)$

13. $f(x)$ が C^n 級関数で, $f'(a) = f''(a) = \cdots = f^{(n-1)}(a) = 0$, $f^{(n)}(a) \neq 0$ のとき, 次を証明せよ.

(1) n が偶数のとき, $f^{(n)}(a) > 0$ ならば, $f(a)$ は極小値で, $f^{(n)}(a) < 0$ のとき, $f(a)$ は極大値である.

(2) n が奇数のとき, $f(a)$ は極値ではない.

14. 次の真偽を確かめよ.

(1) 関数 $f(x)$ は開区間 I で C^1 級で I のある点 a で $f(a) = 0$ ならば, $f'(a) = 0$ である.

(2) 関数 $f(x)$ は開区間 I で C^1 級で I のある点 a で $f'(a) = 0$ ならば, $f(a) = 0$ である.

(3) 関数 $f(x)$ は区間 $I = (a,b)$ で C^2 級で I の点 c で $f'(c) = f''(c) = 0$ ならば, $x = c$ で $f(x)$ は極値をとらない.

(4) 関数 $f(x)$ は区間 $I \equiv (-\infty, +\infty)$ で C^1 級で I で $f'(x) > 0$ ならば, $\lim_{x \to +\infty} f(x) = +\infty$ である.

(5) 関数 $f(x)$ が微分可能ならば, その導関数 $f'(x)$ は連続である.

(6) 関数 $f(x)$ は閉区間 $[-1,1]$ で定義されている. $f'(x) = 0$ $(-1 < x < 0, 0 < x < 1)$ であるとき, $f(x) = $ 定数である.

(7) 関数 $f(x) = x\sin\dfrac{1}{x}$ $(x \neq 0)$, $f(0) = 0$ は,$x = 0$ で微分不可能だから,$f(x)$ は $x = 0$ で不連続である.

第4章　不定積分

微分の逆操作ともいえる積分として，1変数関数の場合には，不定積分と定積分の2種類が考えられる．この章では，不定積分を扱う．

4.1　不定積分の定義

関数 $f(x)$ に対し，$F'(x) = f(x)$ を満たすような関数 $F(x)$ を $f(x)$ の **原始関数** という．

定理 4.1. $F_1(x), F_2(x)$ を共に $f(x)$ の原始関数とすると，$F_2(x) = F_1(x) + C$ となる定数 C が存在する．逆に，$F_1(x)$ を $f(x)$ の原始関数とするとき，$F_2(x) = F_1(x) + C$（C は任意の定数）とすると，$F_2(x)$ も $f(x)$ の原始関数となる．

証明　$F_1(x), F_2(x)$ を共に $f(x)$ の原始関数とする．このとき，$(F_2(x) - F_1(x))' = F_2'(x) - F_1'(x) = f(x) - f(x) = 0$．よって，$F_2(x) - F_1(x)$ は定数である．この定数を C とすれば，$F_2(x) = F_1(x) + C$ となる．

逆に，$F_1(x)$ を $f(x)$ の原始関数とするとき，$F_2(x) = F_1(x) + C$（C は任意の定数）とすると，$F_2'(x) = F_1'(x) + 0 = f(x)$ だから，$F_2(x)$ も $f(x)$ の原始関数である． □

この定理により，$f(x)$ の一つの原始関数を $F(x)$ とするとき，$F(x) + C$ はすべての原始関数を表すことになる．そこで，$F(x) + C$ を $f(x)$ の **不定積分** といい，

$$\int f(x)\,dx$$

4.1. 不定積分の定義

と表す．つまり，
$$\int f(x)\,dx = F(x) + C.$$

ここで，C を **積分定数** といい，$f(x)$ の不定積分を求めることを，$f(x)$ を **積分する** という．なお，今後，特に必要としない場合には積分定数 C を省略することにするが，積分定数の存在を意識しないと間違いが生ずる場合がある．

例 4.1. 積分定数を意識しないで部分積分（後述）を使うと，次のような間違いをしてしまう可能性がある．どこが間違っているのかを考えてみて貰いたい：
$$\int \frac{1}{x}dx = \int 1\cdot\frac{1}{x}dx = \int (x)'\cdot\frac{1}{x}dx = x\cdot\frac{1}{x} - \int x\cdot\left(\frac{1}{x}\right)' dx = 1 - \int x\cdot\frac{-1}{x^2}dx$$
$$= 1 + \int \frac{1}{x}dx.\ \text{よって，最初と最後の式から各々}\ \int \frac{1}{x}dx\ \text{を引くと，}\ 0 = 1\,??$$

我々はすでに数多くの関数の微分を知っている．その結果を逆に考えると，我々はすでに次のような多くの関数の不定積分を知っていることになる．実際に右辺を微分することによって，以下の結果を確認して欲しい：

1. $\displaystyle\int x^m\,dx = \frac{x^{m+1}}{m+1}\ (m\neq -1, m\in\mathbb{R}),\quad \int \frac{1}{x}\,dx = \int x^{-1}\,dx = \log|x|$

2. $\displaystyle\int \sin ax\,dx = \frac{-1}{a}\cos ax\ (a\neq 0),\quad \int \cos ax\,dx = \frac{1}{a}\sin ax\ (a\neq 0)$

3. $\displaystyle\int e^{ax}\,dx = \frac{1}{a}e^{ax}\ (a\neq 0),\quad \int a^x\,dx = \frac{a^x}{\log a}\ (a>0, a\neq 1)$

4. $\displaystyle\int \frac{1}{\cos^2 x}\,dx = \int \sec^2 x\,dx = \tan x$

5. $\displaystyle\int \frac{1}{\sqrt{a^2-x^2}}\,dx = \sin^{-1}\frac{x}{a}\ (a>0),\quad \int \frac{1}{x^2+a^2}\,dx = \frac{1}{a}\tan^{-1}\frac{x}{a}\ (a\neq 0)$

6. $\displaystyle\int \frac{1}{x^2-a^2}\,dx = \frac{1}{2a}\log\left|\frac{x-a}{x+a}\right|\ (a\neq 0)$

7. $\displaystyle\int \{f(x)\}^m f'(x)\,dx = \frac{1}{m+1}\{f(x)\}^{m+1}\ (m\neq -1, m\in\mathbb{R})$

8. $\displaystyle\int \frac{f'(x)}{f(x)}\,dx = \log|f(x)|$

9. $\int \{\alpha f(x) + \beta g(x)\}\,dx = \alpha \int f(x)\,dx + \beta \int g(x)\,dx$ (α, β は定数)

問 4.1.1. 次の関数を積分せよ．

(1) $\dfrac{x^2+3}{\sqrt{x}}$ 　(2) $\dfrac{x-1}{x+2}$ 　(3) $\tan x$

(4) $\cos x \sqrt{\sin x}$ 　(5) $\dfrac{1}{\sqrt{1-2x^2}}$ 　(6) $\dfrac{x+1}{\sqrt{x^2+2x+2}}$

4.2　置換積分・部分積分

不定積分を求める際に極めて有用な性質が，次に述べる置換積分および部分積分と呼ばれる手法である．

定理 4.2 (置換積分). 関数 $y = f(x)$ において，x が t の C^1 級関数 $\varphi(t)$ によって $x = \varphi(t)$ と表されるとき，
$$\int f(x)\,dx = \int f(\varphi(t))\,\varphi'(t)\,dt.$$

注 4.3. 上式を簡略化して，$\int y\,dx = \int y\dfrac{dx}{dt}\,dt$ のように書く場合もある．

証明　$y = F(x) = \int f(x)\,dx$ とする．$F(x)$ に $x = \varphi(t)$ を代入して得られる式 $y = F(\varphi(t))$ を t で微分すると，$\dfrac{dy}{dt} = \dfrac{d}{dt}(F(\varphi(t))) = \dfrac{d}{dx}F(\varphi(t))\cdot\dfrac{d}{dt}\varphi(t) = F'(\varphi(t))\,\varphi'(t) = f(\varphi(t))\,\varphi'(t)$．よって，$y = \int f(\varphi(t))\,\varphi'(t)\,dt$.　□

注 4.4. $x = \varphi(t)$ のとき，$\dfrac{dx}{dt} = \varphi'(t)$ ということを表すのに，$dx = \varphi'(t)\,dt$ のような表記を用いる場合もある．この表記は，$x = \varphi(t)$ という式の全微分という意味から正当化される表記ではあるが，$\dfrac{dx}{dt}$ が「$dx \div dt$」という**割り算**であるという**意味ではない**．このことに注意しつつ使用すれば，これはなかなか便利な表記である．

例 4.2. 次の関数の不定積分を求めよ.

1. $x\sqrt{1+x}$　　2. $(t^2+1)^{100}t$　　3. $\tan x$

解

1. $t = \sqrt{1+x}$ とおくと, $x = t^2 - 1$. 両辺を t で微分すると, $\dfrac{dx}{dt} = 2t$. よって, $\displaystyle\int x\sqrt{1+x}\,dx = \int (t^2-1)t \cdot \dfrac{dx}{dt}\,dt = \int 2(t^2-1)t^2\,dt = \int 2(t^4-t^2)\,dt$
$= \dfrac{2}{5}t^5 - \dfrac{2}{3}t^3 = \dfrac{2}{5}(x+1)^2\sqrt{x+1} - \dfrac{2}{3}(x+1)\sqrt{x+1}.$

2. $x = t^2+1$ とおくと, $\dfrac{dx}{dt} = 2t$. よって, $\displaystyle\int (t^2+1)^{100}t\,dt = \int x^{100}\cdot\dfrac{1}{2}\dfrac{dx}{dt}\,dt$
$= \dfrac{1}{2}\displaystyle\int x^{100}\,dx = \dfrac{1}{2}\dfrac{x^{101}}{101} = \dfrac{1}{202}(t^2+1)^{101}.$

3. $u = \cos x$ とおくと, $\dfrac{du}{dx} = -\sin x$. よって, $\displaystyle\int \tan dx = \int \dfrac{\sin x}{\cos x}\,dx$
$= \displaystyle\int \dfrac{1}{u}\left(-\dfrac{du}{dx}\right)dx = \int \dfrac{-1}{u}\,du = -\log|u| = -\log|\cos x|.$ ■

例 4.3. $F(x) = \displaystyle\int f(x)\,dx$ とするとき, $\displaystyle\int f(ax)\,dx$ を求めよ.($a \neq 0$ は定数)

解　$t = ax$ とおくと, $x = \dfrac{t}{a}$ だから, $\dfrac{dx}{dt} = \dfrac{1}{a}$. よって, $\displaystyle\int f(ax)\,dx = \int f(t)\cdot\dfrac{1}{a}dt = \dfrac{1}{a}F(t) = \dfrac{1}{a}F(ax).$ ■

例 4.4. $\displaystyle\int \cos x \sin x\,dx$ を求めよ.

解　2つの解法を示す:

[1] $\cos x \sin x = \dfrac{1}{2}\sin 2x$ だから, $\displaystyle\int \cos x \sin x\,dx = \dfrac{1}{2}\int \sin 2x\,dx$
$= \dfrac{1}{4}(-\cos 2x) = \dfrac{-1}{4}\cos 2x.$

[2] $t = \sin x$ とおくと, $\dfrac{dt}{dx} = \cos x$. 故に, $\displaystyle\int \cos x \sin x\,dx = \int t\,dt = \dfrac{t^2}{2}$
$= \dfrac{\sin^2 x}{2} = \dfrac{1-\cos 2x}{4}.$ ■

注 4.5. 上の例で，この2つの解が一致していないことに不安を感じるかもしれない．実際，[2] は，[1] に $\frac{1}{4}$ を加えたものであり，両者は等しくない．しかし，「不定積分とは任意の定数を含んだもの」ということを忘れなければ，[1] と [2] がともに正解であることに気がつくであろう．

このことは，問や演習問題を解く場合に，自分で計算した結果と巻末に掲載した解答とが一致しないということが起こり得ることを意味している．しかし，たとえそれらが一致しなくても，自分で計算した結果を微分して元の関数に戻れば，その計算は正しいといえる．

定理 4.6 (部分積分). C^1 級の関数 $f(x)$, $g(x)$ に対して，

$$\int f'(x)g(x)\,dx = f(x)g(x) - \int f(x)g'(x)dx.$$

証明 積の微分の公式 $(f(x)g(x))' = f'(x)g(x) + f(x)g'(x)$ の両辺を積分すれば，$\int (f(x)g(x))'\,dx = f(x)g(x)$ だから，$f(x)g(x) = \int f'(x)g(x)\,dx + \int f(x)g'(x)dx.$ □

例 4.5. 次の関数の不定積分を求めよ．
 1. $\log x$ 2. $x \sin x$ 3. $e^{ax}\sin bx$, $e^{ax}\cos bx$ （ただし，$a \neq 0$, $b \neq 0$）

解

1. $(x)' = 1$ だから，$\int \log x\,dx = \int (x)'\log x\,dx = x\log x - \int x(\log x)'\,dx$
 $= x\log x - \int x \cdot \frac{1}{x}\,dx = x\log x - \int dx = x\log x - x.$

2. $(-\cos x)' = \sin x$ だから，$\int x\sin x\,dx = \int x(-\cos x)'\,dx = x(-\cos x) - \int (-\cos x)\,dx = -x\cos x + \int \cos x\,dx = -x\cos x + \sin x.$

3. $I = \int e^{ax}\sin bx\,dx$, $J = \int e^{ax}\cos bx\,dx$ とおく．$f(x) = \frac{1}{a}e^{ax}$, $g(x) = \sin bx$ とおいて，部分積分を使うと，$I = \frac{1}{a}e^{ax}\sin bx - \frac{b}{a}\int e^{ax}\cos bx\,dx =$

4.2. 置換積分・部分積分　　　　　　　　　　　　　　　　　　　　　　　　　　91

$\dfrac{1}{a}e^{ax}\sin bx - \dfrac{b}{a}J$. 同様に，$J = \dfrac{1}{a}e^{ax}\cos bx + \dfrac{b}{a}I$ が示される．これらを I と J の連立方程式だと思って解けば，$I = \dfrac{e^{ax}}{a^2+b^2}(a\sin bx - b\cos bx)$，$J = \dfrac{e^{ax}}{a^2+b^2}(a\cos bx + b\sin bx)$. ∎

置換積分と部分積分を組み合わせて使うと，次の2つの例のように，かなり色々な関数の積分を求められるようになる．

例 4.6. $I_n = \displaystyle\int \sin^n x\,dx$ $(n = 0, 1, 2, \cdots)$ とおくと，$n = 2, 3, \cdots$ に対して，漸化式
$$I_n = \frac{n-1}{n}I_{n-2} - \frac{1}{n}\sin^{n-1} x \cos x$$
が成立する．[この漸化式を使うと，$I_0 = \displaystyle\int dx = x$，$I_1 = \displaystyle\int \sin x\,dx = -\cos x$ から出発して，$I_2, I_3, I_4, \cdots$ を順番に求めることができる．]

解

$$\begin{aligned}
I_n &= \int \sin^{n-2} x\,(1 - \cos^2 x)\,dx = \int \sin^{n-2} x\,dx - \int \sin^{n-2} x \cos^2 x\,dx \\
&= I_{n-2} - \int (\sin^{n-2} x \cos x) \cos x\,dx = I_{n-2} - \int \left(\frac{1}{n-1}\sin^{n-1} x\right)' \cos x\,dx \\
&= I_{n-2} - \left\{\frac{1}{n-1}\sin^{n-1} x \cos x - \int \frac{1}{n-1}\sin^{n-1} x\,(-\sin x)\,dx\right\} \\
&= I_{n-2} - \frac{1}{n-1}\sin^{n-1} x \cos x - \frac{1}{n-1}I_n.
\end{aligned}$$

この式を整理してまとめると，求める漸化式が得られる．∎

例 4.7. $\displaystyle\int x\tan^{-1} x\,dx = \dfrac{1}{2}\{(1+x^2)\tan^{-1} x - x\}$

解　2つの解法を示す．

[1]（まず置換積分を使う方法：置換積分では「**最も複雑そうなものを別の変数に置き換えてみる**」というのが，一種の定石である．そこで，$\tan^{-1}$ を別の変数に置き換えてみる.)

$t = \tan^{-1} x$ とおくと，$x = \tan t$，$\dfrac{dx}{dt} = \dfrac{1}{\cos^2 t}$ だから，

$$\int x\tan^{-1} x\, dx = \int (\tan t)t \cdot \frac{1}{\cos^2 t}\, dt = \int \frac{\sin t}{\cos^3 t} t\, dt = \int \frac{1}{2}\left(\frac{1}{\cos^2 t}\right)' t\, dt$$
$$= \frac{1}{2}\left\{\frac{1}{\cos^2 t}\cdot t - \int \frac{1}{\cos^2 t}\, dt\right\} = \frac{1}{2}\{(1+\tan^2 t)t - \tan t\}$$
$$= \frac{1}{2}\{(1+x^2)\tan^{-1} x - x\}.$$

[2]（部分積分のみを使う方法）
$$\int x\tan^{-1} x\, dx = \int \left(\frac{x^2}{2}\right)' \tan^{-1} x\, dx = \frac{x^2}{2}\tan^{-1} x - \int \frac{x^2}{2}\cdot \frac{1}{1+x^2}\, dx$$
$$= \frac{x^2}{2}\tan^{-1} x - \frac{1}{2}\int \frac{(1+x^2)-1}{1+x^2}\, dx = \frac{x^2}{2}\tan^{-1} x - \frac{1}{2}\int \left(1 - \frac{1}{1+x^2}\right) dx$$
$$= \frac{x^2}{2}\tan^{-1} x - \frac{1}{2}(x - \tan^{-1} x) = \frac{1}{2}\{(1+x^2)\tan^{-1} x - x\}. \qquad \blacksquare$$

問 **4.2.1.** 次の関数を積分せよ．

(1) $x\log x$ (2) $\dfrac{x}{\cos^2 x}$ (3) $\dfrac{\log x}{x}$

(4) $\tanh x$ (5) $\sin^{-1} x$ (6) $x^2 e^{-x}$

4.3 　有理関数の不定積分

　高校で $\dfrac{1}{(x-1)(x-2)}$ のような関数の積分を扱ってきたはずである．ここではそれを一般化し，いかなる有理関数についても，その不定積分を計算する方法を扱う．

　有理関数，すなわち，分子・分母が共に多項式であるような分数関数を積分するには，次の2つのステップに従って計算を行う：

ステップ1：有理関数を，いくつかの「部分品」の和の形に分解する．（この分解のことを**部分分数分解**という．）

ステップ2：各「部分品」を実際に積分する．

　このようにして得られた各部分品の積分を加え合わせれば，任意の有理関数の積分が計算できることになる．

4.3. 有理関数の不定積分

部分分数分解について述べる前に，次の事実を注意しておく：任意の（実数係数の）多項式は，「1次式」達と「これ以上因数分解できない2次式」達の積に分解される．[このような分解を**素因数分解**という．] 例えば，$x^3 - 1 = (x-1)(x^2+x+1)$, $x^4 - 1 = (x-1)(x+1)(x^2+1)$, $x^4 + 1 = (x^2 - \sqrt{2}x + 1)(x^2 + \sqrt{2}x + 1)$, $x^4 - 2x^2 + 1 = (x-1)^2(x+1)^2$ のように分解される．なお，これ以上因数分解できない2次式は，$(x-\beta)^2 + \gamma^2$ ($\gamma > 0$) という形に書けることに注意しておく．

ステップ1：部分分数分解

定理 4.7 (部分分数分解). $f(x)$, $g(x)$ を多項式とする．このとき，有理関数 $\dfrac{f(x)}{g(x)}$ は，

- 多項式 $p(x)$
- 分母 $g(x)$ の素因数分解に $(x-\alpha)^n$ が現れるとき，$\dfrac{A_k}{(x-\alpha)^k}$ ($k=1, 2, \cdots, n$; A_k は定数)
- 分母 $g(x)$ の素因数分解に $\{(x-\beta)^2 + \gamma^2\}^m$ があらわれるとき，$\dfrac{B_k x + C_k}{\{(x-\beta)^2 + \gamma^2\}^k}$ ($k=1, 2, \cdots, m$; B_k, C_k は定数)

のような「部分品」の和に分解できる．

この定理の証明は述べないが，言わば「目的地」が与えられたのであるから，具体的に計算を行うことはできる．つまり，$f(x)$ を $g(x)$ で割ったときの商を $p(x)$ とし，残った部分が $\dfrac{\text{定数}}{\text{1次式のベキ乗}}$ 達と $\dfrac{\text{1次式}}{\text{2次式のベキ乗}}$ 達の和になるように係数 A_k, B_k, C_k 達を決めていけばよい．

例 4.8. 部分分数分解の例

1. $\dfrac{2x^3 - 7x^2 + 8x - 2}{(x-2)(x-1)} = (2x - 1) + \dfrac{2}{x-2} - \dfrac{1}{x-1}$

2. $\dfrac{1}{x^3 + 1} = \dfrac{1}{3} \cdot \dfrac{1}{x+1} + \dfrac{1}{3} \cdot \dfrac{-x+2}{\left(x - \dfrac{1}{2}\right)^2 + \dfrac{3}{4}}$

3. $\dfrac{x^3+2x+1}{(x^2+1)^2} = \dfrac{x}{x^2+1} + \dfrac{x+1}{(x^2+1)^2}$

解

1. 分子を分母で割ると，$\dfrac{2x^3-7x^2+8x-2}{(x-2)(x-1)} = (2x-1) + \dfrac{x}{(x-2)(x-1)}$ となる．ここで，残った分数部分をさらに分解した後の形は，$\dfrac{A}{x-2} + \dfrac{B}{x-1}$ となっているはずである．この式を通分すると $\dfrac{A(x-1)+B(x-2)}{(x-2)(x-1)}$ $= \dfrac{(A+B)x+(-A-2B)}{(x-2)(x-1)}$ となるが，これが $\dfrac{x}{(x-2)(x-1)}$ と等しくなるためには，$A+B=1$，$-A-2B=0$ となっていなくてはならない．これを解くと，$A=2$, $B=-1$ となる．

2. すでに分子の次数が分母の次数よりも低くなっているので，多項式の項は出てこない．$\dfrac{1}{x^3+1} = \dfrac{1}{(x+1)(x^2-x+1)} = \dfrac{A}{x+1} + \dfrac{Bx+C}{x^2-x+1}$ とおいて通分し，両辺の分子を比較すると，$A+B=0, -A+B+C=0, A+C=1$．これを解くと，$A=\dfrac{1}{3}, B=-\dfrac{1}{3}, C=\dfrac{2}{3}$ となる．

3. 同様に，$\dfrac{x^3+2x+1}{(x^2+1)^2} = \dfrac{Ax+B}{x^2+1} + \dfrac{Cx+D}{(x^2+1)^2}$ とおくと，$A=1, B=0$, $A+C=2, B+D=1$ となる．よって，$A=1, B=0, C=1, D=1$. ∎

ステップ2：各「部分品」の積分

多項式 $p(x)$ の積分は容易である．また，

$$\int \dfrac{A_k}{(x-\alpha)^k}\,dx = \begin{cases} A_k \log|x-\alpha| & (\,k=1\text{ のとき}) \\ \dfrac{A_k}{(1-k)(x-\alpha)^{k-1}} & (\,k\geq 2\text{ のとき}) \end{cases}$$

も容易にわかるであろう．

4.3. 有理関数の不定積分

$\dfrac{B_k x + C_k}{\{(x-\beta)^2 + \gamma^2\}^k}$ の積分は次のように行う．$t = x - \beta$ とおくと，$\dfrac{dx}{dt} = 1$ だから，

$$\int \frac{B_k x + C_k}{\{(x-\beta)^2 + \gamma^2\}^k} \, dx = \int \frac{B_k(t+\beta) + C_k}{\{t^2 + \gamma^2\}^k} \, dt = \int \frac{B_k t + (B_k \beta + C_k)}{\{t^2 + \gamma^2\}^k} \, dt.$$

よって，$\displaystyle \int \frac{t}{\{t^2 + \gamma^2\}^k} \, dt$ と $\displaystyle \int \frac{1}{\{t^2 + \gamma^2\}^k} \, dt$ が計算できればよい．ここで，

$$\int \frac{t}{\{t^2 + \gamma^2\}^k} \, dt = \frac{1}{2} \int \frac{2t}{\{t^2 + \gamma^2\}^k} \, dt \quad (u = t^2 + \gamma^2 \text{ とおいて置換積分})$$

$$= \frac{1}{2} \int \frac{1}{u^k} \, du = \begin{cases} \dfrac{1}{2} \log|u| & (k = 1 \text{ のとき}) \\ \dfrac{1}{2(1-k)u^{k-1}} & (k \geq 2 \text{ のとき}) \end{cases}$$

$$= \begin{cases} \dfrac{1}{2} \log|(x-\beta)^2 + \gamma^2| & (k = 1 \text{ のとき}) \\ \dfrac{1}{2(1-k)\{(x-\beta)^2 + \gamma^2\}^{k-1}} & (k \geq 2 \text{ のとき}). \end{cases}$$

一方，$\displaystyle \int \frac{1}{\{t^2 + \gamma^2\}^k} \, dt$ については，次の定理により，I_1 から出発して，$I_2, I_3, \cdots$ を順次計算できる．

定理 4.8. $I_k = \displaystyle \int \frac{1}{\{t^2 + \gamma^2\}^k} \, dt$ とおくと，

1. $k = 1$ のとき，$I_1 = \dfrac{1}{\gamma} \tan^{-1} \dfrac{t}{\gamma}$．

2. $k \geq 2$ のとき，$I_k = \dfrac{1}{\gamma^2} \left(\dfrac{1}{2k-2} \dfrac{t}{\{t^2 + \gamma^2\}^{k-1}} + \dfrac{2k-3}{2k-2} I_{k-1} \right)$．

証明 $k = 1$ のとき，$t = \gamma \tan\theta$ とおくと，$\dfrac{dt}{d\theta} = \gamma(1 + \tan^2\theta)$ だから，

$$I_1 = \int \frac{1}{t^2 + \gamma^2} \, dt = \int \frac{1}{\gamma^2(1 + \tan^2\theta)} \gamma(1 + \tan^2\theta) \, d\theta = \int \frac{1}{\gamma} \, d\theta = \frac{1}{\gamma} \theta$$
$$= \frac{1}{\gamma} \tan^{-1} \frac{t}{\gamma}.$$

$k \geq 2$ のとき，

$$\begin{aligned}
I_k &= \frac{1}{\gamma^2} \int \frac{\{t^2+\gamma^2\}-t^2}{\{t^2+\gamma^2\}^k} \, dt = \frac{1}{\gamma^2} \left(\int \frac{1}{\{t^2+\gamma^2\}^{k-1}} \, dt - \int \frac{t^2}{\{t^2+\gamma^2\}^k} \, dt \right) \\
&= \frac{1}{\gamma^2} \left(I_{k-1} - \frac{1}{2} \int t \cdot \frac{2t}{\{t^2+\gamma^2\}^k} \, dt \right) \\
&= \frac{1}{\gamma^2} \left(I_{k-1} - \frac{1}{2} \int t \left(\frac{1}{(1-k)\{t^2+\gamma^2\}^{k-1}} \right)' dt \right) \\
&= \frac{1}{\gamma^2} \left(I_{k-1} - \frac{1}{2} \left(t \cdot \frac{1}{(1-k)\{t^2+\gamma^2\}^{k-1}} - \frac{1}{1-k} \int \frac{1}{\{t^2+\gamma^2\}^{k-1}} \, dt \right) \right) \\
&= \frac{1}{\gamma^2} \left(I_{k-1} - \frac{1}{2} \left(t \cdot \frac{1}{(1-k)\{t^2+\gamma^2\}^{k-1}} - \frac{1}{1-k} I_{k-1} \right) \right) \\
&= \frac{1}{\gamma^2} \left(\frac{1}{2k-2} \frac{t}{\{t^2+\gamma^2\}^{k-1}} + \frac{2k-3}{2k-2} I_{k-1} \right).
\end{aligned}$$

$\square$

注 4.9. 上の漸化式を覚えておくのは容易ではないし，あまり意味のある行為とはいえない．実際の計算においては高々 $n=2,3$ の場合が多いので，部分積分を用いたり，あるいは，直接 $t = \gamma \tan\theta$ とおくことによって計算したほうがよい．例えば，

$$\int \frac{1}{(t^2+\gamma^2)^2} \, dt \quad (t = \gamma \tan\theta \text{ とおく})$$
$$= \int \frac{\cos^4\theta}{\gamma^4} \cdot \frac{\gamma}{\cos^2\theta} \, d\theta = \frac{1}{\gamma^3} \int \cos^2\theta \, d\theta = \frac{1}{2\gamma^3} \left(\theta + \frac{\sin 2\theta}{2} \right)$$
$$= \frac{1}{2\gamma^3} \left(\tan^{-1}\frac{t}{\gamma} + \frac{\sin(2\tan^{-1}\frac{t}{\gamma})}{2} \right) = \frac{1}{2\gamma^3} \left(\tan^{-1}\frac{t}{\gamma} + \frac{\gamma t}{t^2+\gamma^2} \right).$$

問 4.3.1. 次の関数を積分せよ．

(1) $\dfrac{2x^3-7x^2+8x-2}{(x-2)(x-1)}$ (2) $\dfrac{1}{x^3+1}$ (3) $\dfrac{x^3+2x+1}{(x^2+1)^2}$

4.4　いろいろな関数の不定積分

有理関数の積分を用いると，いろいろな関数の不定積分が計算できるようになる．

$\boxed{\cos x \text{ と } \sin x \text{ の有理関数}}$

$\cos x$ と $\sin x$ の有理関数の不定積分は，$\boxed{t = \tan \dfrac{x}{2}}$ とおけば，

$$\cos x = \frac{1-t^2}{1+t^2}, \quad \sin x = \frac{2t}{1+t^2}, \quad \frac{dx}{dt} = \frac{2}{1+t^2}$$

であることにより，t の有理関数の不定積分に置換できる．よって，その積分を計算することができる．

例 4.9. $\displaystyle\int \frac{1}{1+\cos x}\,dx = \tan\frac{x}{2}$

解　上記のような置換積分を施せば，$\displaystyle\int \frac{1}{1+\cos x}\,dx = \int \frac{1}{1+\frac{1-t^2}{1+t^2}} \cdot \frac{2}{1+t^2}\,dt$
$= \displaystyle\int 1\,dt = t = \tan\frac{x}{2}$. ∎

例 4.10. $\displaystyle\int \frac{\sin x}{1+\cos x}\,dx = -2\log\left|\cos\frac{x}{2}\right|$

解　同様にして，$\displaystyle\int \frac{\sin x}{1+\cos x}\,dx = \int \frac{\frac{2t}{1+t^2}}{1+\frac{1-t^2}{1+t^2}} \cdot \frac{2}{1+t^2}\,dt = \int \frac{2t}{1+t^2}\,dt =$
$\log|1+t^2| = \log\left|\dfrac{1}{\cos^2\frac{x}{2}}\right| = -2\log\left|\cos\frac{x}{2}\right|$. ∎

注 4.10. 例 4.10 は，$t = \cos x$ とおいて，$\displaystyle\int \frac{\sin x}{1+\cos x}\,dx = -\int \frac{(\cos x)'}{1+\cos x}\,dx$
$= -\log|1+\cos x|$ のように求めた方が簡単である．このように，上に述べた方法はあくまでも「このようにすれば必ず計算できる」という方法であり，必ずしも「最も簡単な方法」，「最も適切な方法」であるとは限らない．以下に述べる方法についても同様である．よって，まず「どうすれば簡単に積分できるか？」を考え，それが思いつかない場合にここに述べるような方法で計算するようにした方が得策であろう．

$\boxed{\cos^2 x \text{ と } \sin^2 x \text{ の有理関数}}$

$\cos^2 x$ と $\sin^2 x$ の有理関数の不定積分は, $\boxed{t = \tan x}$ とおけば,

$$\cos^2 x = \frac{1}{1+t^2}, \quad \sin^2 x = \frac{t^2}{1+t^2}, \quad \frac{dx}{dt} = \frac{1}{1+t^2}$$

だから, t の有理関数の不定積分に置換できる.

例 4.11. $\displaystyle\int \frac{1}{1+\cos^2 x}\,dx = \frac{1}{\sqrt{2}} \tan^{-1}\left(\frac{\tan x}{\sqrt{2}}\right)$

解 $t = \tan x$ とおけば, $\displaystyle\int \frac{1}{1+\cos^2 x}\,dx = \int \frac{1}{2+t^2}\,dt = \frac{1}{\sqrt{2}} \tan^{-1}\frac{t}{\sqrt{2}}$
$= \frac{1}{\sqrt{2}} \tan^{-1}\left(\frac{\tan x}{\sqrt{2}}\right)$. ∎

$\boxed{x \text{ と } \sqrt[n]{\dfrac{ax+b}{cx+d}} \text{ の有理関数}}$

x と $\sqrt[n]{\dfrac{ax+b}{cx+d}}$ ($n \geq 2$; $ad-bc \neq 0$) の有理関数の不定積分は, $\boxed{t = \sqrt[n]{\dfrac{ax+b}{cx+d}}}$ とおけば,

$$x = \frac{dt^n - b}{-ct^n + a}, \quad \frac{dx}{dt} = \frac{(ad-bc)nt^{n-1}}{(-ct^n + a)^2}$$

だから, t の有理関数の不定積分に置換できる.

例 4.12. $\displaystyle\int \frac{1}{x}\sqrt{\frac{x}{2-x}}\,dx = 2\tan^{-1}\sqrt{\frac{x}{2-x}}$

解 $t = \sqrt{\dfrac{x}{2-x}}$ とおけば, $x = \dfrac{2t^2}{1+t^2}$, $\dfrac{dx}{dt} = \dfrac{4t}{(1+t^2)^2}$ だから,

$\displaystyle\int \frac{1}{x}\sqrt{\frac{x}{2-x}}\,dx = \int \frac{1+t^2}{2t^2} \cdot t \cdot \frac{4t}{(1+t^2)^2}\,dt = \int \frac{2}{1+t^2}\,dt = 2\tan^{-1} t$
$= 2\tan^{-1}\sqrt{\dfrac{x}{2-x}}$. ∎

4.4. いろいろな関数の不定積分

$\boxed{x \text{ と } \sqrt{ax^2+bx+c} \ (a \neq 0) \text{ の有理関数}}$

x と $\sqrt{ax^2+bx+c}$ $(a \neq 0)$ の有理関数の不定積分を求めるには，a の正負に応じて場合分けをする必要がある．

$\boxed{a>0 \text{ の場合}}$： $\boxed{t = \sqrt{a}x + \sqrt{ax^2+bx+c}}$ とおく．このとき，$t - \sqrt{a}x = \sqrt{ax^2+bx+c}$ だから，両辺を 2 乗して整理すると，

$$x = \frac{t^2 - c}{2\sqrt{a}t + b}, \quad \frac{dx}{dt} = \frac{2(\sqrt{a}t^2 + bt + \sqrt{a}c)}{(2\sqrt{a}t + b)^2},$$

$$\sqrt{ax^2+bx+c} = t - \sqrt{a}x = \frac{\sqrt{a}t^2 + bt + \sqrt{a}c}{2\sqrt{a}t + b}$$

となり，t の有理関数の不定積分に帰着される．

$\boxed{a<0 \text{ の場合}}$： もしも $b^2 - 4ac < 0$ とすると，ax^2+bx+c は常に負の値をとることになり，その平方根は定義されない．また，$b^2 - 4ac = 0$ とすると，$ax^2+bx+c \geq 0$ となる x の値はただ 1 つのみとなるから，積分を考える意味がない．よって，$b^2 - 4ac > 0$ でなくてはならない．すなわち方程式 $ax^2+bx+c = 0$ は 2 つの実数解をもつ．それを α, β $(\alpha < \beta)$ とし，$\boxed{t = \sqrt{\dfrac{x-\alpha}{\beta-x}}}$ とおく．すると，

$$x = \frac{\beta t^2 + \alpha}{t^2 + 1}, \quad \frac{dx}{dt} = 2(\beta - \alpha)\frac{t}{(t^2+1)^2},$$

$$\sqrt{ax^2+bx+c} = \sqrt{-a}\sqrt{(\beta-x)(x-\alpha)} = \sqrt{-a}\,(\beta-x)\sqrt{\frac{x-\alpha}{\beta-x}}$$

$$= \sqrt{-a}\,(\beta-\alpha)\frac{t}{t^2+1}$$

となり，t の有理関数の不定積分に帰着される．

例 4.13.

1. $\displaystyle\int \frac{1}{\sqrt{1+4x^2}}\,dx = \frac{1}{2}\log\left|2x + \sqrt{4x^2+1}\right|$

2. $\displaystyle\int \frac{1}{\sqrt{1-4x^2}}\,dx = \tan^{-1}\sqrt{\dfrac{x+\frac{1}{2}}{\frac{1}{2}-x}}$

解

1. 上の解説中の $a = 4 > 0$ の場合である．$t = 2x + \sqrt{1+4x^2}$ とおくと，
$x = \dfrac{t^2-1}{4t}, \sqrt{1+4x^2} = \dfrac{1+t^2}{2t}, \dfrac{dx}{dt} = \dfrac{t^2+1}{4t^2}$ であるから，
$$\int \frac{1}{\sqrt{1+4x^2}}\,dx = \int \frac{2t}{1+t^2}\cdot\frac{t^2+1}{4t^2}\,dt = \int \frac{1}{2t}\,dt = \frac{1}{2}\log|t|$$
$$= \frac{1}{2}\log\left|2x+\sqrt{4x^2+1}\right|.$$

2. [この例の解答は，$\displaystyle\int \dfrac{1}{\sqrt{a^2-x^2}}\,dx = \sin^{-1}\dfrac{x}{a}$ という公式から直ちに求められるが，敢えて上記の解法に従って解答しておく．] $a = -4 < 0$ の場合である．$1 - 4x^2 = 0$ を解くと，$x = \pm\dfrac{1}{2}$．よって，$t = \sqrt{\dfrac{x+\frac{1}{2}}{\frac{1}{2}-x}}$ とおくと，$x = \dfrac{t^2-1}{2(t^2+1)}, \sqrt{1-4x^2} = \dfrac{2t}{t^2+1}, \dfrac{dx}{dt} = \dfrac{2t}{(t^2+1)^2}$．よって，
$$\int \frac{1}{\sqrt{1-4x^2}}\,dx = \int \frac{t^2+1}{2t}\cdot\frac{2t}{(t^2+1)^2}\,dt = \int \frac{1}{t^2+1}\,dt = \tan^{-1} t$$
$$= \tan^{-1}\sqrt{\frac{x+\frac{1}{2}}{\frac{1}{2}-x}}. \qquad\blacksquare$$

問 4.4.1. 次の関数を積分せよ．

(1) $\dfrac{\cos x}{1+\cos x}$ 　　(2) $\dfrac{\cos^2 x}{1+\cos^2 x}$ 　　(3) $\dfrac{\cos^2 x}{1+\sin^2 x}$

(4) $x\sqrt{2-x}$ 　　(5) $\dfrac{x}{\sqrt[3]{2-x}}$ 　　(6) $\sqrt{1-\dfrac{1}{x}}$

(7) $\sqrt{x^2+a}\ (a\neq 0)$ 　　(8) $\sqrt{1-x^2}$ 　　(9) $x\sqrt{x^2-2x+2}$

演習問題 4

1. 次の関数を積分せよ．

   (1) $(x+1)^{50}$
   (2) $4\sqrt[3]{x^4} + \dfrac{5}{\sqrt[4]{x^3}}$
   (3) $\dfrac{1}{(2x+5)^3}$
   (4) $\sqrt{x}(1-x)^2$
   (5) $\dfrac{6}{\sqrt{(2x-1)^3}}$
   (6) $\tan ax \ (a \neq 0)$
   (7) $x \sin x^2$
   (8) $x \log ax \ (a \neq 0)$
   (9) $x^2 \sin x$
   (10) $x^2 \log x$
   (11) $\dfrac{(\log x)^2}{x}$
   (12) $\dfrac{\log x}{x^2}$
   (13) $\dfrac{(\log x)^2}{x^3}$
   (14) $x \sin^{-1} x$
   (15) $x(\sin^{-1} x)^2$

2. 次の関数を積分せよ．

   (1) $\dfrac{x}{(2x+1)(3x^2+1)}$
   (2) $\dfrac{x^4}{x^2-1}$
   (3) $\dfrac{1}{x^4-1}$
   (4) $\dfrac{1}{x^4+1}$
   (5) $\dfrac{x}{x^4+1}$
   (6) $\dfrac{x^2}{x^4-1}$
   (7) $\dfrac{1}{x^6-1}$
   (8) $\dfrac{1}{(x^2+1)^3}$
   (9) $\dfrac{x^2}{(x^2+1)^3}$

3. 次の関数を積分せよ．

   (1) $\dfrac{1}{\sin x}$
   (2) $\dfrac{\cos^2 x}{\sin x}$
   (3) $\dfrac{1}{a+b\tan x} \ (a \neq 0, b \neq 0)$
   (4) $\dfrac{1}{1+\sin x}$
   (5) $\dfrac{1}{a+\sin x} \ (|a| > 1)$
   (6) $\dfrac{1}{a+\sin^2 x} \ (a > 0)$
   (7) $\tan^2 x$
   (8) $\dfrac{2+\tan^2 x}{\sin^2 x}$
   (9) $\dfrac{1}{a+\tan^2 x} \ (a > 0, a \neq 1)$
   (10) $\dfrac{1}{x}\sqrt{\dfrac{x+1}{x-1}}$
   (11) $\dfrac{1}{x}\left(\sqrt{\dfrac{2-x}{2+x}} + 1\right)$
   (12) $\dfrac{\sqrt{x-4}}{x^2}$

(13) $\sqrt{4x^2+4x+5}$ (14) $\sqrt{-x^2-2x+3}$

(15) $\dfrac{1}{\sqrt{(x-a)(b-x)}}\ (a<b)$ (16) $\dfrac{\sqrt{4-x^2}}{x^2}$

4. 次の $I_n\ (n=1,2,3,\cdots)$ が満たす漸化式をそれぞれ求めよ．

(1) $I_n = \displaystyle\int \cos^n x\,dx$ (2) $I_n = \displaystyle\int \tan^n x\,dx$

第5章 定積分

高校では，不定積分を用いて定積分を定義していた．しかしながら，本来，定積分は不定積分とは別の観点から発生したものであり，高校における定積分の定義はある意味で本末転倒であるといわざるを得ない．この章では，まず定積分の本来の定義を与える．そして，定積分と不定積分との関係を述べ，さらに，定積分の応用を扱う．

5.1 定積分の定義

$f(x)$ を，閉区間 $[a,b]$ で定義された有界な関数，つまり「すべての $x \in [a,b]$ に関して $|f(x)| < M$」を満たすような定数 $M > 0$ が存在するような関数とする．

閉区間 $[a,b]$ を，

$$a = x_0 < x_1 < x_2 < \cdots < x_{n-1} < x_n = b$$

を満たす $n+1$ 個の点 x_k $(k = 0, 1, 2, \cdots, n)$ を用いて，n 個の小区間 $I_k = [x_{k-1}, x_k]$ $(k = 1, 2, \cdots, n)$ に分割する．その分割（の方法）を Δ と表すことにする．各 I_k に対して，$\mu(I_k)$ を I_k の長さとする；即ち，$\mu(I_k) = x_k - x_{k-1}$. さらに，各 I_k 内に任意に点 ξ_k をとり，次のような和を考える．

$$R(\Delta, \{\xi_k\}) = \sum_{k=1}^{n} f(\xi_k)\mu(I_k).$$

常に $f(x) > 0$ であれば，$f(\xi_k)\mu(I_k)$ は，底辺の長さが $\mu(I_k)$ で高さが $f(\xi_k)$ であるような（細長い）長方形の面積と考えられる．よって，図 5.1 において，$R(\Delta, \{\xi_k\})$ は，これらの長方形を寄せ集めた図形，つまり，関数 $y = f(x)$ の

グラフに沿ってできる階段状の図形（図 5.1 の影のついた部分）の面積に等しいと考えられる．

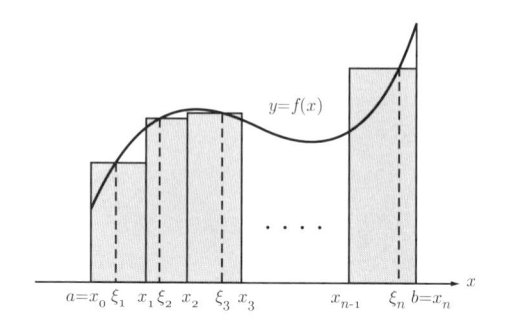

図 5.1: 定積分の定義

ここで，分割 Δ を限りなく細かくしていく（必然的に，小区間の個数 n は限りなく大きくなっていく）とき，$R(\Delta, \{\xi_k\})$ の値が，点 ξ_k の取り方や分割を細かくしていく方法によらずに，ある一定の値 I に限りなく近づいていくならば，関数 $f(x)$ は区間 $[a,b]$ において**積分可能**であるという．そしてその値 I を，関数 $f(x)$ の a から b までの**定積分**といい，

$$\int_a^b f(x)\,dx$$

と表す．また，x を**積分変数**，$[a,b]$ を**積分区間**という．

この定義から，常に $f(x) > 0$ であれば，$\int_a^b f(x)\,dx$ が「$y = f(x)$ のグラフ，x 軸，直線 $x = a$, $x = b$ で囲まれた部分の面積」を表すことは明白であろう．さらに，もしも $f(x) < 0$ となる x が存在する場合には，$\int_a^b f(x)\,dx$ は，x 軸よりも上にある部分の面積から x 軸よりも下にある部分の面積を引いたものになることも理解できよう．

なお，$a > b$ のときは $\int_a^b f(x)\,dx = -\int_b^a f(x)\,dx$ と定義し，$a = b$ のときは $\int_a^a f(x)\,dx = 0$ と定義する．

5.1. 定積分の定義

注 5.1. 定積分 $\int_a^b f(x)\,dx$ において，変数として x を使わなくてはならない必然性はない．x は，単に積分変数を表すために便宜的に付けた名前である．よって，積分に使用する f の変数名と d の後の変数名とが同じであれば，どのような変数名を用いてもよい．例えば

$$\int_a^b f(x)\,dx = \int_a^b f(t)\,dt = \int_a^b f(あ)\,dあ = \int_a^b f(☆)\,d☆ = \cdots$$

などと書くことができる．

残念ながら，一般に関数 $f(x)$ が積分可能か否かを判断するのは非常に難しい．しかし，証明はしないが，次のような定理が成立する：

定理 5.2. 関数 $f(x)$ が閉区間 $[a,b]$ で連続であれば，$f(x)$ は $[a,b]$ で積分可能である．

この定理により，**閉区間で連続**ならば積分可能であることがわかるが，一般に，定積分の定義から定積分を直接計算するのは極めて難しい．そこで，次節で述べるように，定積分と不定積分を結びつけることが必要になるのであるが，その前にまずは，定積分の定義から直ちに導かれる性質を述べておく．

定理 5.3. $f(x)$, $g(x)$ が積分可能であるとする．

1. $\displaystyle\int_a^b \{f(x) \pm g(x)\}\,dx = \int_a^b f(x)\,dx \pm \int_a^b g(x)\,dx$ 　　（複号同順）

2. $\displaystyle\int_a^b c\,f(x)\,dx = c\int_a^b f(x)\,dx$ 　　（c は定数）

3. $\displaystyle\int_a^b f(x)\,dx = \int_a^c f(x)\,dx + \int_c^b f(x)\,dx$

4. $a \leq b$ かつ常に $f(x) \leq g(x)$ ならば，$\displaystyle\int_a^b f(x)\,dx \leq \int_a^b g(x)\,dx$. さらに，$f(x)$, $g(x)$ がともに連続で $a < b$ のとき，等号が成立するのは，常に $f(x) = g(x)$ が成立するときに限る．

5. $a \leq b$ ならば,$\left|\int_a^b f(x)\,dx\right| \leq \int_a^b |f(x)|\,dx$

微分可能な関数の平均値の定理と同様に,定積分に関しても平均値の定理が成り立つ.

定理 5.4 (積分の平均値の定理). $f(x)$ が区間 $[a,b]$ で連続ならば,
$$\int_a^b f(x)\,dx = f(c)\,(b-a) \qquad (a < c < b)$$
を満たす c が存在する.

証明 区間 $[a,b]$ での $f(x)$ の最小値を m,最大値を M とする.このとき $m \leq f(x) \leq M$ であるから,定理5.3の4により,$m\,(b-a) = \int_a^b m\,dx \leq \int_a^b f(x)\,dx \leq \int_a^b M\,dx = M\,(b-a)$ となる.ここで,$f(x)$ が定数でないならば,$f(x)$ の連続性より等号は成立せず,$m < \dfrac{1}{b-a}\int_a^b dx < M$ となる.よって,$f(x)$ に関する中間値の定理により,$\dfrac{1}{b-a}\int_a^b dx = f(c)\ \ (a < c < b)$ を満たす c が存在する.$f(x)$ が定数ならば,$a < c < b$ を満たす任意の c が求める条件を満たす. □

問 5.1.1. 閉区間 $[0,1]$ を,$x_k = \dfrac{k}{n}$ $(k = 0,1,2,\cdots,n)$ によって分割し,$\xi_k = x_k$ とおくことにより,次の関数の $[0,1]$ での定積分を定義に従って求めよ.
 1. $f(x) = x$ 2. $f(x) = x^2$ 3. $f(x) = \exp x$

5.2 微分積分の基本定理:不定積分との関係

前節で述べたように,本来,不定積分と定積分とは別物であるが,以下に述べるようにそれらを関連づけることができる.

5.2. 微分積分の基本定理：不定積分との関係

定理 5.5 (微分積分の基本定理：微分形). $f(x)$ が $[a, b]$ で連続のとき，

$$S(x) = \int_a^x f(t)\, dt$$

とおくと，$S(x)$ は微分可能であり，

$$S'(x) = f(x) \quad (x \in [a, b])$$

が成立する．すなわち，$S(x)$ は $f(x)$ の原始関数である．

証明 $h \neq 0$ に対して，定理 5.4 より，$S(x+h) - S(x) = \int_x^{x+h} f(t)\, dt = f(c)h$ を満たす c が x と $x+h$ の間に存在する．いま，$h \to 0$ のとき，$x + h \to x$ だから，x と $x+h$ の間にある c も x に近づいていく．よって f の連続性より，$S'(x) = \lim_{h \to 0} \dfrac{S(x+h) - S(x)}{h} = \lim_{c \to x} f(c) = f(x)$ となる． □

定理 5.6 (微分積分の基本定理：積分形). $f(x)$ を $[a, b]$ で連続な関数とし，$F(x)$ を $f(x)$ の不定積分のひとつとすると，

$$\int_a^b f(t)\, dt = [F(x)]_a^b = F(b) - F(a).$$

証明 $S(x) = \int_a^x f(t)\, dt$ とすると，定理 5.5 より，$S'(x) = f(x)$．よって，定理 4.1 により，$F(x) = S(x) + C$（C は定数）と書ける．故に，$F(b) - F(a) = \{S(b) + C\} - \{S(a) + C\} = S(b) - S(a) = \int_a^b f(t)\, dt - \int_a^a f(t)\, dt = \int_a^b f(t)\, dt$ である． □

注 5.7. 普通，微分積分の基本定理といえば定理 5.6 を指すが，内容的には同値な定理であるので，定理 5.5 と定理 5.6 の双方を微分積分の基本定理と呼んでおくことにする．

例 5.1.

1. $\displaystyle\int_1^2 \frac{1}{x}\, dx = [\log x]_1^2 = \log 2$ 2. $\displaystyle\int_0^{\frac{1}{\sqrt{2}}} \frac{1}{\sqrt{1-x^2}}\, dx = [\sin^{-1} x]_0^{\frac{1}{\sqrt{2}}} = \frac{\pi}{4}$

例 5.2. $m, n = 1, 2, \cdots$ とするとき,

$$\int_{-\pi}^{\pi} dx = 2\pi, \qquad \int_{-\pi}^{\pi} \cos nx \, dx = 0, \qquad \int_{-\pi}^{\pi} \sin nx \, dx = 0$$

$$\int_{-\pi}^{\pi} \cos mx \cos nx \, dx = \begin{cases} \pi & (m = n) \\ 0 & (m \neq n) \end{cases}, \int_{-\pi}^{\pi} \sin mx \sin nx \, dx = \begin{cases} \pi & (m = n) \\ 0 & (m \neq n) \end{cases}$$

$$\int_{-\pi}^{\pi} \cos mx \sin nx \, dx = 0$$

解

$$\int_{-\pi}^{\pi} dx = [x]_{-\pi}^{\pi} = 2\pi.$$

$$\int_{-\pi}^{\pi} \cos nx \, dx = \left[\frac{1}{n} \sin nx\right]_{-\pi}^{\pi} = 0, \quad \int_{-\pi}^{\pi} \sin nx \, dx = \left[\frac{-1}{n} \cos nx\right]_{-\pi}^{\pi} = 0.$$

$m = n$ のとき,

$$\int_{-\pi}^{\pi} \cos^2 mx \, dx = \int_{-\pi}^{\pi} \frac{1 + \cos 2mx}{2} \, dx = \frac{1}{2}\left[x + \frac{\sin 2mx}{2m}\right]_{-\pi}^{\pi} = \pi.$$

$$\int_{-\pi}^{\pi} \sin^2 mx \, dx = \int_{-\pi}^{\pi} \frac{1 - \cos 2mx}{2} \, dx = \frac{1}{2}\left[x - \frac{\sin 2mx}{2m}\right]_{-\pi}^{\pi} = \pi.$$

$$\int_{-\pi}^{\pi} \sin mx \cos mx \, dx = \int_{-\pi}^{\pi} \frac{1}{2} \sin 2mx \, dx = \frac{-1}{2}\left[\frac{\cos 2mx}{2m}\right]_{-\pi}^{\pi} = 0.$$

また, $m \neq n$ のときには,

$$\int_{-\pi}^{\pi} \cos mx \cos nx \, dx = \int_{-\pi}^{\pi} \frac{1}{2}(\cos(m+n)x + \cos(m-n)x) \, dx =$$
$$\frac{1}{2}\left[\frac{\sin(m+n)x}{m+n} + \frac{\sin(m-n)x}{m-n}\right]_{-\pi}^{\pi} = 0.$$

$$\int_{-\pi}^{\pi} \sin mx \sin nx \, dx = \int_{-\pi}^{\pi} \frac{-1}{2}(\cos(m+n)x - \cos(m-n)x) \, dx =$$
$$\frac{-1}{2}\left[\frac{\sin(m+n)x}{m+n} + \frac{\sin(m-n)x}{m-n}\right]_{-\pi}^{\pi} = 0.$$

$$\int_{-\pi}^{\pi} \cos mx \sin nx \, dx = \int_{-\pi}^{\pi} \frac{1}{2}(\sin(m+n)x - \sin(m-n)x) \, dx =$$

$$\frac{-1}{2}\left[\frac{\cos(m+n)x}{m+n} - \frac{\cos(m-n)x}{m-n}\right]_{-\pi}^{\pi} = 0. \quad \blacksquare$$

例 5.3. $g(x) = \displaystyle\int_{\frac{1}{x}}^{x^2} f(x)\,dx$ とするとき, $g'(x) = 2xf(x^2) + \dfrac{1}{x^2}f(\dfrac{1}{x})$.

解 $F(x) = \displaystyle\int f(x)\,dx$ とおくと, $g(x) = F(x^2) - F(\dfrac{1}{x})$ であり, また, $F'(x) = f(x)$. 故に, $g'(x) = 2xF'(x^2) - \left(\dfrac{-1}{x^2}\right)F'(\dfrac{1}{x}) = 2xf(x^2) + \dfrac{1}{x^2}f(\dfrac{1}{x})$. $\blacksquare$

問 5.2.1. 次の定積分を求めよ.

(1) $\displaystyle\int_{-1}^{1} \frac{x-1}{x+2}\,dx$ (2) $\displaystyle\int_{0}^{\frac{\pi}{4}} \tan x\,dx$ (3) $\displaystyle\int_{0}^{\frac{1}{2}} \frac{dx}{\sqrt{1-2x^2}}$ (4) $\displaystyle\int_{-1}^{1} \frac{x+1}{\sqrt{x^2+2x+2}}\,dx$

問 5.2.2. $g(x) = \displaystyle\int_{-x}^{e^x} f(x)\,dx$ とおくとき, $g'(x)$, $g''(x)$ を求めよ.

問 5.2.3. $g(x) = \displaystyle\int_{x+1}^{e^x} f(\log x)\,dx$ とおくとき, $g'(x)$, $g''(x)$ を求めよ.

5.3 置換積分・部分積分

不定積分の場合と同様に, 定積分の場合にも置換積分と部分積分を考えられる.

定理 5.8.

1. $x = \varphi(t)$, $a = \varphi(\alpha)$, $b = \varphi(\beta)$ のとき,
$$\int_a^b f(x)\,dx = \int_\alpha^\beta f(\varphi(t))\varphi'(t)\,dt \qquad \text{［置換積分］}$$

2. $\displaystyle\int_a^b f'(x)g(x)\,dx = [f(x)g(x)]_a^b - \int_a^b f(x)g'(x)\,dx$ ［部分積分］

この定理は, 不定積分の置換積分・部分積分から直ちに求められるが, ここでは特に定積分の置換積分について, その意味をもう少し詳しく考えておく.

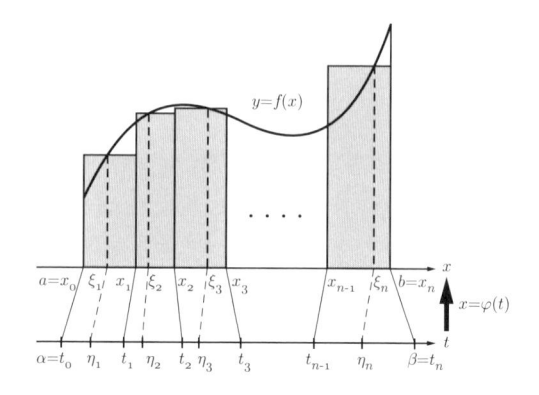

図 5.2: 置換積分：積分変数の変数変換

区間 $[a,b]$ での定積分は，図 5.2 の階段状の部分の（正負を込めて考えた）面積の極限値という意味をもっていた．ここで変数変換 $x = \varphi(t)$ により，$a = \varphi(\alpha)$，$b = \varphi(\beta)$ となっている場合，変数 t の動く区間 $[\alpha, \beta]$ は $x_k = \varphi(t_k)$ を満たすような t_k $(k = 0, 1, \cdots, n)$ によって分割されていると思える．さらに，小区間 $[x_{k-1}, x_k]$ 内に任意にとった点 ξ_k に対して，$\xi_k = \varphi(\eta_k)$ を満たすような点 $\eta_k \in [t_{k-1}, t_k]$ が存在する．このとき微分係数の定義により，小区間 $[t_{k-1}, t_k]$ の長さは φ によってほぼ $\varphi'(\eta_k)$ 倍に拡大されるから，$x_k - x_{k-1} \fallingdotseq \varphi'(\eta_k)(t_k - t_{k-1})$ と思える．よって，

$$\sum_{k=1}^{n} f(\xi_k)(x_k - x_{k-1}) \fallingdotseq \sum_{k=1}^{n} f(\varphi(t_k))\varphi'(\eta_k)(t_k - t_{k-1})$$

となる．ここで，$n \to \infty$ とすると，両者の誤差はなくなっていき，左辺は $\int_a^b f(x)\,dx$ に収束し，右辺は $\int_\alpha^\beta f(\varphi(t))\varphi'(t)\,dt$ に収束していく．よって，$\int_a^b f(x)\,dx = \int_\alpha^\beta f(\varphi(t))\varphi'(t)\,dt$．── これが定積分における置換積分の公式の意味である．つまり，置換積分（積分変数の変換）をする場合には，単に x に $\varphi(t)$ を代入するのではなく，「変換 $x = \varphi(t)$ によって小区間の長さが何倍に拡大されるか」という**拡大率**を掛けなくてはいけないということである．(このような考え方は 2 変数関数の積分においても出てくるので覚えておいて欲しい．)

5.3. 置換積分・部分積分

記号 本書では，置換積分において，「x が a から b まで動くときに，t が α から β まで動く」ということを表すために，

$$(x : a \rightsquigarrow b) \equiv (t : \alpha \rightsquigarrow \beta)$$

という記号を使うことにする．(注：この記号は本書のみの約束事である．一般には，

x	a	b
t	α	β

あるいは

x	a	$\to$	b
t	α	$\to$	β

のように表を使って表すことが多い.)

例 5.4.

1. $\displaystyle\int_0^a \sqrt{a^2 - x^2}\, dx = \frac{\pi a^2}{4} \quad (a > 0)$
2. $\displaystyle\int_0^1 \frac{1}{\sqrt{x^2 + 1}}\, dx = \log(\sqrt{2} + 1)$
3. $\displaystyle\int_0^\pi x \cos x\, dx = -2$
4. $\displaystyle\int_1^e x \log x\, dx = \frac{1}{4}(e^2 + 1)$

解

1. $x = a\sin t$ とおくと，$dx = a\cos t\, dt$, $(x : 0 \rightsquigarrow a) \equiv (t : 0 \rightsquigarrow \frac{\pi}{2})$ である．また，$\sqrt{a^2 - x^2} = a|\cos t|$ であるが，$0 \le t \le \frac{\pi}{2}$ だから，$\cos t \ge 0$. よって，$\sqrt{a^2 - x^2} = a\cos t$. 故に，$\displaystyle\int_0^a \sqrt{a^2 - x^2}\, dx = \int_0^{\frac{\pi}{2}} a\cos t \cdot a\cos t\, dt = \int_0^{\frac{\pi}{2}} a^2 \cos^2 t\, dt = a^2 \left[\frac{t}{2} + \frac{\sin 2t}{4}\right]_0^{\frac{\pi}{2}} = \frac{\pi a^2}{4}.$

2. $x = \tan t$ とおくと，$dx = \frac{1}{\cos^2 t} dt$, $(x : 0 \rightsquigarrow 1) \equiv (t : 0 \rightsquigarrow \frac{\pi}{4})$ である．また，$\sqrt{x^2 + 1} = \sqrt{1 + \tan^2 t} = \frac{1}{|\cos t|}$ であるが，$0 \le t \le \frac{\pi}{4}$ だから，$\cos t > 0$. よって，$\sqrt{x^2 + 1} = \frac{1}{\cos t}$. 故に，$\displaystyle\int_0^1 \frac{1}{\sqrt{x^2 + 1}}\, dx = \int_0^{\frac{\pi}{4}} (\cos t) \cdot \frac{1}{\cos^2 t}\, dt = \int_0^{\frac{\pi}{4}} \frac{1}{\cos t}\, dt = \int_0^{\frac{\pi}{4}} \frac{\cos t}{1 - \sin^2 t}\, dt.$ ここで，$u = \sin t$ とおくと，$du = \cos t\, dt$ であり，また，$(t : 0 \rightsquigarrow \frac{\pi}{4}) \equiv (u : 0 \rightsquigarrow \frac{1}{\sqrt{2}})$ だから，

上式 $= \int_0^{\frac{1}{\sqrt{2}}} \frac{1}{1-u^2} \, du = \frac{1}{2} \int_0^{\frac{1}{\sqrt{2}}} \frac{1}{1-u} + \frac{1}{1+u} \, du = \frac{1}{2} \left[\log \left| \frac{1+u}{1-u} \right| \right]_0^{\frac{1}{\sqrt{2}}}$
$= \frac{1}{2} \log \left| \frac{\sqrt{2}+1}{\sqrt{2}-1} \right| = \log(\sqrt{2}+1)$.

3. $\int_0^\pi x \cos x \, dx = [x \sin x]_0^\pi - \int_0^\pi \sin x \, dx = [\cos x]_0^\pi = -2$.

4. $\int_1^e x \log x \, dx = \left[\frac{x^2}{2} \log x \right]_1^e - \frac{1}{2} \int_1^e x \, dx = \frac{e^2}{2} - \left[\frac{1}{4} x^2 \right]_1^e = \frac{e^2}{2} - \frac{1}{4}(e^2 - 1) = \frac{1}{4}(e^2 + 1)$.

問 5.3.1. 次の定積分を求めよ．

(1) $\int_0^\pi \sin^3 x \, dx$　　(2) $\int_0^4 \frac{\sqrt{x}}{1+\sqrt{x}} \, dx$

(3) $\int_0^a x\sqrt{a^2 - x^2} \, dx \quad (a > 0)$　　(4) $\int_0^{\frac{1}{\sqrt{2}}} \sin^{-1} x \, dx$

(5) $\int_1^e x \log x \, dx$　　(6) $\int_0^{\frac{\pi}{2}} \frac{x}{1+\cos x} \, dx$

5.4　広義積分

定理 5.2 により，閉区間で**連続**な関数は積分可能であった．では，開区間でしか定義できないような関数や，**不連続**な関数の積分はどのように定義すればよいのだろうか．さらに，**無限区間**（長さが無限の区間）での積分はどのように定義すればよいのだろうか．この節ではこれらの問題について考察する．

区間 (a, b), $(a, b]$, $[a, b)$ で連続な関数 $f(x)$ の定積分

$f(x)$ が区間 (a, b) で連続であるとする．このとき，十分に小さな $\varepsilon > 0$, $\delta > 0$ を考えると，$f(x)$ は閉区間 $[a + \varepsilon, b - \delta]$ で連続な関数となり，積分可能である．そこで，

$$\lim_{\substack{\varepsilon \to +0 \\ \delta \to +0}} \int_{a+\varepsilon}^{b-\delta} f(x) \, dx$$

5.4. 広義積分

が収束するときに，その極限値を $f(x)$ の (a,b) での**定積分**といい，$\int_a^b f(x)\,dx$ と表す．またこのとき，$f(x)$ は (a,b) で**積分可能**であるという．収束しない場合は，**発散**するという．

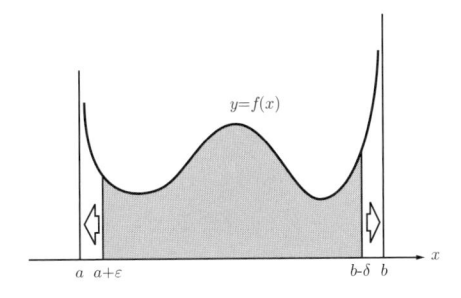

図 5.3: 広義積分

同様に，$f(x)$ が区間 $(a,b]$ や $[a,b)$ で連続なときは，それぞれ $\displaystyle\lim_{\varepsilon\to+0}\int_{a+\varepsilon}^b f(x)\,dx$, $\displaystyle\lim_{\delta\to+0}\int_a^{b-\delta} f(x)\,dx$ が収束するとき，それを $\int_a^b f(x)\,dx$ と定義する．さらに，$f(x)$ が区間の端点で不連続な場合にも，同様に定義する．

不連続な関数 $f(x)$ の定積分

$f(x)$ が積分区間内の有限個の点で不連続なときは，積分区間を不連続な点で切って得られるすべての小区間において積分可能な場合に，$f(x)$ はその積分区間で積分可能であるといい，各小区間における定積分の和をその区間での定積分と定義する．

注 5.9. ここで，「不連続な点で切って得られる**すべての**小区間において積分可能」という条件が重要である．例えば，$f(x)=\dfrac{1}{x^2}$ は，$x=0$ において不連続である（発散する）が，それを無視してしまうと，

$$\int_{-1}^1 \frac{1}{x^2}\,dx = \left[\frac{-1}{x}\right]_{-1}^1 = -2 \quad (\text{間違い！})$$

というような間違いをおかすことになる．正しい解答は，『$f(x) = \dfrac{1}{x^2}$ は $x = 0$ において不連続であるから，区間 $[-1,1]$ を区間 $[-1,0]$ と $[0,1]$ に分けて考える必要があり，$f(x)$ は $[0,1]$ で積分可能ではないから，$[-1,1]$ でも積分可能ではない』である．

無限区間での定積分

$f(x)$ の無限区間 $(-\infty, b]$, $[a, \infty)$, $(-\infty, \infty)$ での定積分をそれぞれ次のように定義する：

$$\int_{-\infty}^{b} f(x)\,dx = \lim_{a \to -\infty} \int_{a}^{b} f(x)\,dx, \quad \int_{a}^{\infty} f(x)\,dx = \lim_{b \to \infty} \int_{a}^{b} f(x)\,dx,$$

$$\int_{-\infty}^{\infty} f(x)\,dx = \lim_{\substack{a \to -\infty \\ b \to \infty}} \int_{a}^{b} f(x)\,dx.$$

以上のような積分をまとめて**広義積分**（「広い意味での積分」という意味）という．そのココロは，一言でいえば，「積分できる範囲で積分しておいて，その後で極限をとる」ということである．

例 5.5.

1. $\displaystyle \int_{0}^{1} \frac{dx}{\sqrt{1-x}} = \lim_{\varepsilon \to +0} \int_{0}^{1-\varepsilon} \frac{dx}{\sqrt{1-x}} = \lim_{\varepsilon \to +0} [-2\sqrt{1-x}]_{0}^{1-\varepsilon}$
 $= \displaystyle \lim_{\varepsilon \to +0} (-2)(\sqrt{1-(1-\varepsilon)} - 1) = 2.$

2. $\displaystyle \int_{0}^{\infty} \frac{dx}{1+x^2} = \lim_{b \to \infty} \int_{0}^{b} \frac{dx}{1+x^2} = \lim_{b \to \infty} [\tan^{-1} x]_{0}^{b} = \lim_{b \to \infty} \tan^{-1} b = \frac{\pi}{2}.$

注 5.10. このように，定義どおりに広義積分の計算を行うのは非常に面倒である．よって，実際の計算では，**定義どおりに $\lim$ の計算をしていることを意識**しつつ，$\lim$ を省いた簡便な表記を用いてもよいことにする．例えば，

1. $\displaystyle \int_{0}^{1} \frac{dx}{\sqrt{1-x}} = [-2\sqrt{1-x}]_{0}^{1} = (-2)(0-1) = 2.$

2. $\displaystyle \int_{0}^{\infty} \frac{dx}{1+x^2} = [\tan^{-1} x]_{0}^{\infty} = \frac{\pi}{2} - 0 = \frac{\pi}{2}.$

5.4. 広義積分

例 5.6. ［広義積分の部分積分・置換積分］次の広義積分を求めよ．

1. $\displaystyle\int_1^\infty \frac{\log x}{x^2}\,dx$ 2. $a<b$ のとき，$\displaystyle\int_a^b \frac{dx}{\sqrt{(x-a)(b-x)}}$ 3. $\displaystyle\int_1^\infty x^a\,dx$

解

1. $\displaystyle\int_1^\infty \frac{\log x}{x^2}\,dx = \int_1^\infty \left(-\frac{1}{x}\right)' \log x\,dx = \left[-\frac{1}{x}\log x\right]_1^\infty + \int_1^\infty \frac{1}{x^2}\,dx =$
$\left[-\dfrac{1}{x}\right]_1^\infty = 1$．（注：$\displaystyle\lim_{x\to\infty}\frac{\log x}{x}=0$ を使っている．）

2. $t=\sqrt{\dfrac{x-a}{b-x}}$ とおくと，$x=\dfrac{bt^2+a}{t^2+1}$, $dx=\dfrac{2(b-a)t}{(t^2+1)^2}\,dt$,

$\sqrt{(x-a)(b-x)} = \dfrac{(b-a)t}{t^2+1}$ であり，$(x:a\rightsquigarrow b)\equiv(t:0\rightsquigarrow\infty)$ だから，

$\displaystyle\int_a^b \frac{dx}{\sqrt{(x-a)(b-x)}} = \int_0^\infty \frac{t^2+1}{(b-a)t}\cdot\frac{2(b-a)t}{(t^2+1)^2}\,dt = \int_0^\infty \frac{2}{t^2+1}\,dt =$
$[2\tan^{-1} t]_0^\infty = \pi$．

3. $a=-1$ のとき，$\displaystyle\int_1^\infty x^{-1}\,dx = [\log x]_1^\infty = \infty$．

$a\neq -1$ のとき，$\displaystyle\int_1^\infty x^a\,dx = \left[\frac{x^{a+1}}{a+1}\right]_1^\infty = \begin{cases}\infty & (a+1>0)\\ \dfrac{-1}{a+1} & (a+1<0)\end{cases}$．

以上まとめると，$\displaystyle\int_1^\infty x^a\,dx = \begin{cases}\infty & (a\geq -1)\\ \dfrac{-1}{a+1} & (a<-1)\end{cases}$．　∎

問 5.4.1. 次の広義積分を求めよ．

(1) $\displaystyle\int_0^1 x^a\,dx$ (2) $\displaystyle\int_0^\infty xe^{-x^2}\,dx$

(3) $\displaystyle\int_1^\infty \frac{1}{x+x^3}\,dx$ (4) $\displaystyle\int_0^a \frac{1}{\sqrt{a^2-x^2}}\,dx\ (a>0)$

(5) $\displaystyle\int_1^\infty \frac{dx}{x\sqrt{x^2-1}}$ (6) $\displaystyle\int_a^b \sqrt{\frac{x-a}{b-x}}\,dx\ (a<b)$

5.5 定積分の応用

5.5.1 区分求積法

定積分の定義において,区間 $[a,b]$ を n 等分し,$\xi_k = x_k = a + \dfrac{b-a}{n}k$ とすることによって,

$$\lim_{n\to\infty} \frac{b-a}{n} \sum_{k=1}^{n} f\left(a + \tfrac{b-a}{n}k\right) = \int_a^b f(x)\,dx$$

という式が得られる.このようにして,ある種の級数の和の極限を定積分として求める方法を**区分積分法**という.

注 5.11. 上記のように a から b までの積分に変形しようとすると,計算の途中で混乱してしまうことが多い.うまく変数を置き換えて,

$$\lim_{n\to\infty} \frac{1}{n} \sum_{k=1}^{n} f\left(\tfrac{k}{n}\right) = \int_0^1 f(x)\,dx$$

の形に変形する方が間違いが少なくなる.

例 5.7. [区分求積法の例]

1. $\displaystyle\lim_{n\to\infty}\left\{\frac{1}{n+1} + \frac{1}{n+2} + \cdots + \frac{1}{2n}\right\} = \lim_{n\to\infty}\sum_{k=1}^{n}\frac{1}{n+k}$
$\displaystyle = \lim_{n\to\infty}\frac{1}{n}\sum_{k=1}^{n}\frac{1}{1+\frac{k}{n}} = \int_0^1 \frac{1}{1+x}\,dx = \log 2.$

2. $\ell = 1, 2, \cdots$ とするとき,

$\displaystyle \lim_{n\to\infty}\sum_{k=1}^{n}\frac{\pi}{n}\sin\frac{\ell k\pi}{n} = \lim_{n\to\infty}\pi\sum_{k=1}^{n}\frac{1}{n}\sin\left(\ell\pi\frac{k}{n}\right) = \pi\int_0^1 \sin\ell\pi x\,dx$

$\displaystyle = \pi\left[\frac{-\cos\ell\pi x}{\ell\pi}\right]_0^1 = \frac{1}{\ell}(1 - \cos\ell\pi) = \frac{1}{\ell}(1 - (-1)^\ell)$

$= \begin{cases} \dfrac{2}{\ell} & (\ell \text{ が奇数のとき}) \\ 0 & (\ell \text{ が偶数のとき}) \end{cases}.$

5.5.2 面積・体積・長さ

平面図形の面積・立体の体積・曲線の長さを，定積分を用いて求めることができる．

平面図形の面積

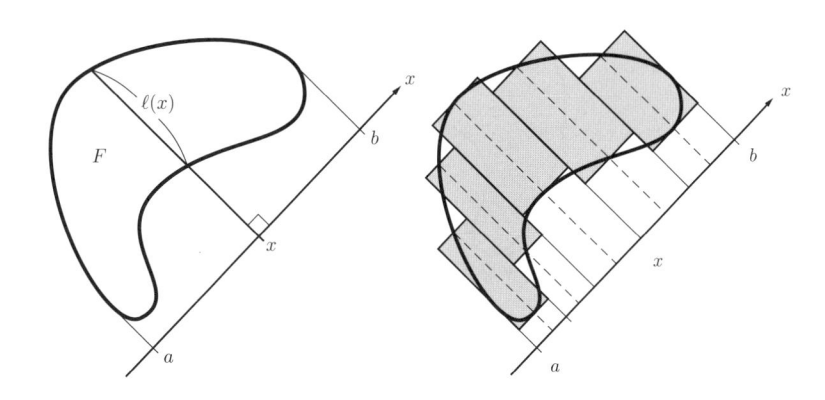

図 5.4: 平面図形の面積の求め方

図 5.4 のように，領域 F が与えられたとき，その面積は次のように求められる：平面上に適当に x 軸をとる．領域 F は，$a \leq x \leq b$ の範囲に含まれているとし，また，x 軸に垂直な直線による領域 F の切り口の長さが $\ell(x)$ で与えられているとする．このとき，定積分の定義と同様に，区間 $[a, b]$ を $a = x_0 < x_1 < \cdots < x_{n-1} < x_n = b$ のように分割して，各 $[x_{k-1}, x_k]$ に任意に点 ξ_k をとり，

$$\sum_{k=1}^{n} \ell(\xi_k)(x_k - x_{k-1})$$

を考えると，この和は図 5.4 の右の図の影のついた部分の面積を表すことになる．よって分割を細かくしていくと，この和は F の面積 S に収束していくと考えられる．一方，定積分の定義より，この和の極限は $\int_a^b \ell(x)\,dx$ に等しい．よって，領域 F の面積は，

$$\int_a^b \ell(x)\,dx$$

によって求めることができる.

注 5.12. x 軸に垂直な直線ではなく，図 5.5 のように x 軸と常に一定の角度 θ をなす直線による切り口を考えたとき，$\int_a^b \ell(x)\,dx$ と図形の面積の間にはどのような関係があるだろうか？

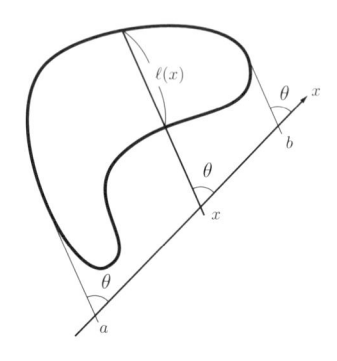

図 5.5: 垂直ではない場合

例 5.8. サイクロイド $x = a(t - \sin t)$, $y = a(1 - \cos t)$ $(a > 0,\ 0 \leq t \leq 2\pi)$ と x 軸で囲まれる図形の面積を求めよ.

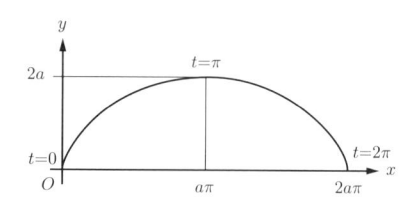

図 5.6: サイクロイド

解 $0 \leq t \leq 2\pi$ においては $y \geq 0$ であり，$y = 0$ となるのは，$t = 0, 2\pi$ のときのみである．$x(0) = 0$, $x(2\pi) = 2a\pi$ であるから，求める面積は，

$$\int_0^{2a\pi} y\,dx = \int_0^{2\pi} y\frac{dx}{dt}\,dt = \int_0^{2\pi} a^2(1 - \cos t)^2\,dt = 3a^2\pi.$$

5.5. 定積分の応用

空間図形の体積

図 5.7 のように，空間内に領域 Ω が与えられたとき，その体積は次のように求められる：空間内に適当に x 軸をとる．領域 Ω は，$a \leq x \leq b$ の範囲に含ま

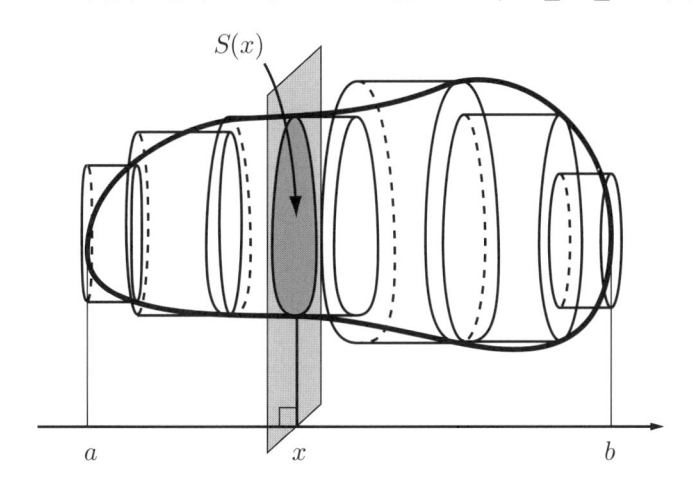

図 5.7: 図形の体積の求め方

れているとし，また，x 軸に垂直な平面による領域 Ω の切り口の面積が $S(x)$ で与えられているとする．このとき，図形の面積を求める方法と同様に，区間 $[a,b]$ を $a = x_0 < x_1 < \cdots < x_{n-1} < x_n = b$ のように分割して，各 $[x_{k-1}, x_k]$ に任意に点 ξ_k をとり，

$$\sum_{k=1}^n S(\xi_k)(x_k - x_{k-1})$$

を考えると，この和は Ω の体積に収束していくと考えられる．よって，Ω の体積は，

$$\int_a^b S(x)\,dx$$

によって求めることができる．

特に，関数 $y = f(x)$ $(a \leq x \leq b)$ を x 軸のまわりに回転させてできる回転体の体積は，$S(x) = \pi\{f(x)\}^2$ だから，

$$\int_a^b \pi\{f(x)\}^2\,dx.$$

例 5.9. 半径 a の球は，$y = \sqrt{a^2 - x^2}$ $(-a \leq x \leq a)$ を x 軸のまわりに回転させてできる回転体だから，その体積は，

$$\int_{-a}^a \pi\left(\sqrt{a^2 - x^2}\right)^2 dx = \int_{-a}^a \pi(a^2 - x^2)\,dx = \frac{4\pi a^3}{3}.$$

例 5.10. 空間内の 4 点 $(0,0,0), (1,0,0), (0,1,0), (0,0,1)$ を頂点とする三角錐を平面 $z = t$ $(0 \leq t \leq 1)$ で切ると，その切り口は，3 点 $(0,0,t), (1-t, 0, t), (0, 1-t, t)$ を頂点とする直角二等辺三角形であり，その面積は $\dfrac{(1-t)^2}{2}$ である．よって，この三角錐の体積は，$\displaystyle\int_0^1 \frac{(1-t)^2}{2}\,dt = \frac{1}{6}$．

<u>曲線の長さ</u>

平面上に $x = x(t), y = y(t)$ $(a \leq t \leq b)$ によって曲線 C が与えられているとき，その長さは次のように求められる：区間 $[a,b]$ を $a = t_0 < t_1 < \cdots < t_{n-1} < t_n = b$ のように分割し，平面上の点 $P_k(x(t_k), y(t_k))$ を考える．分割が十分に細かければ，曲線 $P_{k-1}P_k$ の長さは線分 $P_{k-1}P_k$ の長さにほぼ等しいと考えられる．ここで，平均値の定理により，

$$\overline{P_{k-1}P_k} = \sqrt{(x(t_k) - x(t_{k-1}))^2 + (y(t_k) - y(t_{k-1}))^2}$$
$$= \sqrt{x'(\xi_k)^2 + y'(\eta_k)^2}\,(t_k - t_{k-1}) \quad (\text{ただし}, \quad t_{k-1} < \xi_k, \eta_k < t_k)$$

を満たす ξ_k と η_k が存在する．曲線 C の長さは，これらの和の極限であるから，

$$\int_a^b \sqrt{\{x'(t)\}^2 + \{y'(t)\}^2}\,dt$$

で与えられる．（厳密な証明は省略する．）

5.5. 定積分の応用

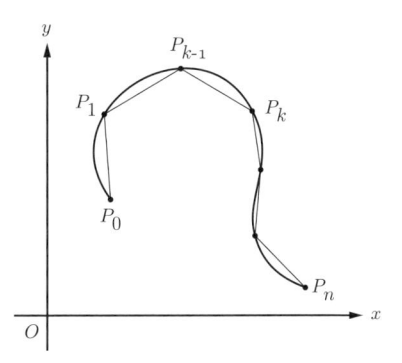

図 5.8: 曲線の長さ

特に，関数 $y = f(x)$ $(a \leq x \leq b)$ のグラフの長さは，$x(t) = t$, $y(t) = f(x) = f(t)$ と考えると，
$$\int_a^b \sqrt{1 + \{f'(x)\}^2}\, dx.$$

同様に，$x = x(t), y = y(t), z = z(t)$ $(a \leq t \leq b)$ で与えられる空間内の曲線の長さは，
$$\int_a^b \sqrt{\{x'(t)\}^2 + \{y'(t)\}^2 + \{z'(t)\}^2}\, dt.$$

例 5.11. 次の曲線の長さを求めよ．

1. サイクロイド $x = a(t - \sin t)$, $y = a(1 - \cos t)$ $(a > 0,\ 0 \leq t \leq 2\pi)$
2. カテナリー $y = \cosh x = \dfrac{1}{2}\{\exp(x) + \exp(-x)\}$ $(-1 \leq x \leq 1)$

解

1. $\displaystyle \int_0^{2\pi} \sqrt{\{x'(t)\}^2 + \{y'(t)\}^2}\, dt = \int_0^{2\pi} a\sqrt{(1-\cos t)^2 + (\sin t)^2}\, dt$
$\displaystyle = \int_0^{2\pi} a\sqrt{2 - 2\cos t}\, dt = \int_0^{2\pi} 2a\sqrt{\sin^2 \frac{t}{2}}\, dt$
$\displaystyle = \int_0^{2\pi} 2a\sin \frac{t}{2}\, dt\ \ (0 \leq \frac{t}{2} \leq \pi\ \text{だから}\ \sin \frac{t}{2} \geq 0\ \text{であることを使った})$
$= 8a.$

2. $\displaystyle\int_{-1}^{1}\sqrt{1+\{y'(x)\}^2}\,dx = \int_{-1}^{1}\sqrt{1+\{\frac{1}{2}(\exp(x)-\exp(-x))\}^2}\,dx$
$= \displaystyle\int_{-1}^{1}\frac{1}{2}\{\exp(x)+\exp(-x)\}\,dx = e - \frac{1}{e}.$ ∎

例 5.12. 平面上の曲線 C が極座標を用いて $r = r(\theta)$ ($\alpha \le \theta \le \beta$) によって与えられているとする．このとき，曲線上の点の x 座標，y 座標は，それぞれ

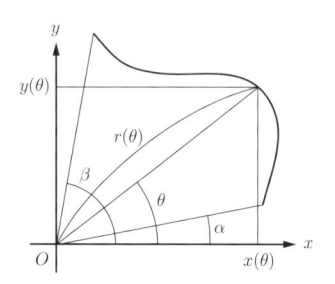

図 5.9: 曲座標によって表示された曲線

$x(\theta) = r(\theta)\cos\theta$, $y(\theta) = r(\theta)\sin\theta$ によって与えられるから，曲線 C の長さは，

$$\int_\alpha^\beta \sqrt{\{x'(\theta)\}^2+\{y'(\theta)\}^2}\,d\theta$$
$$= \int_\alpha^\beta \sqrt{\{r'(\theta)\cos\theta - r(\theta)\sin\theta\}^2 + \{r'(\theta)\sin\theta + r(\theta)\cos\theta\}^2}\,d\theta$$
$$= \int_\alpha^\beta \sqrt{\{r'(\theta)\}^2 + \{r(\theta)\}^2}\,d\theta.$$

問 5.5.1. 次の極限を求めよ．
(1) $\displaystyle\lim_{n\to\infty}\sum_{k=1}^{n}\frac{\sqrt{n^2-k^2}}{n^2}$
(2) $\displaystyle\lim_{n\to\infty}\sum_{k=1}^{n}\frac{n}{n^2+k^2}$

問 5.5.2. 次の図形の面積を求めよ．
(1) 曲線 $\sqrt{x}+\sqrt{y} = \sqrt{a}$ ($a > 0$) と x 軸，y 軸で囲まれる図形
(2) 曲線 $y = x^2$ と曲線 $x = y^2$ で囲まれる図形

問 5.5.3. 次の図形の体積を求めよ．

5.6. 発展：定積分 $\int_a^b f(x)dx$ の数値積分について 123

 (1) 楕円の周および内部 $\dfrac{x^2}{a^2} + \dfrac{y^2}{b^2} \leq 1$ $(a > 0, b > 0)$ を x 軸の周りに回転させてできる回転体

 (2) 曲線 $y = x^2$ と曲線 $x = y^2$ で囲まれる図形を，直線 $y = x$ の周りに回転させてできる回転体

問 5.5.4. 次の曲線の長さを求めよ．
 (1) アステロイド $x^{\frac{2}{3}} + y^{\frac{2}{3}} = a^{\frac{2}{3}}$ $(a > 0)$
 (2) 極座標で表された曲線 $r = \theta$ $(0 \leq \theta \leq 2\pi)$

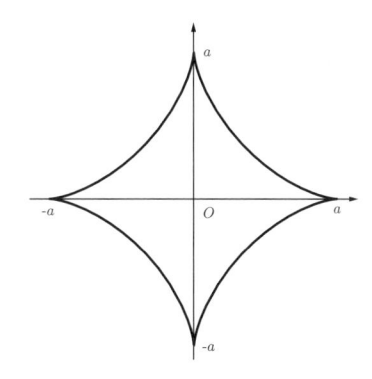

図 5.10: アステロイド

5.6 発展：定積分 $\int_a^b f(x)dx$ の数値積分について

 微分積分の基本定理から，$F(x)$ を関数 $f(x)$ の不定積分とするとき，$\int_a^b f(x)dx = F(b) - F(a)$ が成立するが，「不定積分 $F(x)$ が不明のとき」には定積分 $\int_a^b f(x)\,dx$ を求めることは不可能である．そして，残念ながら，実際には不定積分を求めることができないことが多い．しかし，このような場合でも，定積分の値の近似値を求めることはできる．

 定積分の値の近似計算（数値積分法）の代表的な方法として，中点公式, 台形公式, シンプソンの公式について述べる．

以下，$f(x) > 0$ の場合に，これらの公式について説明するが，公式自体は任意の $f(x)$ について成立する．

5.6.1　中点公式 (長方形の面積の和として定積分の値を近似)

関数 $f(x)$ は閉区間 $[a,b]$ で C^2 級で，$|f''(x)| \leq M$ ($a \leq x \leq b$) (M は定数) とする．このとき，$[a,b]$ を n 等分しその各小区間を $I_k = [a_k, b_k]$ とし，区間 $I_k = [a_k, b_k]$ の中点を x_k として，$y_k = f(x_k)$ ($k = 1, 2, \cdots, n$) とおく．4点 $(a_k, 0), (a_{k+1}, 0), (a_k, y_k), (a_{k+1}, y_k)$ を頂点とする長方形の面積は $y_k \dfrac{b-a}{n}$ であるから，

$$\int_a^b f(x)dx = \frac{(b-a)}{n}(y_1 + y_2 + \cdots + y_n) + \Delta \tag{1}$$

が成り立つ．ここで，近似誤差 Δ は次を満たす：

$$|\Delta| \leq \frac{(b-a)^3}{24n^2} M. \tag{2}$$

5.6.2　台形公式 (台形の面積の和として定積分の値を近似)

「台形の面積＝（底辺＋上辺）×高さ×$\dfrac{1}{2}$」という公式を用いて定積分の近似計算をする方法である．

関数 $f(x)$ は閉区間 $[a,b]$ で C^2 級で，$|f''(x)| \leq M$ ($a \leq x \leq b$, M は定数) とする．このとき，$[a,b]$ を n 等分しその各分点を $a_k = a + \dfrac{k(b-a)}{n}$ ($k = 0, 1, 2, \cdots, n$) とし，$y_k = f(a_k)$ ($k = 0, 1, 2, \cdots, n$) とおく．4点 $(a_k, 0), (a_{k+1}, 0), (a_k, y_k), (a_{k+1}, y_{k+1})$ を頂点とする台形の面積は $\dfrac{y_k + y_{k+1}}{2} \cdot \dfrac{b-a}{n}$ であるから

$$\int_a^b f(x)dx = \frac{b-a}{2n}\{y_0 + 2(y_1 + \cdots + y_{n-1}) + y_n\} + \Delta \tag{3}$$

が成り立つ．ここで，近似誤差 Δ は次を満たす：

$$|\Delta| \leq \frac{(b-a)^3}{12n^2} M. \tag{4}$$

5.6. 発展：定積分 $\int_a^b f(x)dx$ の数値積分について 125

5.6.3 シンプソン公式 (2次曲線の面積の和として定積分の値を近似)

曲線 $y = f(x)$, $y = 0$, $x = a$, $x = b$ で囲まれた部分を y 軸に平行な直線で帯状の集合に分ける．そしてそれぞれの帯状の部分において関数 $f(x)$ を以下に述べる方法によって2次関数で近似することにより，その面積の近似値を計算する方法である．

関数 $f(x)$ は閉区間 $[a,b]$ で C^4 級で $|f^{(4)}(x)| \leq M$ ($a \leq x \leq b$, M は定数) を満たしているとする．このとき，$[a,b]$ を $2n$ 等分しその各分点を $x_k = a+(k-1)h$ ($k=0,1,2,\cdots,2n$), $h = \dfrac{b-a}{2n}$ とおく．さらに，$y_k = f(x_k)$ ($k = 0,1,2,\cdots,2n$) とおく．

曲線 $y = f(x)$ ($x_{2k-2} \leq x \leq x_{2k}$) を，曲線上の三点 (x_{2k-2}, y_{2k-2}), (x_{2k-1}, y_{2k-1}), (x_{2k}, y_{2k}) を通る放物線 $y = ax^2+bx+c$ で近似する．このとき，

$$\int_{x_{2k-2}}^{x_{2k}} (ax^2+bx+c)dx = \frac{h}{3} \times \{y_{2k-2} + 4y_{2k-1} + y_{2k}\} \tag{5}$$

が成り立つ．これより，次のシンプソンの公式

$$\int_a^b f(x)dx = \frac{b-a}{6n}\{y_0 + y_{2n} + 4(y_1 + y_3 + y_5 + \cdots + y_{2n-1})$$
$$+ 2(y_2 + y_4 + \cdots + y_{2n-2})\} + \Delta \tag{6}$$

が成り立つ．ここで，近似誤差 Δ は次を満たす：

$$|\Delta| \leq \frac{(b-a)^5}{2880n^4}M. \tag{7}$$

問 **5.6.1.**

1. 中点公式の式 (1), (2) を証明せよ．
2. 台形公式の式 (3), (4) を証明せよ．
3. 式 (5) を証明せよ．
4. シンプソン公式の式 (6), (7) を証明せよ．

例 5.13. 区間 $[0,1]$ を 10 等分して，中点公式 $(n=5)$，台形公式 $(n=10)$，シンプソン公式 $(n=5)$ により

$$I = \int_0^1 \frac{1}{x+1} dx$$

を小数点以下 3 桁まで求めよ．(小数点以下 4 桁目を四捨五入せよ．) なお，誤差の評価は不要．

解 下記の表に示すような計算により，

- 中点公式による近似値は，$I = 0.2 \times U = 0.2 \times 3.4595395 \cdots \fallingdotseq 0.692$
- 台形公式による近似値は，$I = \frac{1}{2} \times 0.1 \times T \fallingdotseq 0.694$
- シンプソン公式による近似値は，$I = \frac{1}{3} \times 0.1 \times S \fallingdotseq 0.693$

となる．ちなみに，不定積分により計算した真の値は，$I = \int_0^1 \frac{1}{1+x} dx = [\log(1+x)]_{x=0}^{x=1} = \log 2 \fallingdotseq 0.693$． ■

中点公式	台形公式	シンプソン公式
*	$f(0) = 1$	$f(0) = 1$
$f(0.1) = 0.9090909$	$2f(0.1) = 1.8181818$	$4f(0.1) = 3.6363636$
*	$2f(0.2) = 1.6666667$	$2f(0.2) = 1.6666667$
$f(0.3) = 0.7692307$	$2f(0.3) = 1.5384615$	$4f(0.3) = 3.0769231$
*	$2f(0.4) = 1.4285714$	$2f(0.4) = 1.4285714$
$f(0.5) = 0.6666666$	$2f(0.5) = 1.3333333$	$4f(0.5) = 2.6666666$
*	$2f(0.6) = 1.25$	$2f(0.6) = 1.25$
$f(0.7) = 0.5882353$	$2f(0.7) = 1.1764706$	$4f(0.7) = 2.3529412$
*	$2f(0.8) = 1.1111111$	$2f(0.8) = 1.1111111$
$f(0.9) = 0.5263158$	$2f(0.9) = 1.0526316$	$4f(0.9) = 2.1052632$
*	$f(1) = 0.5$	$f(1) = 0.5$
合計 $U = 3.4595395$	合計 $T = 13.875428$	合計 $S = 20.7945070$

問 **5.6.2.** 次の定積分の数値積分値を区間 $[0,1]$ を 10 等分して，台形公式 ($n=10$)，シンプソン公式 ($n=5$) により，小数点以下 3 桁まで求めよ．なお，誤差の評価は不要．

(1) $\displaystyle\int_0^1 \sqrt{1+x^3}\,dx$ (2) $\displaystyle\int_0^1 \sqrt{1-x^3}\,dx$

5.7 発展：フーリエ級数

関数を級数で近似するという手法は，数学的に重要であるのみならず，測定誤差から逃れることのできない実験系の諸分野においては，「真の値の近似値を求める」という意味で極めて重要な意味をもっている．

級数の代表的なものは，ベキ級数展開（テーラー級数）である．関数 $f(x)$ の $x=a$ におけるテーラー級数は，任意の C^∞ 級関数について適用できるが，x が a から離れるに従って近似の精度は一般に非常に悪くなっていく．

では，$f(x)$ に何らかの制限を与えて，多項式以外の適切なものの級数で $f(x)$ の近似式を与えることはできないだろうか？—— その答の一つが，フーリエ級数である．

フーリエ級数は，$f(x)$ が周期関数であるときに，代表的な周期関数である cos や sin を用いた級数で $f(x)$ を近似する手法であり，自然現象に現れる様々な周期的現象（音波，電磁波，振動，心電図など）を考察する際に極めて有用なものといえよう．

5.7.1 フーリエ級数の定義

$f(x)$ を周期 2ℓ の **周期関数** とする．すなわち，すべての x に対して $f(x+2\ell)=f(x)$ が成立しているとする．このような $f(x)$ に対して，次のような無限級数を，$f(x)$ の **フーリエ級数**，あるいは，**フーリエ展開** という：

$$\frac{a_0}{2}+\sum_{k=1}^{\infty} a_k \cos\frac{k\pi}{\ell}x + \sum_{k=1}^{\infty} b_k \sin\frac{k\pi}{\ell}x.$$

ここで，a_k, b_k は $f(x)$ から次のように計算される定数（**フーリエ係数**と呼ばれる）である：

$$a_k = \frac{1}{\ell} \int_{-\ell}^{\ell} f(x) \cos \frac{k\pi}{\ell} x \, dx \qquad (k = 0, 1, 2, \cdots),$$

$$b_k = \frac{1}{\ell} \int_{-\ell}^{\ell} f(x) \sin \frac{k\pi}{\ell} x \, dx \qquad (k = 1, 2, \cdots).$$

我々は $f(x)$ のフーリエ級数が $f(x)$ と等しくなることを期待したいのであるが，一般には，$f(x)$ のフーリエ級数が収束するかどうかすらわからない．さらに収束するとしても，それが $f(x)$ と等しくなるかどうかはわからない．よって，とりあえず，"∼" という記号を使って，

$$f(x) \sim \frac{a_0}{2} + \sum_{k=1}^{\infty} a_k \cos \frac{k\pi}{\ell} x + \sum_{k=1}^{\infty} b_k \sin \frac{k\pi}{\ell} x$$

と表しておくことにする．

では，どのような場合に $f(x)$ のフーリエ級数は収束するのか？そして，$f(x)$ と等しくなるのか？── この問題について，以下のような定理が知られている．

定理 5.13 (フーリエの定理). 周期 2ℓ の周期関数 $f(x)$ が区分的に滑らか（つまり，区間 $[-\ell, \ell]$ において，有限個の点を除いて C^1 級）ならば，$f(x)$ のフーリエ級数は，

- $f(x)$ が連続な点 x では，$f(x)$ に収束する．
- $f(x)$ が不連続な点 x では，$\frac{1}{2}(f(x+0) + f(x-0))$ に収束する．

注 5.14. 特に，$f(x)$ が区分的に滑らかな**連続関数**ならば，フーリエ級数は $f(x)$ に収束する．

例 5.14. 次の周期 2π の周期関数のフーリエ級数を求め，その部分和

$$S_n(x) = \frac{a_0}{2} + \sum_{k=1}^{n} a_k \cos kx + \sum_{k=1}^{n} b_k \sin kx \ \ (n = 1, 2, \cdots)$$

が $f(x)$ に収束していく様子を $n = 1, 2, 3, 4$ の場合に観察せよ．

5.7. 発展：フーリエ級数

1. $f(x) = x$ $(-\pi \leq x < \pi;$ これ以外の x においては，この繰り返し$)$
2. $f(x) = x^2$ $(-\pi \leq x < \pi;$ これ以外の x においては，この繰り返し$)$

解

1. $a_0 = \dfrac{1}{\pi} \displaystyle\int_{-\pi}^{\pi} x\,dx = 0$. また，$k \geq 1$ のとき，

$$a_k = \frac{1}{\pi} \int_{-\pi}^{\pi} x \cos kx\, dx = \frac{1}{\pi} \left[\frac{\cos kx}{k^2} + \frac{x \sin kx}{k} \right]_{-\pi}^{\pi} = 0,$$

$$b_k = \frac{1}{\pi} \int_{-\pi}^{\pi} x \sin kx\, dx = \frac{1}{\pi} \left[\frac{\sin kx}{k^2} - \frac{x \cos kx}{k} \right]_{-\pi}^{\pi} = \frac{2(-1)^{k-1}}{k}$$

だから，

$$f(x) \sim \sum_{k=1}^{\infty} \frac{2(-1)^{k-1}}{k} \sin kx.$$

$f(x)$ と $S(n)$ $(n = 1, 2, 3, 4)$ のグラフを，図 5.11 に示す．

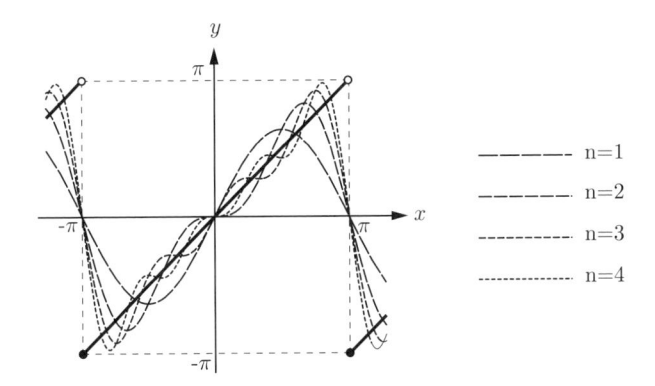

図 5.11: $f(x) = x$ のフーリエ級数

2. $a_0 = \dfrac{1}{\pi} \displaystyle\int_{-\pi}^{\pi} x^2\,dx = \dfrac{2\pi^2}{3}$. また，$k \geq 1$ のとき，

$$a_k = \frac{1}{\pi} \int_{-\pi}^{\pi} x^2 \cos kx\, dx = \frac{1}{\pi} \left[\frac{2x \cos kx}{k^2} + \frac{(k^2 x^2 - 2) \sin kx}{k^3} \right]_{-\pi}^{\pi}$$

$$= \frac{4(-1)^k}{k^2},$$
$$b_k = \frac{1}{\pi}\int_{-\pi}^{\pi} x^2 \sin kx\, dx = \frac{1}{\pi}\left[\frac{2x\sin kx}{k^2} - \frac{(k^2x^2-2)\cos kx}{k^3}\right]_{-\pi}^{\pi} = 0$$
だから，
$$f(x) \sim \frac{\pi^2}{3} + \sum_{k=1}^{\infty} \frac{4(-1)^k}{k^2}\cos kx.$$

$f(x)$ と $S(n)$ $(n=1,2,3,4)$ のグラフを，図 5.12 に示す． ∎

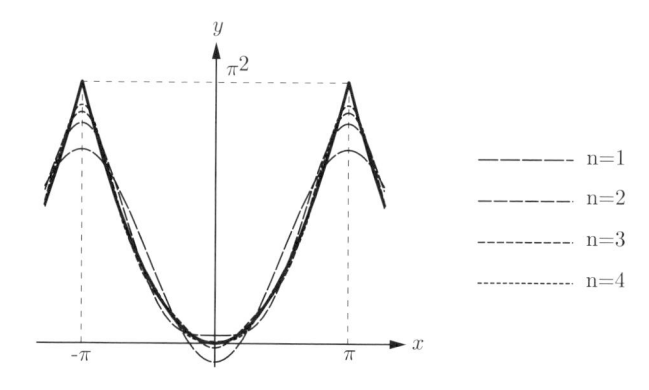

図 5.12: $f(x) = x^2$ のフーリエ級数

注 5.15. 上の例を見ると，1. では a_k がすべて 0 であり，2. では b_k がすべて 0 となっている．これは，偶々起こった現象ではなく，以下のように一般化される：

1. $f(x)$ が偶関数（つまり $f(-x) = f(x)$）ならば，b_k はすべて 0．つまり，$f(x)$ のフーリエ級数は，定数項と cos の項のみからなる級数となる．

2. $f(x)$ が奇関数（つまり $f(-x) = -f(x)$）ならば，a_k はすべて 0．つまり，$f(x)$ のフーリエ級数は，sin の項のみからなる級数となる．

例 5.15. $0 < \varepsilon < \ell$ とし，$f_\varepsilon(x)$ を次のような周期 2ℓ の周期関数とする．
$$f_\varepsilon(x) = \begin{cases} \dfrac{1}{\varepsilon} & (2\ell n - \dfrac{\varepsilon}{2} \le x \le 2\ell n + \dfrac{\varepsilon}{2},\ n = 0, \pm 1, \pm 2, \cdots) \\ 0 & (\text{それ以外のとき}). \end{cases}$$

このとき，$f_\varepsilon(x)$ のフーリエ級数 $F_\varepsilon(x)$ を求めよ．また，$\lim_{\varepsilon \to +0} F_\varepsilon(x)$ を求めよ．

解 フーリエ係数を求めるための積分区間は $[-\ell, \ell]$ であるが，$\left[-\ell, -\frac{\varepsilon}{2}\right]$ および $\left[\frac{\varepsilon}{2}, \ell\right]$ 上で $f_\varepsilon(x) = 0$ であるから，$\left[-\frac{\varepsilon}{2}, \frac{\varepsilon}{2}\right]$ で積分すればよい．よって，

$$a_k = \frac{1}{\ell} \int_{-\frac{\varepsilon}{2}}^{\frac{\varepsilon}{2}} \frac{1}{\varepsilon} \cos \frac{k\pi}{\ell} x \, dx = \begin{cases} \dfrac{1}{\ell} & (k = 0) \\ \dfrac{2 \sin(\frac{k\varepsilon\pi}{2\ell})}{k\varepsilon\pi} & (k \geq 1). \end{cases}$$

また，$f_\varepsilon(x)$ は偶関数であるから，注 5.15 により，$b_k = 0$ である．よって，

$$F_\varepsilon(x) = \frac{1}{2\ell} + \sum_{k=1}^{\infty} \frac{2 \sin(\frac{k\varepsilon\pi}{2\ell})}{k\varepsilon\pi} \cos \frac{k\pi}{\ell} x.$$

さらに，$\displaystyle\lim_{\varepsilon \to +0} \frac{2 \sin(\frac{k\varepsilon\pi}{2\ell})}{k\varepsilon\pi} = \frac{1}{\ell} \lim_{\varepsilon \to +0} \frac{\sin(\frac{k\varepsilon\pi}{2\ell})}{\frac{k\varepsilon\pi}{2\ell}} = \frac{1}{\ell}$ であるから，

$$\lim_{\varepsilon \to +0} F_\varepsilon(x) = \frac{1}{2\ell} + \sum_{k=1}^{\infty} \frac{1}{\ell} \cos \frac{k\pi}{\ell} x.$$

注 5.16. 上の例の $f_\varepsilon(x)$ において $\varepsilon \to +0$ とすると，$f_\varepsilon(x)$ は，「$x = 2n\ell$ $(n = \cdots, -1, 0, 1, 2, \cdots)$ において瞬間的に ∞ となり，それ以外では 0 となるような関数（もどき）」に収束していくと考えられる．これは例えば，周期的に発生する神経パルスのような現象を記述する関数（もどき）であると考えられる．上で求めた $\displaystyle\lim_{\varepsilon \to +0} F_\varepsilon(x)$ は，このような周期的なパルスを記述する関数（もどき）のフーリエ級数（もどき：この級数は収束しない）と考えることができる．

5.7.2 フーリエ級数の性質

フーリエ級数は，様々な性質を満たすことが知られている．ここでは，その中でも特に，微分方程式を解くなどの応用に利用する場合に必要不可欠な項別微分・項別積分の定理のみをあげておく．

定理 5.17 (項別微分). 周期 2ℓ の周期関数 $f(x)$ が連続で，$[-\ell, \ell]$ で区分的に滑らかならば，$f'(x)$ のフーリエ級数は，

$$\sum_{k=1}^{\infty}\left(a_k \cos\frac{k\pi}{\ell}x + b_k \sin\frac{k\pi}{\ell}x\right)' = \sum_{k=1}^{\infty}\left(-\frac{ka_k\pi}{\ell}\sin\frac{k\pi}{\ell}x + \frac{kb_k\pi}{\ell}\cos\frac{k\pi}{\ell}x\right)$$

で与えられる．この級数は，$f'(x)$ の不連続点を除いて，$f'(x)$ に収束する．(注：$f'(x)$ も周期 2ℓ の関数である．)

定理 5.18 (項別積分). $f(x)$ が $[-\ell, \ell]$ で区分的に連続であれば，任意の $x \in [-\ell, \ell]$ に対して，

$$\int_0^x f(t)\,dt = \frac{a_0}{2}\int_0^x dt + \sum_{k=1}^{\infty}\int_0^x \left(a_k \cos\frac{k\pi}{\ell}t + b_k \sin\frac{k\pi}{\ell}t\right)dt$$

$$= \frac{a_0}{2}x + \sum_{k=1}^{\infty}\left\{\frac{a_k\ell}{k\pi}\sin\frac{k\pi}{\ell}x + \frac{b_k\ell}{k\pi}\left(1 - \cos\frac{k\pi}{\ell}x\right)\right\}$$

$$= \frac{a_0}{2}x + \sum_{k=1}^{\infty}\frac{b_k\ell}{k\pi} + \sum_{k=1}^{\infty}\left\{-\frac{b_k\ell}{k\pi}\cos\frac{k\pi}{\ell}x + \frac{a_k\ell}{k\pi}\sin\frac{k\pi}{\ell}x\right\}$$

が成立する．(注：$a_0 \neq 0$ のとき，これは周期関数ではない．)

演習問題 5

1. 次の定積分を求めよ．ただし，$0 < a < b$ とし，$m, n = 1, 2, \cdots$ とする．

(1) $\displaystyle\int_0^{\frac{\pi}{2}} x\sin x\,dx$

(2) $\displaystyle\int_0^{\frac{\pi}{2}} x^2 \sin x\,dx$

(3) $\displaystyle\int_0^1 x\sin\pi x^2\,dx$

(4) $\displaystyle\int_0^1 x^3 e^x\,dx$

(5) $\displaystyle\int_0^1 \sqrt{x}(1-x)^2\,dx$

(6) $\displaystyle\int_0^1 x\log(1+x)\,dx$

(7) $\displaystyle\int_0^1 \log(1+\sqrt{x})\,dx$

(8) $\displaystyle\int_{-6}^{-1} \frac{\log(2-x)}{\sqrt{3-x}}\,dx$

(9) $\displaystyle\int_0^a x\sqrt{a^2-x^2}\,dx$

(10) $\displaystyle\int_0^a x^2\sqrt{a^2-x^2}\,dx$

演習問題 5

(11) $\displaystyle\int_0^a \sin^{-1}\sqrt{\dfrac{x}{x+a}}\,dx$ (12) $\displaystyle\int_0^1 x\sin^{-1} x\,dx$

(13) $\displaystyle\int_{\frac{5}{6}\pi}^{\frac{2}{3}\pi} \sqrt{\dfrac{1+\sin x}{1-\sin x}}\,dx$ (14) $\displaystyle\int_0^1 x^m(1-x)^n\,dx$

(15) $\displaystyle\int_0^1 \sqrt{\dfrac{1-x}{1+x}}\,dx$ (16) $\displaystyle\int_{-2}^0 \dfrac{1}{\sqrt{x^2+2x+5}}\,dx$

(17) $\displaystyle\int_a^b \sqrt{(x-a)(b-x)}\,dx$ (18) $\displaystyle\int_0^{\frac{\pi}{2}} \sin^{2n} x\,dx$

2. 次の広義積分を求めよ．ただし，$a>0, b\neq 0$ とする．なお，発散する場合もある．

(1) $\displaystyle\int_{-\infty}^{\infty} \dfrac{dx}{x^2+2x+5}$ (2) $\displaystyle\int_0^{\infty} e^{-ax}\sqrt{1-e^{-ax}}\,dx$

(3) $\displaystyle\int_0^{\infty} e^{-ax}\sin bx\,dx$ (4) $\displaystyle\int_0^{\infty} e^{-ax}\cos bx\,dx$

(5) $\displaystyle\int_0^{\frac{\pi}{2}} \dfrac{1}{\sin x}\,dx$ (6) $\displaystyle\int_0^{\frac{\pi}{2}} \dfrac{1}{1-\sin x}\,dx$

(7) $\displaystyle\int_{-\frac{\pi}{2}}^{\frac{\pi}{2}} \dfrac{1}{\sin x}\,dx$ (8) $\displaystyle\int_0^1 x\log x\,dx$

(9) $\displaystyle\int_1^{\infty} \left(\dfrac{\log x}{x}\right)^2 dx$ (10) $\displaystyle\int_0^1 \dfrac{x\log x}{\sqrt{1-x^2}}\,dx$

(11) $\displaystyle\int_0^{\infty} \dfrac{\log x}{(1+x)^2}\,dx$ (12) $\displaystyle\int_0^1 \dfrac{(1-x)^2}{\sqrt{x}}\,dx$

(13) $\displaystyle\int_0^{\infty} \dfrac{x}{x^4+1}\,dx$ (14) $\displaystyle\int_a^{2a} \dfrac{dx}{\sqrt{x^2-a^2}}$

(15) $\displaystyle\int_1^{\infty} \dfrac{1}{x^2}\sqrt{\dfrac{x+1}{x-1}}\,dx$ (16) $\displaystyle\int_0^{\infty} \dfrac{dx}{\sqrt[3]{e^x-1}}$

3. 次の極限を求めよ．

(1) $\displaystyle\lim_{n\to\infty}\sum_{k=1}^n \dfrac{n+k}{5n^2+2nk+k^2}$ (2) $\displaystyle\lim_{n\to\infty}\sum_{k=1}^n \log\left(\dfrac{k}{n}\right)^{\frac{k}{n^2}}$

4. 次を求めよ．

   (1) 曲線 $y = a\cos x$ と $y = \sin x$ $(0 \leq x \leq 2\pi, a > 0)$ とで囲まれる図形の面積．

   (2) カージオイド
   $$x = x(t) = (1+\cos t)\cos t, \ y = y(t) = (1+\cos t)\sin t \ (0 \leq t \leq \pi)$$
   と x 軸で囲まれる図形の面積．

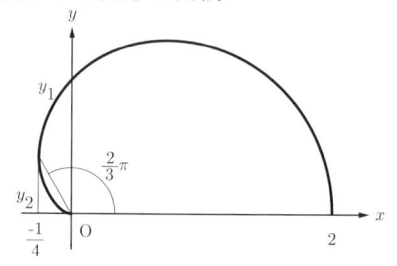

   図 5.13: カージオイド　$x = (1+\cos t)\cos t, y = (1+\cos t)\sin t$

5. 次を求めよ．

   (1) xyz 空間において，x 軸を中心線として，底面が半径 1 の円であるような直円柱を A とする．また，直線 $y = x, z = 0$ を中心線として，底面が半径 1 の円であるような直円柱を B とする．このとき，A と B との共通部分 $A \cap B$ の体積．

   (2) xyz 空間において，3 点 $(1,0,0), (1,1,0), (1,0,1)$ を頂点とする直角二等辺 3 角形を Δ とする．Δ を z 軸の周りに 1 回転してできる回転体の体積．

6. C^2 級の周期 2ℓ の周期関数 $f(x)$ が
   $$f''(x) = -\omega^2 f(x) \ (\omega > 0), \ f(0) = 0, \ f'(0) = \alpha(\neq 0)$$
   を満たしているとする．ただし，$f(x)$ は定数関数ではないとする．このとき，フーリエ級数を用いて次を求めよ．

   (1) ℓ と ω の関係．
   (2) 関数 $f(x)$．

第6章 多変数関数

6.1 多変数関数

これまでは1変数関数 $f(x)$ について学んできた．変数が2個以上の関数を多変数関数という．この章では2変数の関数を中心にして多変数関数の性質を調べてみよう．特に，1変数関数と多変数関数の違いや，多変数で新しく現れてくる概念に注意して，数式が語っているものを読み取る力の基礎を養ってほしい．

6.1.1 基礎事項

$\mathbb{R}^2$ を2次元実数ベクトル全体の集合 $\{(x,y)|x \in \mathbb{R}, y \in \mathbb{R}\}$ とする．同様に $\mathbb{R}^n$ を n 次元実数ベクトル全体の集合とする．$(a,b) \in \mathbb{R}^2$ に対して，x 座標が a, y 座標が b である座標平面上の点を対応させることにより，$\mathbb{R}^2$ と xy 座標平面を同一視する．$\mathbb{R}^2$ の2点 $A(a_1, a_2), B(b_1, b_2)$ の距離 $\overline{AB}$ を，$\overline{AB} = \sqrt{(a_1-b_1)^2 + (a_2-b_2)^2}$ で定義する．

定点 $A \in \mathbb{R}^2$ と $r > 0$ に対して，集合 $U_r(A) = \{X \in \mathbb{R}^2 \mid \overline{XA} < r\}$ を A の **r近傍**という．なお r 近傍のことを単に**近傍**ということが多い．

D を $\mathbb{R}^2$ の部分集合とし，$A \in \mathbb{R}^2$ とするとき，

1. D に完全に含まれる A の r 近傍が存在するとき，A を D の**内点**という．
2. D のすべての点が内点ならば，D を**開集合**という．
3. A のすべての r 近傍が少なくとも1つの D の点を含み，さらに D に属さない点を少なくとも1つ含むとき，A を D の**境界点**という．
4. D がそのすべての境界点を含むならば，D を**閉集合**という．
5. D の任意の2点が，D に含まれる連続曲線で結ばれるとき，D は**弧状連結**であるという．弧状連結な開集合を**領域**という．

6. D を含むような，原点を中心とする円が存在するとき，D は**有界**であるという．

関数の定義

D を $\mathbb{R}^2$ の部分集合 とする．D の各点 $P(x,y)$ に対して $\mathbb{R}$ の元をただ一つ対応させる規則 f が定義されているとき，その対応 f を，D で定義された **2変数関数**という．このとき，D を関数 f の**定義域**といい，点 $P(x,y) \in D$ に対応する関数 f の値を $f(x,y)$ あるいは $f(P)$ で表す．値の集合 $\{f(x,y) | (x,y) \in D\}$ を関数 f の**値域**といい $f(D)$ で表す．

関数 $f(x,y)$ の定義域を明記しない場合には，$f(x,y)$ が意味のある (x,y) の全体の集合を $f(x,y)$ の定義域とする．$\mathbb{R}^2$ を $\mathbb{R}^n$ とすることにより，n **変数関数**も同様に定義できる．

$\mathbb{R}^2$ の領域 D で定義された関数 $z = f(x,y)$ に対して集合 $\{(x,y,f(x,y)) | (x,y) \in D\} \subset \mathbb{R}^3$ を $z = f(x,y)$ の**グラフ**という．グラフは一般に xyz 空間内の曲面となる．曲面を平面上に描くことは困難であるから，関数 $z = f(x,y)$ のグラフを視覚的に表現するために，地図の等高線と類似の方法を用いることがある．定数 c に対して，$f(x,y) = c$ を満たす (x,y) の全体は，一般に $f(x,y)$ の定義域内で曲線を描く．この曲線を $z = f(x,y)$ の $z = c$ に対する f の**等高線**または**等位曲線**という．

例 6.1. $z = x^2 + y^2$ の等高線 $\{(x,y) | x^2 + y^2 = k^2\}$ のグラフは図 6.1 の通りである．

3変数関数 $w = f(x,y,z)$ の場合，$f(x,y,z) = c$ を満たす (x,y,z) の全体を**等位面**または**ポテンシャル面**という．

問 6.1.1. 次の関数の $c = -2, -1, 0, 1, 2$ に対する等高線を描き，それをもとにして曲面の概形を描け．

 (1) $f(x,y) = y - x^2$ (2) $f(x,y) = x^2 + y^2$ (3) $f(x,y) = xy$

問 6.1.2. $f(x,y)$ の等高線が密な場所は関数がどのような状態を示すか述べよ．

問 6.1.3. 関数 $f(x,y) = \sqrt{x^2 - x - y}$ の定義域を求めよ．

6.1. 多変数関数

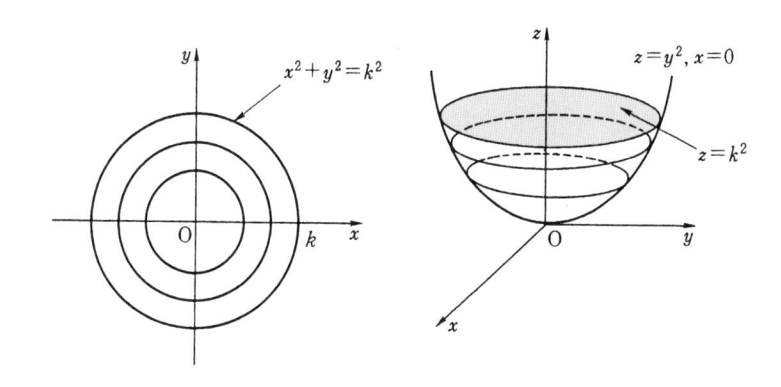

図 6.1: 等高線

関数の極限と連続性

$f(x,y)$ を $\mathbb{R}^2$ の部分集合 D で定義された関数とし，点 (a,b) を D または D の境界の定点とする．

1. 2点 $X(x,y), A(a,b)$ の距離 $\overline{XA}$ が限りなく 0 に近づくとき，点 X は点 A に，あるいは，点 (x,y) は点 (a,b) に**限りなく近づく**といい，$X \to A$，あるいは，$(x,y) \to (a,b)$ と表す．

2. 点 (x,y) が $(x,y) \neq (a,b)$ を満たしつつ点 (a,b) に限りなく近づくとき，近づき方によらず $f(x,y)$ の値が一定の値 l に限りなく近づくならば，点 (x,y) が点 (a,b) に近づくとき $f(x,y)$ は l に**収束する**（または $f(x,y)$ の**極限**は l である）といい，$\lim_{(x,y)\to(a,b)} f(x,y) = l$（または $(x,y) \to (a,b)$ のとき $f(x,y) \to l$）と表す．なお収束しないときは，**発散**するという．

3. $(a,b) \in D$ で，かつ，$\lim_{(x,y)\to(a,b)} f(x,y) = f(a,b)$ が成り立つとき，$f(x,y)$ は点 (a,b) で**連続**であるという．

4. $f(x,y)$ がすべての点 $(a,b) \in D$ で連続ならば $f(x,y)$ は D で**連続**であるという．

5. 点 (a,b) で連続でないとき，$f(x,y)$ は点 (a,b) で**不連続**であるといい，点 (a,b) を $f(x,y)$ の**不連続点**という．

例 6.2. 関数 $f(x,y)$ を

$$f(x,y) = \begin{cases} \dfrac{x^2}{x^2+y^2} & (x,y) \neq (0,0) \\ 0 & (x,y) = (0,0) \end{cases}$$

と定義する．このとき，

$$\lim_{x \to 0} f(x,0) = \lim_{x \to 0} \frac{x^2}{x^2+0^2} = \lim_{x \to 0} 1 = 1, \quad \lim_{y \to 0} f(0,y) = \lim_{y \to 0} \frac{0^2}{0^2+y^2} = \lim_{y \to 0} 0 = 0$$

であるから，$(x,y) \to (0,0)$ となる近づき方によって $f(x,y)$ は相異なる値に近づいていく．故に，$(x,y) \to (0,0)$ のとき $f(x,y)$ は収束しない．したがって $f(x,y)$ は点 $(0,0)$ で不連続である．

注 6.1. 1 変数関数の点 $x=a$ での極限や連続性は，$x \to a+0$ と $x \to a-0$ の 2 通りの近づき方を考慮すれば十分である．しかし 2 変数関数では点 (x,y) が点 (a,b) に近づく方法は色々あるので注意を要する．

問 6.1.4. 点 $(0,0)$ において次の関数の連続性を調べよ．

(1) $f(x,y) = \begin{cases} \dfrac{xy}{x^2+y^2} & (x,y) \neq (0,0) \\ 0 & (x,y) = (0,0) \end{cases}$

(2) $f(x,y) = \begin{cases} \dfrac{y^3}{x^2+y^2} & (x,y) \neq (0,0) \\ 0 & (x,y) = (0,0) \end{cases}$

第 2 章で述べた連続関数の定理は，2 変数以上の場合にも大体同じように成り立つ．以下，それらを列挙する．

定理 6.2. $f(x,y)$, $g(x,y)$ は点 (a,b) で連続とする．このとき，次の関数はいずれも点 (a,b) で連続である．

1. $c_1 f(x,y) + c_2 g(x,y)$ （c_1, c_2 は任意定数）

2. $f(x,y)g(x,y)$

3. $\dfrac{f(x,y)}{g(x,y)}$ （ただし，$g(x,y) \neq 0$）

6.1. 多変数関数

定理 6.3 (最大値・最小値の定理)．有界な閉集合 K で連続な関数は，K で最大値および最小値をとる．

定理 6.4 (合成関数の連続性)

1. $z = f(u)$ が u の連続関数で，$u = g(x,y)$ が x, y の連続関数であるとき，その合成関数 $z = f(g(x,y))$ は x, y の連続関数である．

2. $z = f(x,y)$ が x, y の連続関数で，$x = \phi(t), y = \psi(t)$ が t の連続関数であれば，その合成関数 $z = f(\phi(t), \psi(t))$ は t の連続関数である．

3. $z = f(x,y)$ が x, y の連続関数であり，$x = \varphi(u,v), y = \psi(u,v)$ が u, v の連続関数であるとき，その合成関数 $z = f(\varphi(u,v), \psi(u,v))$ は u, v の連続関数である．

例 6.3. $z = f(u) = u^2 - 2u + 2, u = g(x,y) = 3x + y$ のとき，$f(u), g(x,y)$ は共に連続関数である．このとき，それらの合成関数 $z = f(g(x,y)) = (3x+y)^2 - 2(3x+y) + 2 = 9x^2 + 6xy + y^2 - 6x - 2y + 2$ は x, y の連続関数である．

例 6.4. $z = f(x,y) = x^3 + y^2, x = \varphi(t) = 2t, y = \psi(t) = \sin t$ のとき，$f(x,y), \varphi(t), \psi(t)$ は連続関数である．このとき，それらの合成関数 $z = f(\varphi(t), \psi(t)) = 8t^3 + \sin^2 t$ は t の連続関数である．

例 6.5. $z = f(x,y) = x^3 + y^2, x = \varphi(r,\theta) = r\cos\theta, y = \psi(r,\theta) = r\sin\theta$ のとき，$f(x,y), \varphi(r,\theta), \psi(r,\theta)$ は連続関数である．このとき，それらの合成関数 $z = r^3\cos^3\theta + r^2\sin^2\theta$ は r, θ の連続関数である．

6.1.2 偏微分係数と偏導関数

$z = f(x,y)$ を点 $(a,b) \in \mathbb{R}^2$ を含むある領域 D で定義された関数とする．関数 $z = f(x,y)$ において，y を一定値 b に固定すれば $f(x,b)$ は x だけの関数と考えられる．この x の 1 変数関数 $z = f(x,b)$ が $x = a$ で微分可能のとき，$f(x,y)$ は点 (a,b) で x に関して**偏微分可能**であるといい，

$$\lim_{h \to 0} \frac{f(a+h,b) - f(a,b)}{h}$$

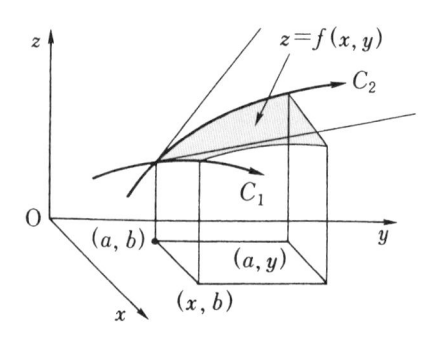

図 6.2: 偏微分係数の幾何学的意味

を $f(x,y)$ の (a,b) における x に関する**偏微分係数**といい，

$$\frac{\partial f}{\partial x}(a,b), \ \ f_x(a,b), \ \ D_1 f(a,b), \ \ z_x(a,b), \ \ \frac{\partial z}{\partial x}(a,b), \ \ D_x f(a,b)$$

などで表す．

y に関する偏微分係数も同様であり，次のように定義される．

$$f_y(a,b) = \lim_{k \to 0} \frac{f(a,b+k) - f(a,b)}{k}.$$

$f_x(a,b)$, $f_y(a,b)$ の幾何学的意味は次の通りである：$f_x(a,b)$ は点 $(a,b,f(a,b))$ における曲線 $C_1 (= $ 点 $(x,b,f(x,b))$ の集合$)$ の接線の傾きを表し，$f_y(a,b)$ は点 $(a,b,f(a,b))$ における曲線 $C_2 (= $ 点 $(a,y,f(a,y))$ の集合$)$ の接線の傾きを表している（図 6.2）．

各点 (x,y) で $f_x(x,y)$ が存在するならば，$f_x(x,y)$ は (x,y) の関数となる．これを $f(x,y)$ の x に関する**偏導関数**という．y に関する偏導関数 $f_y(x,y)$ も同様に定義され，これらを，それぞれ

$$f_x(x,y), \ \ \frac{\partial f}{\partial x}(x,y), \ \ D_1 f(x,y), \ \ z_x(x,y), \ \ D_x f(x,y),$$

$$f_y(x,y), \ \ \frac{\partial f}{\partial y}(x,y), \ \ D_2 f(x,y), \ \ z_y(x,y), \ \ D_y f(x,y)$$

などで表す．偏導関数を求めることを**偏微分する**という．

6.1. 多変数関数

例 6.6. $f(x,y) = 4x^2y^3$ とすれば, $\dfrac{\partial f}{\partial x}(x,y) = 8xy^3$, $\dfrac{\partial f}{\partial y}(x,y) = 12x^2y^2$.

同様に 3 変数関数 $f(x,y,z)$ についても, その偏導関数 $f_x(x,y,z)$, $f_y(x,y,z)$, $f_z(x,y,z)$ を定義することができる. 4 変数以上の場合も同様.

問 6.1.5. 次の関数の偏導関数を求めよ.
  (1) $z = 2x^3 + 3y^2$　　　(2) $z = e^x \sin 3y$　　　(3) $z = \dfrac{2x}{x^2 + y^2 + 1}$

注 6.5. 1 変数関数と異なり多変数関数の場合には, 偏微分可能であっても連続とは限らない. 例えば,

$$f(x,y) = \begin{cases} \dfrac{xy}{x^2+y^2} & (x,y) \neq (0,0) \\ 0 & (x,y) = (0,0) \end{cases}$$

とするとき,

1. 点 $(0,0)$ では, $f(x,0) = 0$, $f(0,y) = 0$ より,
$$f_x(0,0) = \lim_{h \to 0} \frac{f(h,0) - f(0,0)}{h} = \lim_{h \to 0} \frac{0-0}{h} = 0,$$
$$f_y(0,0) = \lim_{k \to 0} \frac{f(0,k) - f(0,0)}{k} = \lim_{k \to 0} \frac{0-0}{k} = 0$$
であるから, x と y に関して偏微分可能である.

2. 点 (x,y) が直線 $y = mx$ 上をたどって原点に近づくとき, $f(x,mx) = \dfrac{m}{1+m^2}$ より, 関数の値は, m の値によって相異なる値に近づいていく. よって, 関数 $f(x,y)$ は点 $(0,0)$ で連続でない.

6.1.3 方向微分

xy 平面上に, 点 (a,b) を通り方向ベクトルが $\vec{v} = (\lambda, \mu)$ (ただし $\lambda^2 + \mu^2 = 1$) であるような直線 $l : x = x(t) = a + t\lambda$, $y = y(t) = b + t\mu$ をとる. このとき,

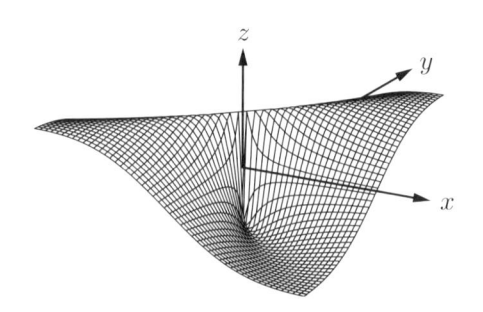

図 6.3: 偏微分可能だが不連続な例（注 6.5）

点 (x,y) が直線 l 上を動きつつ点 (a,b) に近づいていくときの関数 $f(x,y)$ の平均変化率の極限値，つまり，

$$\lim_{t\to 0} \frac{f(a+t\lambda, b+t\mu) - f(a,b)}{t}$$

が存在するならば，この値を点 (a,b) における $\vec{v}$ 方向の $f(x,y)$ の**方向微分係数**といい，$D_{\vec{v}}f(a,b)$ で表す．

$(1,0), (0,1)$ 方向の方向微分係数が，それぞれ $f_x(x,y), f_y(x,y)$ である．

6.1.4 勾配

領域 D で定義された関数 $f(x,y)$ が D で偏微分可能なとき，D の各点 (x,y) に対して，1 つのベクトル

$$(f_x(x,y), f_y(x,y))$$

を定めることができる．このベクトルを関数 $f(x,y)$ の点 (x,y) での**勾配**または**グラディエント**といい，$\nabla f(x,y)$ または $\mathrm{grad}\, f(x,y)$ で表す．∇ はナブラと読む．

例 6.7. $f(x,y) = x^2 y^3$ ならば $\nabla f = (2xy^3, 3x^2 y^2)$．

問 6.1.6. $f(x,y) = 3x^2 y^3$ の点 $(1,1), (0,1), (-1,1), (-1,0), (0,0), (1,0)$ で $\nabla f(x,y)$ を求めよ．

6.1.5 高次偏導関数

関数 $z = f(x,y)$ が偏微分可能で，その偏導関数 $f_x(x,y), f_y(x,y)$ がまた偏微分可能であるときには，それらの偏導関数を $f(x,y)$ の**第 2 次偏導関数**または**2階偏導関数**といい，

$$\frac{\partial}{\partial x}\left(\frac{\partial f}{\partial x}\right) \text{ を } \frac{\partial^2 f}{\partial x^2}, \quad f_{xx}, \quad z_{xx}, \quad D_x^2 f,$$

$$\frac{\partial}{\partial y}\left(\frac{\partial f}{\partial x}\right) \text{ を } \frac{\partial^2 f}{\partial y \partial x}, \quad f_{xy}, \quad z_{xy}, \quad D_y D_x f,$$

$$\frac{\partial}{\partial x}\left(\frac{\partial f}{\partial y}\right) \text{ を } \frac{\partial^2 f}{\partial x \partial y}, \quad f_{yx}, \quad z_{yx}, \quad D_x D_y f,$$

$$\frac{\partial}{\partial y}\left(\frac{\partial f}{\partial y}\right) \text{ を } \frac{\partial^2 f}{\partial y^2}, \quad f_{yy}, \quad z_{yy}, \quad D_y^2 f$$

などと表す．3 次以上の高次偏導関数 $f_{xxx}, f_{xxy}, f_{xyy}$ なども同様に定義される．

例 6.8. $f(x,y) = x^3 - 3xy + 2y^4$ の第 2 次偏導関数を求めよ．

解 $f_x = 3x^2 - 3y, f_y = -3x + 8y^3$ であるから $f_{xx} = 6x, f_{xy} = -3,$ $f_{yx} = -3, f_{yy} = 24y^2.$ ∎

問 6.1.7. 次の関数の第 2 次偏導関数を求めよ．
(1) $z = x^3 - 3xy^2 + y^3$　　(2) $z = e^{2x} \cos 3y$

例 6.9. $f(0,0) = 0, f(x,y) = \dfrac{xy(x^2 - y^2)}{x^2 + y^2} \; ((x,y) \neq (0,0))$ とすれば，$f_{xy}(0,0) = -1, f_{yx}(0,0) = 1.$

解 $y \neq 0$ のとき，$f_x(0,y) = \lim_{h \to 0} \dfrac{f(h,y) - f(0,y)}{h} = \lim_{h \to 0} \dfrac{y(h^2 - y^2)}{h^2 + y^2} = -y$ である．また，$y = 0$ のとき $f(x,0) = 0$ だから $f_x(0,0) = 0.$ よって，$f_{xy}(0,0) = \lim_{k \to 0} \dfrac{f_x(0,k) - f_x(0,0)}{k} = \lim_{k \to 0} \dfrac{-k}{k} = -1.$

一方，$x \neq 0$ のとき，$f_y(x,0) = \lim_{k \to 0} \dfrac{f(x,k) - f(x,0)}{k} = \lim_{k \to 0} \dfrac{x(x^2 - k^2)}{x^2 + k^2} = x$ である．また，$x = 0$ のとき $f(0,y) = 0$ だから $f_y(0,0) = 0.$ よって，$f_{yx}(0,0) = \lim_{h \to 0} \dfrac{f_y(h,0) - f_y(0,0)}{h} = \lim_{h \to 0} \dfrac{h}{h} = 1.$ ∎

この例に見られるように、一般に $f_{xy} = f_{yx}$ が成立するとは限らない。しかし、次の定理が成り立つ。

定理 6.6. f_{xy} および f_{yx} が存在して、ともに連続関数ならば、$f_{xy} = f_{yx}$．

証明 $\Delta = f(a+h, b+k) - f(a+h, b) - f(a, b+k) + f(a, b)$, $\phi(x) = f(x, b+k) - f(x, b)$, $\psi(y) = f(a+h, y) - f(a, y)$ とおくと、$\Delta = \phi(a+h) - \phi(a) = \psi(b+k) - \psi(b)$ が成り立つ。平均値の定理より、$\Delta = \phi(a+h) - \phi(a) = h\phi'(a+h\theta_1)$ $(0 < \theta_1 < 1)$. ここで、$\phi'(x) = f_x(x, b+k) - f_x(x, b)$ であるから、$\Delta = h\{f_x(a+h\theta_1, b+k) - f_x(a+h\theta_1, b)\}$ が成り立つ。これにもう一度平均値の定理を用いて、$\Delta = hk f_{xy}(a+h\theta_1, b+k\theta_2)$ $(0 < \theta_2 < 1)$ を得る。よって、$f_{xy}(x, y)$ の連続性より、$\lim_{(h,k)\to(0,0)} \dfrac{\Delta}{hk} = \lim_{(h,k)\to(0,0)} f_{xy}(a+h\theta_1, b+k\theta_2) = f_{xy}(a, b)$ となる。

同様に、$\psi(y) = f(a+h, y) - f(a, y)$ において平均値の定理より、$\psi(b+k) - \psi(b) = k\psi'(b+k\theta_3)$ $(0 < \theta_3 < 1)$. ここで、$\psi'(y) = f_y(a+h, y) - f_y(a, y)$ であるから、$\Delta = k\{f_y(a+h, b+k\theta_3) - f_y(a, b+k\theta_3)\}$ が成り立つ。これにもう一度平均値の定理を用いて、$\Delta = hk f_{yx}(a+h\theta_4, b+k\theta_3)$ $(0 < \theta_4 < 1)$ を得る。よって、$f_{yx}(x, y)$ の連続性より、$\lim_{(h,k)\to(0,0)} \dfrac{\Delta}{hk} = \lim_{(h,k)\to(0,0)} f_{yx}(a+h\theta_4, b+k\theta_3) = f_{yx}(a, b)$ となる。

以上より $f_{xy}(a, b) = f_{yx}(a, b)$ を得る。 □

一般に、2次以上の偏導関数はそれらが存在して連続であれば、偏微分の順序によらず一致する。例えば、3次の偏導関数についても、偏導関数の存在とその連続性を仮定すると、$f_{xxy}(x, y) = f_{xyx}(x, y) = f_{yxx}(x, y)$ などが得られる。

n 次までの偏導関数が存在してそれらがすべて連続関数であるような関数を C^n 級であるという。任意の n について C^n 級ならば、C^∞ 級であるという。

6.2 全微分とその応用

6.2.1 全微分

1 変数関数 $f(x)$ が $x = a$ で微分可能であるということは，適当な定数 A と関数 ε が存在して，$f(a+h) = f(a) + Ah + h\varepsilon(h)$, $\displaystyle\lim_{h \to 0} \varepsilon(h) = 0$ とできることであった．

2 変数の場合も同様に，適当な定数 A, B と関数 ε が存在して，

$$f(a+h, b+k) = f(a,b) + Ah + Bk + \left(\sqrt{h^2 + k^2}\right)\varepsilon(h, k) \tag{1}$$

$$\lim_{(h,k) \to (0,0)} \varepsilon(h, k) = 0 \tag{2}$$

とできるとき，$f(x, y)$ は点 (a, b) において**全微分可能**または**微分可能**であるという．全微分可能の定義より次の定理は明らかである．

定理 6.7. 関数 $f(x, y)$ が，点 (a, b) で全微分可能ならば，

1. $f(x, y)$ は (a, b) で連続である．

2. $f(x, y)$ は (a, b) において，x に関しても y に関しても偏微分可能で，(1) 式の定数 A, B は $A = \dfrac{\partial f}{\partial x}(a, b)$, $B = \dfrac{\partial f}{\partial y}(a, b)$ となる．

注 6.8. 関数がある点で連続で，しかもすべての方向に偏微分可能であっても，その点で全微分可能であるとは限らない．例えば，関数

$$f(x, y) = \begin{cases} \dfrac{|x|y}{\sqrt{x^2 + y^2}} & (x, y) \neq (0, 0) \\ 0 & (x, y) = (0, 0) \end{cases}$$

は，$(0, 0)$ で連続である．また $f(\lambda t, \mu t) = |\lambda|\mu t$（ただし $\lambda^2 + \mu^2 = 1$）であるから，すべての方向に微分可能である．しかし $f(x, y)$ は点 $(0, 0)$ で全微分可能ではない．なぜならば，$f_x(0, 0) = f_y(0, 0) = 0$ であるから，もし全微分可能ならば，上の (1) 式において A, B はともに 0 になり，$a = 0$, $b = 0$, $h = \lambda t$, $k = \mu t$ とおくと，(1) 式は，$f(\lambda t, \mu t) = |t|\varepsilon(\lambda t, \mu t)$ となる．ところが，$f(\lambda t, \mu t) = |\lambda|\mu t$ であるから，$|\varepsilon(\lambda t, \mu t)| = |\lambda\mu|$ となり $\displaystyle\lim_{t \to 0} \varepsilon(\lambda t, \mu t) = 0$ が成り立たなくなるからである．

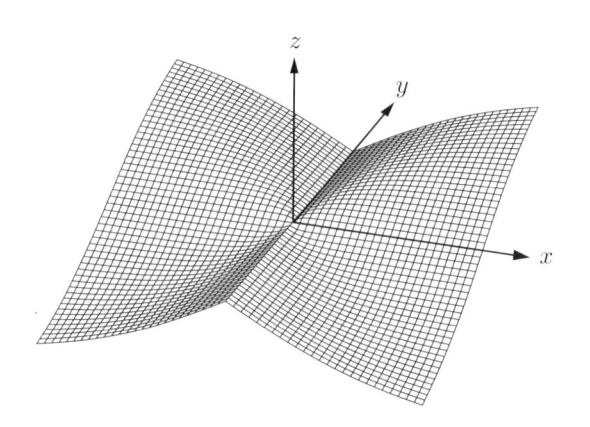

図 6.4: すべての方向に方向微分可能だが，全微分可能でない例（注 6.8）

定理 6.9. 領域 D で定義された関数 $f(x,y)$ の偏導関数 $f_x(x,y), f_y(x,y)$ が領域 D で連続関数ならば，$f(x,y)$ は領域 D で全微分可能である．

証明 領域 D の任意の点 (a,b) を考える．1 変数関数に関する平均値の定理より，$f(a+h,b+k)-f(a,b) = \{f(a+h,b+k)-f(a,b+k)\}+\{f(a,b+k)-f(a,b)\} = f_x(a+\theta_1 h, b+k)h + f_y(a,b+\theta_2 k)k$ を満たす $0<\theta_1<1, 0<\theta_2<1$ が存在する．ここで，$\varepsilon_1(h,k) = f_x(a+\theta_1 h, b+k) - f_x(a,b)$, $\varepsilon_2(h,k) = f_y(a,b+\theta_2 k) - f_y(a,b)$, $\varepsilon(h,k) = h\varepsilon_1(h,k) + k\varepsilon_2(h,k)$ とおくと，$f(a+h,b+k)-f(a,b) = hf_x(a,b) + kf_y(a,b) + \varepsilon(h,k)$ となる．証明すべきことは，$(h,k) \to (0,0)$ のとき，$\left|\dfrac{\varepsilon(h,k)}{\sqrt{h^2+k^2}}\right|$ が 0 に収束することである．

ここで，$\left|\dfrac{\varepsilon(h,k)}{\sqrt{h^2+k^2}}\right| = \left|\dfrac{h}{\sqrt{h^2+k^2}}\varepsilon_1 + \dfrac{k}{\sqrt{h^2+k^2}}\epsilon_2\right| \leq |\varepsilon_1| + |\epsilon_2|$ であり，f_x, f_y の連続性から，$(h,k) \to (0,0)$ のとき，$\varepsilon_1 \to 0, \varepsilon_2 \to 0$ であるから，$\left|\dfrac{\epsilon(h,k)}{\sqrt{h^2+k^2}}\right| \to 0$ が証明される． □

1 変数関数の全微分にならって，$z = f(x,y)$ が点 (x,y) で全微分可能であるとき，
$$f_x(x,y)dx + f_y(x,y)dy \left(= \frac{\partial f}{\partial x}dx + \frac{\partial f}{\partial y}dy\right) \tag{3}$$

を dz または df と書き $f(x,y)$ の**全微分**という．全微分 df は，変数の微小変化 dx, dy に対する関数値 $f(x,y)$ の変化を示すものと解釈される．n 変数関数の全微分も同様に定義される．

以後，特に断らない限り，関数は C^∞ 級とする．

例 6.10. 次の全微分を求めよ．

(1) $d(xy)$ (2) $d\left(\dfrac{y}{x}\right)$ (3) $d(\sin(3x+y))$

解

(1) $d(xy) = ydx + xdy$ (2) $d\left(\dfrac{y}{x}\right) = \dfrac{xdy - ydx}{x^2}$

(3) $d(\sin(3x+y)) = 3\cos(3x+y)dx + \cos(3x+y)dy$ ∎

6.2.2 線形近似

全微分可能の定義式 $f(a+h, b+k) = f(a,b) + Ah + Bk + \left(\sqrt{h^2+k^2}\right)\varepsilon(h,k)$, $\lim\limits_{(h,k)\to(0,0)} \varepsilon(h,k) = 0$ は，無限小の定義より

$$f(a+h, b+k) = f(a,b) + f_x(a,b)h + f_y(a,b)k + o\left(\sqrt{h^2+k^2}\right)$$

と表される．さらに $h = x-a, k = y-b$ とおくと，

$$f(x,y) = f(a,b) + f_x(a,b)(x-a) + f_y(a,b)(y-b) + o\left(\sqrt{(x-a)^2+(y-b)^2}\right)$$

と書くこともできる．この式は，(x,y) が (a,b) に十分近いとき，$f(x,y)$ の値が，x と y の1次式 $f(a,b) + f_x(a,b)(x-a) + f_y(a,b)(y-b)$ の値によって非常によく近似されていることを示す．そこで，この近似式

$$f(a,b) + f_x(a,b)(x-a) + f_y(a,b)(y-b)$$

を $f(x,y)$ の点 (a,b) における**線形近似**（または **1 次近似**）という．

例 6.11. $f(x,y) = e^{-x+2y} + \log(1+y^2)$ の点 $(2,1)$ における線形近似は，$f(x,y) \fallingdotseq f(2,1) + f_x(2,1)(x-2) + f_y(2,1)(y-1) = 1 + \log 2 - (x-2) + 3(y-1)$.

問 6.2.1. $f(x,y) = \sqrt{\dfrac{x+2}{y+3}}$ とするとき，線形近似を用いて，$f(2.01, 0.98)$ の近似値を求めよ．

6.2.3 接平面

曲面 $S: z = f(x,y)$ 上の点 $P(a,b,f(a,b))$ を考える．$f(x,y)$ が全微分可能のとき，全微分可能の条件 (1),(2) は，関数 $z = f(x,y)$ の曲面 S が，点 $(a,b,f(a,b))$ の近くで，図形

$$\Pi : z = f(a,b) + f_x(a,b)(x-a) + f_y(a,b)(y-b)$$

によって十分に近似されることを示す．この図形 Π を，曲面 S の点 $P(a,b,f(a,b))$ における**接平面**という．

Π は点 $(a,b,f(a,b))$ を通りベクトル $\vec{d} = (f_x(a,b), f_y(a,b), -1)$ に垂直な平面である．曲面 S 上の点 $(a,b,f(a,b))$ を通りベクトル $\vec{d}$ に平行な直線を，曲面 $z = f(x,y)$ の点 $(a,b,f(a,b))$ における**法線**という．法線の方程式は

$$\frac{x-a}{f_x(a,b)} = \frac{y-b}{f_y(a,b)} = \frac{z-f(a,b)}{-1}.$$

例 6.12. 曲面 $z = x^2 + y^2$ 上の点 $(2,1,5)$ における接平面と法線の方程式を求めよ．

解 $z_x = 2x, z_y = 2y$ であるから，$x=2, y=1$ のとき，$z_x = 4, z_y = 2$．故に，接平面は $z = 4(x-2) + 2(y-1) + 5 = 4x + 2y - 5$．

また，法線は $\dfrac{x-2}{4} = \dfrac{y-1}{2} = \dfrac{z-5}{-1}$. ∎

6.2.4 変数の変換，合成関数の微分

定理 6.10 (合成関数の微分法). $f(x,y)$ を領域 D で定義された C^1 関数とし，$x = x(t), y = y(t)$ をともに微分可能な関数で，$(x(t), y(t)) \in D$ を満たすものとする．このとき合成関数 $z = f(x(t), y(t))$ も微分可能で，

$$\frac{dz}{dt} = \frac{df}{dt} = \frac{\partial f}{\partial x}\frac{dx}{dt} + \frac{\partial f}{\partial y}\frac{dy}{dt} = \nabla f \cdot (\frac{dx}{dt}, \frac{dy}{dt})$$

が成り立つ．ここで，記号 $\cdot$ はベクトルの内積を表す．

証明 f は C^1 級であるから，全微分可能である．よって，$f(a+h, b+k) = f(a,b) + f_x(a,b)h + f_y(a,b)k + \sqrt{h^2+k^2}\,\varepsilon(h,k)$, $\displaystyle\lim_{(h,k)\to(0,0)} \varepsilon(h,k) = 0$ が成立する．

t の増分 Δt に対応する x, y の増分をそれぞれ $\Delta x, \Delta y$ とし，それらに対応する z の増分を Δz とすると，上の式に $h = \Delta x, k = \Delta y, f(a+h, b+k) = f(a,b) + \Delta z$ を代入して，

$$\Delta z = f_x(x,y)\Delta x + f_y(x,y)\Delta y + \sqrt{(\Delta x)^2 + (\Delta y)^2}\,\varepsilon(\Delta x, \Delta y).$$

両辺を Δt で割ると

$$\frac{\Delta z}{\Delta t} = f_x(x,y)\frac{\Delta x}{\Delta t} + f_y(x,y)\frac{\Delta y}{\Delta t} + \frac{\sqrt{(\Delta x)^2 + (\Delta y)^2}\,\varepsilon(\Delta x, \Delta y)}{\Delta t}.$$

ここで，$\Delta t \to 0$ のとき，$\dfrac{\Delta x}{\Delta t} \to \dfrac{dx}{dt}$, $\dfrac{\Delta y}{\Delta t} \to \dfrac{dy}{dt}$ であり，さらに，

$$\left|\frac{\sqrt{(\Delta x)^2 + (\Delta y)^2}\,\varepsilon(\Delta x, \Delta y)}{\Delta t}\right| = |\varepsilon(\Delta x, \Delta y)|\sqrt{\left(\frac{\Delta x}{\Delta t}\right)^2 + \left(\frac{\Delta y}{\Delta t}\right)^2} \to 0$$

であるから，定理を得る． $\square$

例 6.13. $f(x,y) = xy^2$, $x = \exp 2t$, $y = \sin(3t+1)$ のとき，

$$\frac{df}{dt} = f_x\frac{dx}{dt} + f_y\frac{dy}{dt} = y^2 2\exp 2t + 6xy\cos(3t+1)$$
$$= 2\sin(3t+1)\exp 2t\{\sin(3t+1) + 3\cos(3t+1)\}.$$

例 6.14. 定理 6.10 で $z = f(x,y), x = x(t), y = y(t)$ がともに C^2 級のとき，

$$\frac{d^2z}{dt^2} = \frac{\partial^2 z}{\partial x^2}\left(\frac{dx}{dt}\right)^2 + 2\frac{\partial^2 z}{\partial x \partial y}\frac{dx}{dt}\frac{dy}{dt} + \frac{\partial^2 z}{\partial y^2}\left(\frac{dy}{dt}\right)^2 + \frac{\partial z}{\partial x}\frac{d^2 x}{dt^2} + \frac{\partial z}{\partial y}\frac{d^2 y}{dt^2}.$$

解 定理 6.10 より，$\dfrac{df}{dt} = f_x\dfrac{dx}{dt} + f_y\dfrac{dy}{dt}$. 両辺をさらに t で微分すると，

$$\frac{d^2 f}{dt^2} = \left\{\frac{df_x}{dt}\frac{dx}{dt} + f_x\frac{d^2 x}{dt^2}\right\} + \left\{\frac{df_y}{dt}\frac{dy}{dt} + f_y\frac{d^2 y}{dt^2}\right\}.$$

ここで，定理 6.10 を f_x, f_y に各々適用すると，

$$\frac{df_x}{dt} = f_{xx}\frac{dx}{dt} + f_{xy}\frac{dy}{dt}, \quad \frac{df_y}{dt} = f_{yx}\frac{dx}{dt} + f_{yy}\frac{dy}{dt}.$$

これらより，結果が示される． ∎

例 6.15. $z = f(x,y)$ において，$x = a + ht, y = b + kt$ (a, h, b, k は定数) のとき，$\dfrac{dz}{dt}$ と $\dfrac{d^2z}{dt^2}$ を求めよ．

解 $\dfrac{dz}{dt} = hf_x + kf_y, \quad \dfrac{d^2z}{dt^2} = h^2 f_{xx} + 2hk f_{xy} + k^2 f_{yy}.$ ∎

定理 6.10 と同様に次の定理が成り立つ．

定理 6.11. $z = f(x,y)$ は領域 D で定義された C^1 級関数であり，$x = x(u,v)$, $y = y(u,v)$ は C^1 級関数で，$(x,y) = (x(u,v), y(u,v)) \in D$ を満たしているとする．このとき，合成関数 $z = f(x(u,v), y(u,v))$ は偏微分可能で

$$\frac{\partial z}{\partial u} = \frac{\partial z}{\partial x}\frac{\partial x}{\partial u} + \frac{\partial z}{\partial y}\frac{\partial y}{\partial u}, \quad \frac{\partial z}{\partial v} = \frac{\partial z}{\partial x}\frac{\partial x}{\partial v} + \frac{\partial z}{\partial y}\frac{\partial y}{\partial v}.$$

注 6.12. $z = f(x,y)$ の変数変換 $x = x(u,v), y = y(u,v)$ において，

$$dz = \frac{\partial f}{\partial x}dx + \frac{\partial f}{\partial y}dy = \frac{\partial f}{\partial u}du + \frac{\partial f}{\partial v}dv$$

が成り立つ．これは $z = f(x,y)$ の全微分は変数の取り方によらないことを示す．これを**全微分の不変性**という．

問 6.2.2. 全微分の不変性を証明せよ．

問 6.2.3. $z = f(x,y)$, $x = x(u,v)$, $y = y(u,v)$ のとき，次を示せ．

1. $f_{uu} = f_{xx}(x_u)^2 + 2f_{xy}x_u y_u + f_{yy}(y_u)^2 + f_x x_{uu} + f_y y_{uu}$

2. $f_{uv} = f_{xx}x_u x_v + f_{xy}(x_u y_v + x_v y_u) + f_{yy}y_u y_v + f_x x_{uv} + f_y y_{uv}$

例 6.16. 極座標 $x = r\cos\theta, y = r\sin\theta$ を用いると，関数 $z = f(x,y)$ は (r, θ) の関数 $z = g(r,\theta) = f(r\cos\theta, r\sin\theta)$ と見なすことができる．このとき，

$$g_r = f_x \cos\theta + f_y \sin\theta, \quad g_\theta = f_x(-r\sin\theta) + f_y r\cos\theta.$$

6.2. 全微分とその応用

解 $\dfrac{\partial g}{\partial r} = \dfrac{\partial f}{\partial x}\dfrac{\partial x}{\partial r} + \dfrac{\partial f}{\partial y}\dfrac{\partial y}{\partial r} = \dfrac{\partial f}{\partial x}\cos\theta + \dfrac{\partial f}{\partial y}\sin\theta.$ 同様に, $\dfrac{\partial g}{\partial \theta} = \dfrac{\partial f}{\partial x}\dfrac{\partial x}{\partial \theta} + \dfrac{\partial f}{\partial y}\dfrac{\partial y}{\partial \theta} = -\dfrac{\partial f}{\partial x}r\sin\theta + \dfrac{\partial f}{\partial y}r\cos\theta.$ ∎

問 6.2.4. 例 6.16 において, $g(r,\theta)$ の第 2 次偏導関数が次のようになることを示せ.

$$g_{rr} = f_{xx}\cos^2\theta + 2f_{xy}\cos\theta\sin\theta + f_{yy}\sin^2\theta,$$

$$g_{r\theta} = f_{xx}(-r\sin\theta\cos\theta) + f_{xy}r(\cos^2\theta - \sin^2\theta) + f_{yy}(r\sin\theta\cos\theta) - f_x\sin\theta + f_y\cos\theta,$$

$$g_{\theta\theta} = f_{xx}(r^2\sin^2\theta) + 2f_{xy}(-r^2\cos\theta\sin\theta) + f_{yy}(r^2\cos^2\theta) - f_x r\cos\theta - f_y r\sin\theta.$$

問 6.2.5. 例 6.16 において, 次を示せ.

1. $r \neq 0$ のとき, $\dfrac{\partial f}{\partial x} = \dfrac{\partial g}{\partial r}\cos\theta - \dfrac{1}{r}\dfrac{\partial g}{\partial \theta}\sin\theta,\ \dfrac{\partial f}{\partial y} = \dfrac{\partial g}{\partial r}\sin\theta + \dfrac{1}{r}\dfrac{\partial g}{\partial \theta}\cos\theta.$

2. $\left(\dfrac{\partial f}{\partial x}\right)^2 + \left(\dfrac{\partial f}{\partial y}\right)^2 = \left(\dfrac{\partial g}{\partial r}\right)^2 + \dfrac{1}{r^2}\left(\dfrac{\partial g}{\partial \theta}\right)^2.$

3. $\dfrac{\partial^2 z}{\partial x^2} + \dfrac{\partial^2 z}{\partial y^2} = \dfrac{\partial^2 z}{\partial r^2} + \dfrac{1}{r}\dfrac{\partial z}{\partial r} + \dfrac{1}{r^2}\dfrac{\partial^2 z}{\partial \theta^2}.$

さて, 1 変数の場合, $y = f(x)$ に, 変換 $x = \phi(t)$ をほどこしたとき $\dfrac{dy}{dt} = \dfrac{dy}{dx}\dfrac{dx}{dt}$ が成立していた. 2 変数の場合, これに対応した式は,

$$\begin{pmatrix} \dfrac{\partial z}{\partial u} \\ \dfrac{\partial z}{\partial v} \end{pmatrix} = \begin{pmatrix} \dfrac{\partial x}{\partial u} & \dfrac{\partial y}{\partial u} \\ \dfrac{\partial x}{\partial v} & \dfrac{\partial y}{\partial v} \end{pmatrix} \begin{pmatrix} \dfrac{\partial z}{\partial x} \\ \dfrac{\partial z}{\partial y} \end{pmatrix}$$

となる. 行列 $\begin{pmatrix} \dfrac{\partial x}{\partial u} & \dfrac{\partial y}{\partial u} \\ \dfrac{\partial x}{\partial v} & \dfrac{\partial y}{\partial v} \end{pmatrix}$ を **関数行列** または **ヤコビ行列** という. さらに, 行列式 $\begin{vmatrix} \dfrac{\partial x}{\partial u} & \dfrac{\partial y}{\partial u} \\ \dfrac{\partial x}{\partial v} & \dfrac{\partial y}{\partial v} \end{vmatrix}$ を $\dfrac{\partial(x,y)}{\partial(u,v)}$ で表し, **関数行列式** または **ヤコビアン** という.

注 6.13. 1 変数関数 $y = f(x)$ において $f'(x) \neq 0$ ならば，逆関数 $x = g(y)$ が定まり，$\dfrac{dy}{dx}\dfrac{dx}{dy} = 1$ となっていた．同様に，2 変数関数の場合，$x = x(u,v), y = y(u,v)$ において $\dfrac{\partial(x,y)}{\partial(u,v)} \neq 0$ ならば，$u = u(x,y), v = v(x,y)$ と表すことができて，$\dfrac{\partial(x,y)}{\partial(u,v)} \cdot \dfrac{\partial(u,v)}{\partial(x,y)} = 1$ が成立する．

問 6.2.6. $x = r\cos\theta, y = r\sin\theta$ のとき $\dfrac{\partial(x,y)}{\partial(r,\theta)}$ を求めよ．

注 6.14. 1 変数関数の場合，$y = f(x)$ において $f'(x) \neq 0$ ならば，$\dfrac{dx}{dy} = \dfrac{1}{\frac{dy}{dx}}$ が成立していた．しかし，2 変数関数の場合にはこのような式は一般に成立しない．例えば，$x = r\cos\theta, y = r\sin\theta$ とすると，$\dfrac{\partial x}{\partial r} = \cos\theta$ であるが，一方，$r = \sqrt{x^2+y^2}$ だから，$\dfrac{\partial r}{\partial x} = \dfrac{x}{\sqrt{x^2+y^2}} = \cos\theta$ である．よって，$\cos\theta = \pm 1$ でない限り，$\dfrac{\partial x}{\partial r} = \dfrac{1}{\frac{\partial r}{\partial x}}$ は成立しない．

問 6.2.7.

1. C^1 級の関数 $z = f(x,y)$ において，$x = u\cos\alpha - v\sin\alpha, y = u\sin\alpha + v\cos\alpha$（$\alpha$ は定数）とするとき，$(z_x)^2 + (z_y)^2 = (z_u)^2 + (z_v)^2$ を示せ．

2. c を定数とし，1 変数関数 f, g を C^2 級の関数とする．このとき，$z = f(x+ct) + g(x-ct)$ は，$\dfrac{\partial^2 z}{\partial t^2} = c^2 \dfrac{\partial^2 z}{\partial x^2}$ を満たすことを示せ．

3. 関数 $u(x,t) = \dfrac{1}{2\sqrt{\pi t}} \exp\dfrac{-x^2}{4t}$ は，$t > 0$ のとき，$\dfrac{\partial u}{\partial t} = \dfrac{\partial^2 u}{\partial x^2}$ を満たすことを示せ．

6.2.5　合成関数の微分法と方向微分

点 (a,b) を通り x 軸と角 α をなす直線 $C(t)$ は $x = x(t) = a + t\cos\alpha, y = y(t) = b + t\sin\alpha$ で与えられ，このとき直線の接ベクトル（直線の向き）は

$(\cos\alpha, \sin\alpha)$ である．ここで $\vec{u} = (\cos\alpha, \sin\alpha)$ とおくと，合成関数 $f(x(t), y(t))$ の $t = 0$ での微分係数は，点 (a, b) の向き $\vec{u}$ 方向の方向微分係数となる．合成関数の微分法より，

$$D_{\vec{u}} f(a, b) = \frac{\partial f}{\partial x}(a, b) \cos\alpha + \frac{\partial f}{\partial y}(a, b) \sin\alpha = \nabla f(a, b) \cdot (\cos\alpha, \sin\alpha)$$
$$= \nabla f(a, b) \cdot \vec{u}$$

となる．ここで直線 $C(t)$ の向き $\vec{u}$ と $\nabla f(a, b)$ のなす角を θ $(0 \leq \theta \leq \pi)$ とすると，

$$D_{\vec{u}} f(a, b) = \nabla f(a, b) \cdot (\cos\alpha, \sin\alpha) = |\nabla f(a, b)| \cos\theta$$

となる．さらに直線の向きとしてあらゆる方向を考えると，$\cos\theta$ の値は -1 から 1 まで変化する．$\cos\theta$ の最大値は，$\theta = 0$ のとき 1 である．このとき直線の向きと $\nabla f(a, b)$ の向きが同じになり，さらに方向微分係数は勾配の長さに等しくなる．これより，次の定理が得られる．

定理 6.15. 勾配ベクトル $\nabla f(a, b)$ の向きは，関数 $f(x, y)$ が点 (a, b) で最大の増加をなす向きであり，そのときの勾配の長さ $|\nabla f(a, b)|$ はその向きにおける関数の変化率である．

注 6.16. 関数 $f(x, y)$ の等高線 $f(x, y) = k$ 上にある微分可能な任意の曲線を $x = x(t), y = y(t)$ とすると，$f(x(t), y(t)) = k$ である．この式の両辺を t で微分すると，$\nabla f(x(t), y(t)) \cdot (x'(t), y'(t)) = 0$ であるから，$\nabla f(a, b)$ は点 (a, b) における等高線と直交する．

例 6.17. $f(x, y) = xy + y^2$ の点 $(1, 1)$ における $\vec{u} = (\frac{1}{\sqrt{5}}, \frac{2}{\sqrt{5}})$ 向きへの方向微分係数を求めよ．

解 $f_x(1, 1) = 1$, $f_y(1, 1) = 3$, であるから，$D_{\vec{u}} f(1, 1) = (f_x, f_y) \cdot \vec{u} = (1, 3) \cdot (\frac{1}{\sqrt{5}}, \frac{2}{\sqrt{5}}) = \frac{7}{\sqrt{5}}$. ∎

問 6.2.8. 点 $(1, 2)$ において関数 $\phi(x, y) = \frac{1}{\sqrt{x^2 + y^2}}$ の変化率が最大になる向きとそのときの変化率を求めよ．

6.3 テイラーの定理

1変数関数 $f(x)$ のテイラーの定理は，

$$f(a+h) = f(a) + f'(a)h + \frac{f''(a)}{2!}h^2 + \cdots + \frac{f^{(n-1)}(a)}{(n-1)!}h^{n-1} + \frac{f^{(n)}(a+\theta h)}{n!}h^n$$

$(0 < \theta < 1)$ であった．

　この定理は剰余項の値が小さいとき，$f(a+h)$ が $x=a$ における $f(x)$ の微分係数を使用して h の多項式で近似されることを示している．同様な公式が2変数関数 $f(x,y)$ でも成り立つ．ただし関数 $f(x,y)$ は C^n 級とする．

　a,b,h,k を定数とするとき，$z=f(x,y), x=a+ht, y=b+kt$ のときの微分係数は，合成関数の微分法により

$$\frac{df}{dt} = h\frac{\partial f}{\partial x} + k\frac{\partial f}{\partial y},$$

$$\frac{d^2 f}{dt^2} = \frac{d}{dt}(h\frac{\partial f}{\partial x} + k\frac{\partial f}{\partial y}) = h^2 \frac{\partial^2 f}{\partial x^2} + 2hk\frac{\partial^2 f}{\partial x \partial y} + k^2 \frac{\partial^2 f}{\partial y^2},$$

$$\frac{d^3 f}{dt^3} = h^3 \frac{\partial^3 f}{\partial x^3} + 3h^2 k \frac{\partial^3 f}{\partial x^2 \partial y} + 3hk^2 \frac{\partial^3 f}{\partial x \partial y^2} + k^3 \frac{\partial^3 f}{\partial y^3}, \cdots.$$

となる．ここで式を見やすくするために，次の略記法を導入しよう．

$$\frac{df}{dt} = \left(h\frac{\partial}{\partial x} + k\frac{\partial}{\partial y}\right)f,$$

$$\frac{d^2 f}{dt^2} = \left(h\frac{\partial}{\partial x} + k\frac{\partial}{\partial y}\right)^2 f,$$

$$\frac{d^3 f}{dt^3} = \left(h\frac{\partial}{\partial x} + k\frac{\partial}{\partial y}\right)^3 f, \cdots.$$

以上を一般化して，すべての $n=1,2,3,\cdots$ に対して，

$$\frac{d^n f}{dt^n} = \sum_{\ell=0}^{n} \frac{n!}{\ell!(n-\ell)!} \frac{\partial^n f}{\partial^{n-\ell} x \partial^\ell y} h^{n-\ell} k^\ell = \left(h\frac{\partial}{\partial x} + k\frac{\partial}{\partial y}\right)^n f$$

が成立することが数学的帰納法により証明できる．なお，$\left(h\dfrac{\partial}{\partial x} + k\dfrac{\partial}{\partial y}\right)^0 f = f$ と約束すれば，この式は $n=0$ の場合にも成立する．

6.3. テイラーの定理

定理 6.17 (テイラーの定理). 関数 $f(x,y)$ が点 (a,b) の近くで C^n 級ならば,

$$f(a+h, b+k) = \sum_{\ell=0}^{n-1} \frac{1}{\ell!} \left(h\frac{\partial}{\partial x} + k\frac{\partial}{\partial y} \right)^\ell f(a,b) + R_n$$

$$= f(a,b) + \left(h\frac{\partial}{\partial x} + k\frac{\partial}{\partial y} \right) f(a,b) + \cdots$$

$$+ \frac{1}{(n-1)!} \left(h\frac{\partial}{\partial x} + k\frac{\partial}{\partial y} \right)^{n-1} f(a,b) + R_n,$$

$$R_n = \frac{1}{n!} \left(h\frac{\partial}{\partial x} + k\frac{\partial}{\partial y} \right)^n f(a+\theta h, b+\theta k) \quad (\text{ただし, } 0 < \theta < 1)$$

を満たす θ が存在する.

証明 a, b, h, k を定数とみて, t を変数とする 1 変数関数 $g(t)$ を, $g(t) = f(a+ht, b+kt)$ と定める. これに 1 変数のテイラー展開を $t = 1$ の場合に適用して,

$$g(1) = g(0) + g'(0) + \frac{1}{2!}g''(0) + \cdots + \frac{g^{(n-1)}(0)}{(n-1)!} + R_n, \quad R_n = \frac{1}{n!} g^{(n)}(\theta) \ (0 < \theta < 1)$$

と書くことができる. 上の略記法より,

$$g(1) = f(a+h, b+k), \quad g(0) = f(a,b),$$

$$g^{(k)}(0) = \left(h\frac{\partial}{\partial x} + k\frac{\partial}{\partial y} \right)^k f(a,b) \quad (k = 0, 1, \cdots, n-1),$$

$$g^{(n)}(\theta) = \left(h\frac{\partial}{\partial x} + k\frac{\partial}{\partial y} \right)^n f(a+\theta h, b+\theta k)$$

だから, 定理が得られる. □

テイラーの定理において, もしも $f(x,y)$ が C^∞ 級であり, しかも, $\lim_{n\to\infty} R_n = 0$ であるならば, 無限級数 $\sum_{\ell=0}^{\infty} \left(h\frac{\partial}{\partial x} + k\frac{\partial}{\partial y} \right)^\ell f(a,b)$ は $f(x,y)$ に収束する. この無限級数を, 点 (a,b) での $f(x,y)$ の **テイラー級数** あるいは **テイラー展開** という.

テイラーの定理において，特に $a = 0$, $b = 0$ の場合を，マクローリンの定理という．同様に，$(a,b) = (0,0)$ でのテイラー級数を，マクローリン級数，マクローリン展開という．

例 6.18. テイラーの定理を $n = 2, 3$ の場合に書き下すと，以下のようになる．

1. $n = 2$ のとき，
$$f(a+h, b+k) = f(a,b) + hf_x(a,b) + kf_y(a,b) + R_2.$$

2. $n = 3$ のとき，
$$f(a+h, b+k) = f(a,b) + hf_x(a,b) + kf_y(a,b)$$
$$+ \frac{1}{2!}\{h^2 f_{xx}(a,b) + 2hk f_{xy}(a,b) + k^2 f_{yy}(a,b)\} + R_3.$$

例 6.19. $f(x,y) = \exp x \sin y$ の点 $\left(1, \dfrac{\pi}{2}\right)$ でのテイラー展開を，2次の項まで求めよ．

解 f は C^∞ 級であり，$f_x = \exp x \sin y$, $f_y = \exp x \cos y$, $f_{xx} = \exp x \sin y$, $f_{xy} = \exp x \cos y$, $f_{yy} = -\exp x \sin y$．よって，$f\left(1, \dfrac{\pi}{2}\right) = e$, $f_x\left(1, \dfrac{\pi}{2}\right) = e$, $f_y\left(1, \dfrac{\pi}{2}\right) = 0$, $f_{xx}\left(1, \dfrac{\pi}{2}\right) = e$, $f_{xy}\left(1, \dfrac{\pi}{2}\right) = 0$, $f_{yy}\left(1, \dfrac{\pi}{2}\right) = -e$．以上により，
$$\exp(1+h) \sin\left(\frac{\pi}{2} + k\right) = e + eh + \frac{e}{2}h^2 - \frac{e}{2}k^2 + \cdots.$$
あるいは，$x = 1 + h$, $y = \dfrac{\pi}{2} + k$ とおいて，
$$\exp x \sin y = e + e(x-1) + \frac{e}{2}(x-1)^2 - \frac{e}{2}\left(y - \frac{\pi}{2}\right)^2 + \cdots.$$

∎

注 6.18. テイラー展開は，h と k，すなわち，$x - a$ と $y - b$ の多項式によって $f(x,y)$ の値の近似式を与えるという意味をもつ展開である．よって，その結果は $x - a$ と $y - b$ のベキ級数の形で表しておくべきである．例えば上の例において最後の式をわざわざ展開して，
$$\exp x \sin y = \left(-\frac{e\pi^2}{8} + \frac{e}{2}\right) + \frac{e\pi}{2}y + \frac{e}{2}x^2 - \frac{e}{2}y^2 + \cdots \quad (\text{不適切な表現！})$$
と書き直すのは全く無意味である．

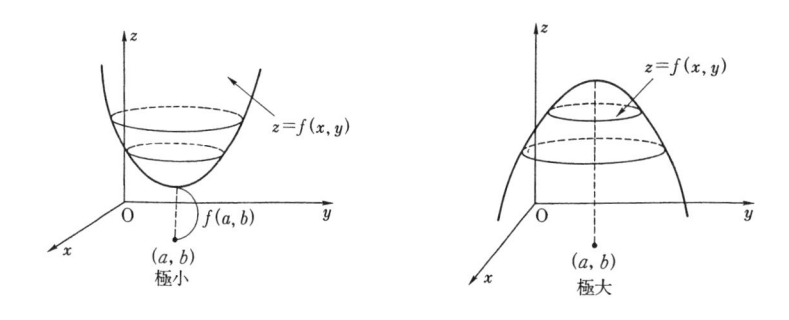

図 6.5: 極値

問 6.3.1. $f(x,y) = \log(x+3y)$ の点 $(3,1)$ におけるテイラー展開を，2 次の項まで求めよ．

6.4 極値

関数 $f(x,y)$ が点 (a,b) のごく小さい近傍で，(a,b) 以外の任意の点 (x,y) に対して
$$f(x,y) < f(a,b) \qquad (\text{または } f(x,y) > f(a,b))$$
を満たすとき，$f(x,y)$ は点 (a,b) で **極大**（または **極小**）であるといい，$f(a,b)$ を **極大値**（または**極小値**）という．極大値，極小値をまとめて**極値**という．

定理 6.19. C^1 級の関数 $f(x,y)$ が点 (a,b) で極値をとれば，$f_x(a,b) = 0$ かつ $f_y(a,b) = 0$ である．

証明 $f(x,y)$ が点 (a,b) で極値をとるならば，$f(x,b)$ は x の関数として $x = a$ において極値をとることになるから，$f_x(a,b) = 0$ でなければならない．同様に，$f(a,y)$ は y の関数として $y = b$ において極値をとるから $f_y(a,b) = 0$．よって，$f(a,b)$ が極値であれば，$f_x(a,b) = 0$ かつ $f_y(a,b) = 0$. □

$f_x(a,b) = 0$ かつ $f_y(a,b) = 0$ を満たす点 (a,b) を，$f(x,y)$ の**臨界点**または**停留点**という．

定理 6.19 より，極値をとるような点は臨界点であることがわかる．しかしながら，その逆は成立するとは限らない；つまり，すべての臨界点で極値をとるとは限らない．しかし，以下のような定理が成立する．

定理 6.20. 点 (a,b) のある近傍で $f(x,y)$ が C^2 級とする．さらに点 (a,b) が $f(x,y)$ の臨界点であるとする；つまり，$f_x(a,b)=0$ かつ $f_y(a,b)=0$ が成り立っているとする．このとき，

$$D(a,b) = \{f_{xy}(a,b)\}^2 - f_{xx}(a,b)f_{yy}(a,b)$$

とおくと，

1. $D(a,b) < 0$ かつ $f_{xx}(a,b) > 0$ ならば，$f(x,y)$ は点 (a,b) で極小である．
2. $D(a,b) < 0$ かつ $f_{xx}(a,b) < 0$ ならば，$f(x,y)$ は点 (a,b) で極大である．
3. $D(a,b) > 0$ ならば，点 (a,b) で極値をとらない．
4. $D(a,b) = 0$ ならば，点 (a,b) で極値をとるか否かはこの方法では判定できない．

証明 $\nabla f(a,b) = (0,0)$ より h,k が十分に 0 に近いとき，次の近似式が成り立つ：$f(a+h,b+k) - f(a,b) \fallingdotseq \dfrac{1}{2!}\left\{h^2 f_{xx}(a,b) + 2hk f_{xy}(a,b) + k^2 f_{yy}(a,b)\right\}$.

ここで，$A = f_{xx}(a,b)$, $B = f_{xy}(a,b)$, $C = f_{yy}(a,b)$, $Q(h,k) = Ah^2 + 2Bhk + Ck^2$ とおくと，$f(a+h,b+k) - f(a,b) \fallingdotseq \dfrac{1}{2}Q(h,k)$ となり，$f(a+h,b+k) - f(a,b)$ の正負は $Q(h,k)$ の正負とほぼ一致する．よって，$Q(h,k)$ が $(h,k) = (0,0)$ において極大（極小）であるならば，$f(x,y)$ が $(x,y) = (a,b)$ において極大（極小）であると考えられる．

$h = r\cos\theta$, $k = r\sin\theta$ $(r \geq 0)$ とおくと，

$$\begin{aligned}
Q(h,k) &= r^2\left\{A\cos^2\theta + 2B\cos\theta\sin\theta + C\sin^2\theta\right\} \\
&= r^2\left\{\tfrac{A+C}{2} + \tfrac{A-C}{2}\cos 2\theta + B\sin 2\theta\right\} \\
&= r^2\left\{\tfrac{A+C}{2} + \sqrt{\left(\tfrac{A-C}{2}\right)^2 + B^2}\cdot\cos(2\theta + \alpha)\right\} \\
&= r^2\left\{\tfrac{A+C}{2} + \sqrt{\left(\tfrac{A+C}{2}\right)^2 + (B^2 - AC)}\cdot\cos(2\theta + \alpha)\right\}
\end{aligned}$$

6.4. 極値

と書くことができる．よって，$r = 0$ ならば $Q(h, k) = 0$ であり，$r \neq 0$ ならば $Q(h, k)$ の正負は $\frac{A+C}{2} + \sqrt{\left(\frac{A+C}{2}\right)^2 + (B^2 - AC)} \cdot \cos(2\theta + \alpha)$ の正負と一致する．よって，この式が θ の値によらずに常に正（負）の値しかとらなければ，$Q(h, k)$ は $(0, 0)$ において極小（極大）に，また，θ の値によって正と負の値をどちらもとりうるならば，$Q(h, k)$ は $(0, 0)$ で極値をとらないということになる．

$D(a, b) = B^2 - AC > 0$ の場合，$\left|\frac{A+C}{2}\right| < \sqrt{\left(\frac{A+C}{2}\right)^2 + (B^2 - AC)}$ であるから，$Q(h, k)$ は正の値も負の値もとりうる．よって，極値ではない．

$D(a, b) = B^2 - AC < 0$ の場合，$\left|\frac{A+C}{2}\right| > \sqrt{\left(\frac{A+C}{2}\right)^2 + (B^2 - AC)}$ となる．ここで，$A = f_{xx} > 0$ であれば，$B^2 - AC < 0$ より $AC > B^2 \geq 0$ だから，$C > 0$ でなくてはならない．よって，$\frac{A+C}{2} > 0$ となる．故に，$Q(h, k)$ は，$r \neq 0$ のとき常に正の値しかとらない．よって，$(0, 0)$ において極小となる．同様に，$A < 0$ であれば，$Q(h, k)$ は $(0, 0)$ において極大となる．

$D(a, b) = B^2 - AC = 0$ の場合，$2\theta + \alpha = 0$ または π であれば，$(0, 0)$ にどのように近い点においても $Q(h, k) = 0$ となりうる．ここで，$Q(h, k)$ はあくまでも $f(a + h, b + k) - f(a, b)$ の近似値であるから，$f(x, y)$ が (a, b) において極値をとるか否かはこれだけの情報では判断できない．

以上により定理が証明された． □

この定理より，$f(x, y)$ の極値を求めるには，

1. 連立方程式 $f_x(a, b) = 0, f_y(a, b) = 0$ のすべての解 (a, b) を求める．
2. 各 (a, b) に対して，$D(a, b)$ と $f_{xx}(a, b)$ の符号を調べる．
3. $D(a, b) = 0$ の場合は，別の方法を用いて，極値をとるか否かを調べる．

という方法をとればよいことがわかる．

例 6.20. $f(x, y) = x^3 - 3xy + y^3$ の極値を求めよ．

解 $f_x = 3x^2 - 3y = 0, f_y(x, y) = -3x + 3y^2 = 0$ より，臨界点は $(0, 0)$ と $(1, 1)$ である．また $D(x, y) = 9 - 36xy$ より，点 $(0, 0)$ においては，$D(0, 0) =$

9 となり，上の定理より 点 $(0,0)$ では極値をとらない．点 $(1,1)$ においては $D(1,1) = -27, f_{xx}(1,1) = 6$ より点 $(1,1)$ で極小値 $f(1,1) = -1$ をとる． ∎

問 6.4.1. 次の関数の極値を求めよ．
(1) $f(x,y) = x^2 - y^2$ (2) $f(x,y) = x^3 + y^3 + 6xy$
(3) $f(x,y) = \sin x + \sin y + \sin(x+y)$ （ただし，$0 < x < \pi, 0 < y < \pi$）

6.5 陰関数

点 (a,b) を含むある領域で定義された関数 $z = f(x,y)$ が $f(a,b) = 0$ を満たすとする．a の十分小さな近傍の任意の x に対して方程式 $f(x,y) = 0$ を満たす y が b の近傍でただ 1 つ存在するならば，このような y は x の関数であると見なすことができる．このようにして決まる関数 $y = g(x)$ を，方程式 $f(x,y) = 0$ によって定まる**陰関数**という．

同様に b の十分小さな近傍の任意の y に対して方程式 $f(x,y) = 0$ を満たす x が a の近傍でただ 1 つ存在するならば，y の関数 $x = h(y)$ が定まる．

定理 6.21 (陰関数定理：2 変数の場合). C^1 級の関数 $f(x,y)$ が点 (a,b) において，$f(a,b) = 0, f_y(a,b) \neq 0$ を満たすとする．このとき，点 a の近傍で，$b = g(a)$ かつ $f(x, g(x)) = 0$ を満たすような連続関数 $y = g(x)$ が，ただ 1 つ存在する．そして，この $g(x)$ は微分可能で $g'(x) = \dfrac{-f_x(x, g(x))}{f_y(x, g(x))}$ で与えられる．

問 6.5.1.

1. 上の定理において，$f(x,y)$ が C^2 級だとすると，陰関数 $y = g(x)$ も C^2 級であることが知られている．このとき，$f(x, g(x)) = 0$ の両辺を 2 階微分することにより

$$\frac{d^2 g}{dx^2} = -\frac{f_{xx} f_y^2 - 2 f_{xy} f_x f_y + f_{yy} f_x^2}{f_y^3}$$

となることを示せ．

2. $x^2 + y^2 - 4x = 0$ により定まる陰関数 $y = g(x)$ について，$\dfrac{dy}{dx}, \dfrac{d^2 y}{dx^2}$ を求めよ．

定理 6.21 と同様に, 3 変数以上の場合も陰関数定理が成立する. 例えば, 3 変数の場合には次の定理が成立する.

定理 6.22 (陰関数定理：3 変数の場合). C^1 級の関数 $w = f(x,y,z)$ が 点 (a,b,c) において, $f(a,b,c) = 0, f_z(a,b,c) \neq 0$ を満たしているとする. このとき, 点 (a,b) の近傍で, $c = g(a,b)$, $f(x,y,g(x,y)) = 0$ を満たすような関数 $z = g(x,y)$ がただ 1 つ存在する. さらに $g(x,y)$ は偏微分可能で, 偏導関数は

$$g_x(x,y) = \frac{-f_x(x,y,g(x,y))}{f_z(x,y,g(x,y))}, \quad g_y(x,y) = \frac{-f_y(x,y,g(x,y))}{f_z(x,y,g(x,y))}$$

で与えられる.

6.6 条件付き極値

条件 $g(x,y) = 0$ のもとで $f(x,y)$ の極値を考えよう.

定理 6.23 (ラグランジュの未定乗数法). $f(x,y)$, $g(x,y)$ をある領域 U 上の C^1 級の関数とし, U 内の集合 S を $S = \{(x,y) | g(x,y) = 0, \nabla g \neq (0,0)\}$ とする. 条件 $g(x,y) = 0$ のもとで $f(x,y)$ が S の点 (a,b) で極値をとるならば,

$$\nabla f(a,b) = \lambda \nabla g(a,b)$$

となる定数 λ (**ラグランジュの乗数**) が存在する.

証明 $g_y(a,b) \neq 0$ として証明する. 条件 $g(x,y) = 0$ に定理 6.21 を用いると, y は x の関数と考えられる. $z = f(x,y)$ を x について微分すると, $\frac{dz}{dx} = f_x + f_y \frac{dy}{dx}$ となるが, z が極値となるところでは $\frac{dz}{dx} = 0$ であるから, $f_x + f_y \frac{dy}{dx} = 0$ が成立する. ところが, 定理 6.21 より $\frac{dy}{dx} = -\frac{g_x}{g_y}$ であるから, $f_x - f_y \frac{g_x}{g_y} = 0$ となる. ここで, $\lambda = \frac{f_y}{g_y}$ とおくと, $f_y = \lambda g_y$ であり, かつ $f_x = \lambda g_x$ がいえたことになる. よって, $\nabla f(a,b) = \lambda \nabla g(a,b)$.
$g_x(a,b) \neq 0$ の場合も同様である. □

注 6.24. 最大値か最小値であるかは，与えられた関数の性質から判断する．このとき有界閉集合での連続関数はかならず最大値と最小値をもつことに注意せよ．

例 6.21. $g(x,y) = x^2 + y^2 - 1 = 0$ のもとで $f(x,y) = xy$ の極値を求めよ．

解 $f_x - \lambda g_x = y - 2\lambda x = 0$, $f_y - \lambda g_y = x - 2\lambda y = 0$ より，λ を消去して $x^2 - y^2 = 0$．これを $x^2 + y^2 = 1$ に代入して，

$$(x,y) = (\pm \frac{1}{\sqrt{2}}, \pm \frac{1}{\sqrt{2}}), \quad (x,y) = (\pm \frac{1}{\sqrt{2}}, \mp \frac{1}{\sqrt{2}})$$

の 4 点が極値を与える点の候補となる．$g(x,y) = x^2 + y^2 - 1 = 0$ を満たす (x,y) の全体は有界閉集合であるから，$f(x,y) = xy$ は必ずこの集合で最大値と最小値をとる．最大値，最小値は極大値，極小値でもあるから，上の4点の中に最大値，最小値を与える点がなければならない．よって，$(x,y) = (\pm \frac{1}{\sqrt{2}}, \pm \frac{1}{\sqrt{2}})$ で極大値 $\frac{1}{2}$ を，また，$(x,y) = (\pm \frac{1}{\sqrt{2}}, \mp \frac{1}{\sqrt{2}})$ で極小値 $-\frac{1}{2}$ をとる．∎

問 6.6.1. $g(x,y) = x^2 + y^2 - 1 = 0$ のもとで $f(x,y) = x + y$ の極値を求めよ．

演習問題 6

1. 次の関数を偏微分せよ．なお，(7), (8) において，$h(t)$ は連続関数である．
   (1) $f(x,y,z) = \exp(xyz)$ (2) $f(x,y,z) = \log(x^2 + y^2 + z^2)$
   (3) $f(x,y,z) = \sin(x + 3y + 5z)$ (4) $f(x,y,z) = \sqrt{x^2 + y^2 + z^2}$
   (5) $f(x,y) = \tan(x^2 + y^2)$ (6) $f(x,y) = \sin(x \cos y)$
   (7) $f(x,y) = \int_0^{\frac{y}{x}} h(t)\,dt$ (8) $f(x,y) = \int_{xy}^{x^2+y^2} t\,h(t)\,dt$

2. 次の関数 $f(x,y)$ に対して $f_{xx} + f_{yy}$ を計算せよ．
   (1) $f(x,y) = \sqrt{x^2 + y^2}$ (2) $f(x,y) = \tan^{-1} \frac{y}{x}$
   (3) $f(x,y) = x^3 - 3xy^2$ (4) $f(x,y) = x^2 - y^2$
   (5) $f(x,y) = (\exp x)(\sin y + \cos y)$ (6) $f(x,y) = \dfrac{xy}{1 + x + y}$

演習問題 6

3. 次の関数の ∇f を求めよ．
   (1) $f(x,y,z) = \exp xyz$ (2) $f(x,y,z) = xyz$
   (3) $f(x,y,z) = xy + yz + zx$ (4) $f(x,y) = \exp(-2x\sin 3y)$

4. 次の式を全微分 df とする関数 $f(x,y)$ を求めよ．
   (1) $2xy^3 dx + 3x^2 y^2 dy$ (2) $\dfrac{y}{1+xy}dx + \dfrac{x}{1+xy}dy$

5. $z = xy + x^3$, $x = 2\cos t$, $y = \sin t$ のとき, $\dfrac{dz}{dt}$ を求めよ．

6. $f = \log(x^2 + y^2)$ の点 $(1, 2)$ における向き $(\dfrac{1}{2}, \dfrac{\sqrt{3}}{2})$ の方向微分係数を求めよ．

7. 次の関数の極値を求めよ．
   (1) $x^2 - xy + y^2 - 4x - 2y$ (2) $x^3 + 3xy - y^3$
   (3) $x(x^2 - 3y^2)$ (4) $(y - x^2)(y - 2x^2)$
   (5) $xy(1 - x - y)$ (6) $x^4 + y^4 - 2(x - y)^2$

8. 次の関数 $f(x,y)$ の点 $(0,0)$ での全微分可能性を調べよ．
   (1) $f(x,y) = e^x \cos y$
   (2) $f(x,y) = \begin{cases} xy \sin \dfrac{1}{x^2+y^2} & (x,y) \neq (0,0) \\ 0 & (x,y) = (0,0) \end{cases}$
   (3) $f(x,y) = \begin{cases} \dfrac{x^2 y}{x^2+y^2} & (x,y) \neq (0,0) \\ 0 & (x,y) = (0,0) \end{cases}$

9. 関数 $f(x,y)$ が $\mathbb{R}^2$ で C^1 級とするとき, 次を証明せよ．
   (1) $\mathbb{R}^2$ で $f_x = 0$ ならば, $f(x,y) = g(y)$ である．
   (2) $\mathbb{R}^2$ で $f_y = 0$ ならば, $f(x,y) = h(x)$ である．
   (3) $\mathbb{R}^2$ で $f_x = 0$ かつ $f_y = 0$ ならば, $f(x,y)$ は定数である．
   ここで, $g(y)$ は y の関数, $h(x)$ は x の関数である．

第7章 重積分

　この章では，多変数関数について，その積分を考える．1変数関数に対しては不定積分と定積分の2種類が考えられたが，2変数関数に対しては定積分に対応するものしか考えられない．（不定積分に対応するものも考えられるが，本書の扱うべき範囲を超えるのでここでは扱わない．）

　以下，主として2変数関数を扱うこととし，その定積分（2重積分という）を定義する．3変数以上の関数についても考え方は同様である．

7.1　2重積分の定義

　Ω を $\mathbb{R}^2$ の有界な閉領域とし，Ω 上で定義された有界な関数 $z = f(x, y)$ を考える．Ω における $f(x, y)$ の2重積分は，1変数関数 $f(x)$ の閉区間 $[a, b]$ での積分と同様に，以下のように定義される．1変数関数の定積分の定義を思い出しつつ読み進めてもらいたい．

　領域 Ω を n 個の小閉領域 $\Omega_1, \Omega_2, \cdots, \Omega_n$ に分割する．つまり，$\Omega = \Omega_1 \cup \Omega_2 \cup \cdots \cup \Omega_n$（但し，$\Omega_i$ と Ω_j は，もしも交わったとしても，境界のみで交わる）とする．その分割（の方法）を Δ と表すことにする．各 Ω_k に対して，$\mu(\Omega_k)$ を Ω_k の面積とする．さらに，各 Ω_k 内に任意に点 (ξ_k, η_k) をとり，次のような和を考える．

$$R(\Delta, \{(\xi_k, \eta_k)\}) = \sum_{k=1}^{n} f(\xi_k, \eta_k) \mu(\Omega_k).$$

　常に $f(x, y) > 0$ であれば，$f(\xi_k, \eta_k) \mu(\Omega_k)$ は，底面が Ω_k で高さが $f(\xi_k, \eta_k)$ であるような（細長い）高層ビルのような図形の体積と考えられる．よって，図7.1 において，$R(\Delta, \{(\xi_k, \eta_k)\})$ は，これらの図形を寄せ集めたもの，つまり，関数 $z = f(x, y)$ のグラフに沿って屋上が並んでいるような高層ビル群全体の

7.1. 2重積分の定義

体積に等しいと考えられる．

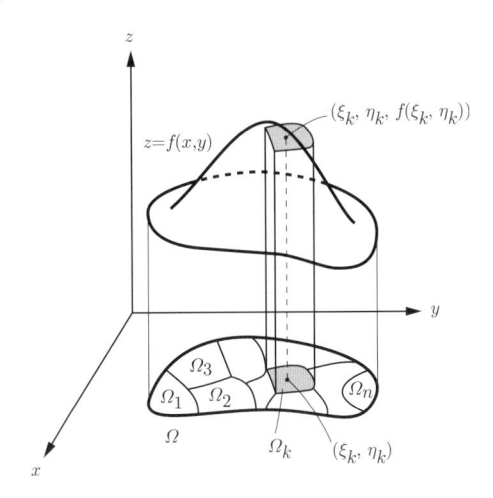

図 7.1: 2重積分の定義

ここで，分割 Δ を限りなく細かくしていく（必然的に，小閉領域の個数 n は限りなく大きくなっていく）とき，$R(\Delta, \{(\xi_k, \eta_k)\})$ の値が，点 (ξ_k, η_k) の取り方や分割を細かくしていく方法によらずに，ある一定の値 I に限りなく近づいていくならば，関数 $f(x,y)$ は領域 Ω において**積分可能**であるという．そしてその値 I を，関数 $f(x,y)$ の Ω での **2重積分**（あるいは簡潔に，**重積分，積分**）といい，

$$\iint_\Omega f(x,y)\,dxdy$$

と表す．このとき，Ω を**積分領域**という．

この定義から，常に $f(x,y) > 0$ であれば，$\iint_\Omega f(x,y)\,dxdy$ は「$z = f(x,y)$ のグラフと Ω で挟まれた部分の体積」を表すことは明白であろう．さらに，もしも $f(x,y) < 0$ となる (x,y) がある場合には，xy 平面よりも上にある部分の体積から xy 平面よりも下にある部分の体積を引いたものになることも理解できよう．

注 7.1. 同様にして，3変数，4変数，$\cdots$ の関数についてもその積分（正確に

は，3重積分，4重積分，$\cdots$）

$$\iiint_\Omega f(x,y,z)\,dxdydz, \quad \iiiint_\Omega f(x,y,z,u)\,dxdydzdu, \cdots$$

が考えられる．

1変数の場合と同様に，一般に関数 $f(x,y)$ が Ω において積分可能か否かを判断するのは非常に難しい．しかし，証明はしないが，次のような定理が成立する．

定理 7.2. 関数 $f(x,y)$ が有界閉領域 Ω で連続であれば，$f(x,y)$ は Ω で積分可能である．

2重積分の定義から次の定理が直ちに導かれる．

定理 7.3.

1. $\iint_\Omega \{f(x,y) \pm g(x,y)\}\,dxdy = \iint_\Omega f(x,y)\,dxdy \pm \iint_\Omega g(x,y)\,dxdy$ （複号同順）．

2. $\iint_\Omega c\,f(x,y)\,dxdy = c \iint_\Omega f(x,y)\,dxdy$ （c は定数）．

3. Ω が Ω_1 と Ω_2 に分割されている（つまり，$\Omega = \Omega_1 \cup \Omega_2$ であり，$\Omega_1 \cap \Omega_2$ の面積が 0）ならば，

$$\iint_\Omega f(x,y)\,dxdy = \iint_{\Omega_1} f(x,y)\,dxdy + \iint_{\Omega_2} f(x,y)\,dxdy.$$

4. Ω のすべての点 (x,y) において $f(x,y) \leq g(x,y)$ ならば，

$$\iint_\Omega f(x,y)\,dxdy \leq \iint_\Omega g(x,y)\,dxdy.$$

さらに，$f(x,y)$, $g(x,y)$ がともに連続のとき，等号が成立するのは，常に $f(x,y) = g(x,y)$ が成立するときに限る．

5. $\left|\iint_\Omega f(x,y)\,dxdy\right| \leq \iint_\Omega |f(x,y)|\,dxdy.$

問 **7.1.1.** $\Omega = \{(x,y) \mid 0 \leq x \leq 1,\ 0 \leq y \leq 1\}$ とし，Ω を
$$\Omega_{i,j} = \left\{ (x,y) \ \middle| \ \frac{i-1}{n} \leq x \leq \frac{i}{n},\ \frac{j-1}{n} \leq y \leq \frac{j}{n} \right\}$$
によって n^2 個の小領域に分割する．つまり，$\Omega = \bigcup_{i,j=1,2,\cdots,n} \Omega_{i,j}$．さらに，$(\xi_{i,j}, \eta_{i,j}) = \left(\dfrac{i}{n}, \dfrac{j}{n}\right)$ とおく．このとき，2 重積分の定義に従って，$\iint_\Omega xy\,dxdy$ を求めよ．

7.2　2 重積分の計算方法

7.2.1　累次積分

　xy 平面内の領域 Ω で関数 $f(x,y)$ を積分することを考える．1 変数の場合と同様に，2 重積分を定義から直接計算するのは大変であり，何らかの計算方法が必要になる．ここでヒントとなるのが，「$f(x,y) > 0$ ならば，$\iint_\Omega f(x,y)\,dxdy$ は，$z = f(x,y)$ のグラフと Ω で挟まれた図形の体積であること」である．我々はすでに空間内の立体図形の体積の求め方を知っているので，それに倣って計算すればよい．

　空間図形の体積を求めるには，適当に軸を設定し，それに垂直な平面で切って得られる切り口の面積を積分すればよいのであった．これと同様に考えると，次のような 2 重積分の計算方法が考えられる．このような計算方法を **累次積分** あるいは **逐次積分** という．(以下，$f(x,y) > 0$ の場合に説明していくが，結果的には一般の場合にも成立する計算方法である．)

$\boxed{x\ \text{軸に垂直な平面での切り口の面積を積分する方法}}$

　Ω が $a \leq x \leq b$ という範囲に含まれていて，このような各 x について Ω 内の点の y 座標が $\varphi_1(x) \leq y \leq \varphi_2(x)$ のように表されているとする．つまり，
$$\Omega = \{(x,y) \mid a \leq x \leq b,\ \varphi_1(x) \leq y \leq \varphi_2(x)\}$$
とする．このとき，$z = f(x,y)$ と Ω で囲まれる図形を，x 座標が x であるよ

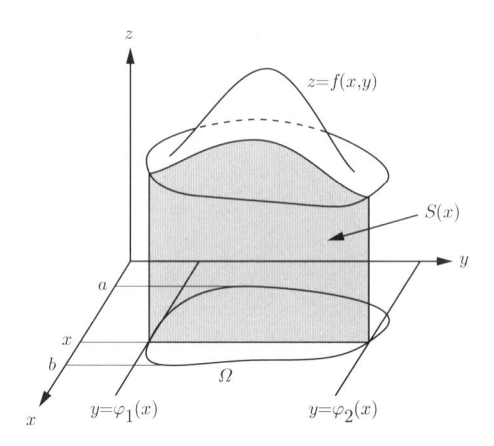

図 7.2: 累次積分：x 軸に垂直な平面で切る方法

うな平面で切ったときの切り口（図 7.2 の影のついた部分）の面積 $S(x)$ は，

$$S(x) = \int_{\varphi_1(x)}^{\varphi_2(x)} f(x,y)\, dy$$

で表される．この切り口の面積 $S(x)$ を $a \leq x \leq b$ の範囲で積分してやれば，全体の体積が求められる．故に，

$$\iint_\Omega f(x,y)\, dxdy = \int_a^b S(x)\, dx = \int_a^b \left(\int_{\varphi_1(x)}^{\varphi_2(x)} f(x,y)\, dy \right) dx$$

という公式が得られる．

$\boxed{y \text{ 軸に垂直な平面での切り口の面積を積分する方法}}$

上と同様にして，y 軸に垂直な平面で切って考えると，積分の順序を交換した式が得られる．つまり，

$$\Omega = \{(x,y) \mid c \leq y \leq d,\ \psi_1(y) \leq x \leq \psi_2(y)\}$$

と表されているとき，$z = f(x,y)$ と Ω で囲まれる図形を，y 座標が y である

7.2. 2重積分の計算方法

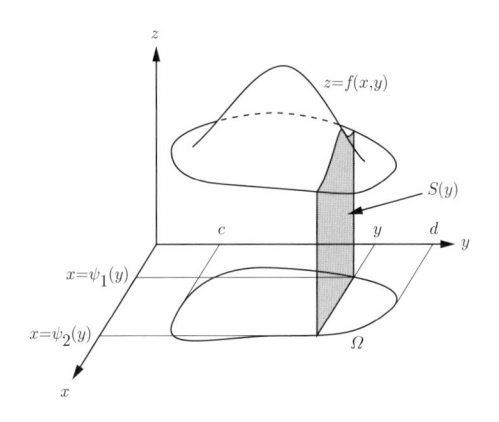

図 7.3: 累次積分：y 軸に垂直な平面で切る方法

ような平面で切ったときの切り口（図 7.3 の影のついた部分）の面積 $S(y)$ は,

$$S(y) = \int_{\psi_1(y)}^{\psi_2(y)} f(x,y)\, dx$$

で表される．故に,

$$\iint_\Omega f(x,y)\, dxdy = \int_c^d S(y)\, dy = \int_c^d \left(\int_{\psi_1(y)}^{\psi_2(y)} f(x,y)\, dx \right) dy.$$

注 7.4. 以上 2 通りの方法のうち，どちらを使った方が良いのかを一般的に決定する方法はない．与えられた問題の諸条件（Ω の形や f の形など）を見極めて総合的に判断していかなくてはならない．このような判断力を身につけるためには，練習問題を解く以外には方法はない．故に,「数多くの練習問題を良く考えながら解いてみる」という訓練が必要不可欠である,

注 7.5. 3 変数以上の関数の積分についても，同様にして累次積分が考えられる．例えば,

$$\Omega = \{(x,y,z) \mid a \le x \le b,\ \varphi_1(x) \le y \le \varphi_2(x),\ \psi_1(x,y) \le z \le \psi_2(x,y)\}$$

と書かれているとき,

$$\iiint_\Omega f(x,y,z)\, dxdydz = \int_a^b \left(\int_{\varphi_1(x)}^{\varphi_2(x)} \left(\int_{\psi_1(x,y)}^{\psi_2(x,y)} f(x,y,z)\, dz \right) dy \right) dx.$$

例 7.1. $\Omega = \{(x,y) \mid x \geq 0, y \geq x-1, y \leq -x+1\}$ のとき, $\iint_\Omega x^2 + y\, dxdy$ を求めよ.

解 Ω は, 図 7.4 のような領域である.

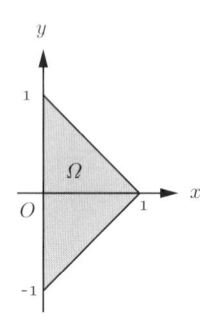

図 7.4: $\Omega = \{(x,y) \mid x \geq 0, y \geq x-1, y \leq -x+1\}$

この領域は $\Omega = \{(x,y) \mid 0 \leq x \leq 1,\ x-1 \leq y \leq -x+1\}$ のように書けるから,
$$\iint_\Omega x^2 + y\, dxdy = \int_0^1 \left(\int_{x-1}^{-x+1} x^2 + y\, dy\right) dx = \int_0^1 \left[x^2 y + \frac{y^2}{2}\right]_{y=x-1}^{y=-x+1} dx$$
$$= \int_0^1 2x^2 - 2x^3\, dx = \frac{1}{6}. \qquad \blacksquare$$

注 7.6. 上の例において, $\int_{x-1}^{-x+1} x^2 + y\, dy$ を $\left[x^2 y + \frac{y^2}{2}\right]_{y=x-1}^{y=-x+1}$ のように表している. 普通, 定積分では, $\left[x^2 y + \frac{y^2}{2}\right]_{x-1}^{-x+1}$ のように "$y=$" という部分を書かないが, 累次積分では変数が 2 つあるため, どちらの変数に値を代入しているかを明示した方が誤りが少なくなる. 読者には是非このような書き方を実行してもらいたい.

注 7.7. 積分領域を, 累次積分で使用するような表示に書き換える場合には, 必ず, その領域を図示して考えるようにしてもらいたい.

例 7.2. $\Omega = \{(x,y) \mid y \geq x^2, x \geq y^2\}$ のとき, $\iint_\Omega xy\, dxdy$ を求めよ.

7.2. 2重積分の計算方法

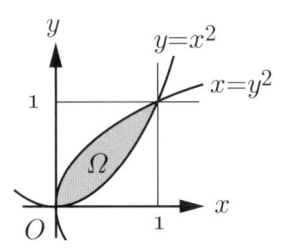

図 7.5: $\Omega = \{(x, y) \mid y \geq x^2, x \geq y^2\}$

解 Ω は，図 7.5 のような領域である．この領域は，$\Omega = \{(x, y) \mid 0 \leq x \leq 1, x^2 \leq y \leq \sqrt{x}\}$ のように表されるから，$\iint_\Omega xy\,dxdy = \int_0^1 (\int_{x^2}^{\sqrt{x}} xy\,dy)\,dx = \int_0^1 \left[\frac{xy^2}{2}\right]_{y=x^2}^{y=\sqrt{x}} dx = \int_0^1 \frac{x^2}{2} - \frac{x^5}{2}\,dx = \frac{1}{12}.$ ∎

注 7.8. よくある間違い

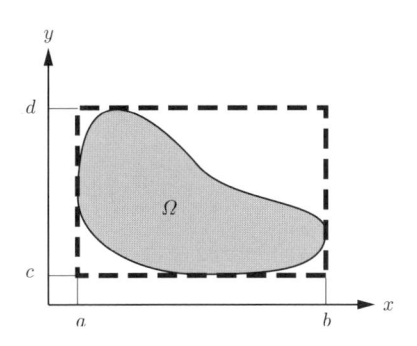

図 7.6: よくある間違い

図 7.6 のような領域 Ω での積分を

$$\iint_\Omega f(x,y)\,dxdy = \int_c^d \left(\int_a^b f(x,y)\,dx\right) dy \quad \leftarrow \text{間違い!!}$$

としてしまう人が時々見られる．この右辺は，図 7.6 の点線で表された長方形の領域上で $f(x,y)$ を積分していることになり，Ω での積分とは全く違うこと

に注意して欲しい．

> 積分順序の交換

Ω が次のように 2 通りに表される場合を考える：

$$\Omega = \{(x,y) \mid a \leq x \leq b,\ \varphi_1(x) \leq y \leq \varphi_2(x)\}$$
$$= \{(x,y) \mid c \leq y \leq d,\ \psi_1(y) \leq x \leq \psi_2(y)\}.$$

このとき，$\iint_\Omega f(x,y)\,dxdy$ は 2 通りの累次積分が可能であり，それらは等しくなる．すなわち，

$$\int_a^b \left(\int_{\varphi_1(x)}^{\varphi_2(x)} f(x,y)\,dy \right) dx = \int_c^d \left(\int_{\psi_1(y)}^{\psi_2(y)} f(x,y)\,dx \right) dy$$

という式が成立する．このように，「y で積分したあとで x で積分する」という式を「x で積分したあとで y で積分する」という式に書き換えること，あるいは，その逆の操作を**積分順序の交換**という．

例 7.3. $\int_0^1 \left(\int_x^1 e^{-y^2}\,dy \right) dx$ の積分順序を交換し，その値を求めよ．

解 この累次積分を 2 重積分として表すと，$\iint_\Omega e^{-y^2}\,dxdy$ となる．ただし，$\Omega = \{(x,y) \mid 0 \leq x \leq 1,\ x \leq y \leq 1\}$．ここで，$\Omega$ を図示すると図 7.7 のようになるから，Ω は次のようにも表されることがわかる：$\Omega = \{(x,y) \mid 0 \leq y \leq 1,\ 0 \leq x \leq y\}$．故に，積分の順序を交換すると，$\int_0^1 \left(\int_x^1 e^{-y^2}\,dy \right) dx = \int_0^1 \left(\int_0^y e^{-y^2}\,dx \right) dy = \int_0^1 y e^{-y^2}\,dy = \left[-\frac{1}{2} e^{-y^2} \right]_0^1 = \frac{1}{2}\left(1 - \frac{1}{e} \right)$ となる．■

注 7.9. 上の例 7.3 にみられるように，積分の順序を交換する場合は，必ず積分領域 Ω の図を描いて考えることが重要である．

注 7.10. 関数 e^{-x^2} の不定積分を "普通の" 関数の組み合わせでは決して書き表すことができないということが証明されている．よって，積分の順序を交換しないで上の例 7.3 を計算することはできない．

7.2. 2重積分の計算方法

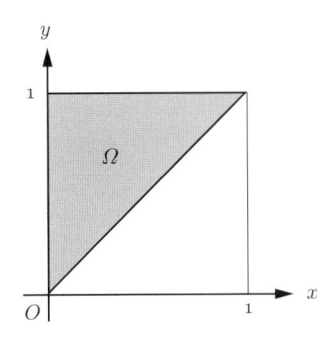

図 7.7: $\Omega = \{(x,y) \mid 0 \leq x \leq 1,\ x \leq y \leq 1\}$

問 7.2.1. 次を求めよ．また，積分領域を図示せよ．

1. $\iint_\Omega (x^2 + xy + 2y^2)\,dxdy, \quad \Omega = \{(x,y) \mid 0 \leq x \leq 2,\ 0 \leq y \leq 1\}$

2. $\iint_\Omega y \sin x\,dxdy, \quad \Omega = \{(x,y) \mid 0 \leq x \leq \pi,\ \sin x \leq y \leq 2\sin x\}$

3. $\iint_\Omega \cos y\,dxdy, \quad \Omega = \left\{(x,y) \mid -\dfrac{\pi}{2} \leq y \leq \dfrac{\pi}{2},\ -\cos y \leq x \leq \cos y\right\}$

4. $\iint_\Omega \dfrac{x}{\sqrt{x^2+y^2}}\,dxdy, \quad \Omega = \{(x,y) \mid 0 \leq x \leq 1,\ 0 \leq y \leq x\}$

5. $\iint_\Omega \dfrac{y}{\sqrt{4-x^2}}\,dxdy, \quad \Omega = \{(x,y) \mid 0 \leq y \leq 2,\ 0 \leq x \leq y\}$

6. $\iint_\Omega x^2 \cos y\,dxdy, \quad \Omega = \{(x,y) \mid 0 \leq y \leq \pi,\ 0 \leq x \leq \sin y\}$

7. $\iint_\Omega \exp(x+y)\,dxdy, \quad \Omega = \{(x,y) \mid 1 \leq x \leq 2,\ 0 \leq y \leq \log x\}$

問 7.2.2. 次の積分順序を交換せよ．また，積分の値を求めよ．積分領域も図示せよ．

1. $\displaystyle\int_0^1 \left(\int_{x^2}^{x} xy\,dy\right) dx$
2. $\displaystyle\int_0^1 \left(\int_{\sqrt{x}}^{1} x^2 + y^2\,dy\right) dx$
3. $\displaystyle\int_0^{\frac{1}{\sqrt{2}}} \left(\int_{\sin^{-1} x}^{\cos^{-1} x} \sin y\,dy\right) dx$
4. $\displaystyle\int_0^1 \left(\int_x^1 e^{y^2}\,dy\right) dx$

7.3 変数変換：重積分の置換積分

1変数関数の定積分と同様に，重積分の場合にも置換積分（積分変数の変換）を考えられる．

1変数関数の定積分においては，$x = \varphi(t)$ という変数変換によって区間 $[\alpha, \beta]$ が区間 $[a, b]$ に移されるとき，

$$\int_a^b f(x)\,dx = \int_\alpha^\beta f(\varphi(t))\varphi'(t)\,dt$$

という置換積分の公式が成立していた．ここで注意すべきことは

- 積分区間が変数 x と t に応じて変化していること
- $f(x)$ に $x = \varphi(t)$ を代入した式そのものではなく，それに $\varphi'(t)$（すなわち，t 軸上の小さな区間が x 軸上の小さな区間に何倍に移されるかという「長さの拡大率」）を掛け合わせたものを t で積分すること

であった．

同様に，2重積分の場合にも，$x = x(u,v), y = y(u,v)$ という変数変換によって uv 平面上の領域 D が xy 平面上の領域 Ω に（1対1に）写されている場合，

$$\iint_\Omega f(x,y)\,dxdy = \iint_D f(x(u,v), y(u,v))\,E(u,v)\,dudv$$

という式が成立するであろうということは容易に予想できる．ここで，$E(u,v)$ は，uv 平面上の点 (u,v) の周りの小さな領域の面積が，xy 平面上の小さな領域に，面積を何倍にして移されるかという「面積の拡大率」である．

よって，我々はまず，$E(u,v)$ が具体的にどのような式になるのかを考えていくことにする．

7.3.1 変数変換による面積の拡大率

$\boxed{uv \text{ 平面から } xy \text{ 平面への1次変換と平行移動による面積の拡大率}}$

x, y が u, v の1次式 $x = \alpha u + \beta v + \xi, y = \gamma u + \delta v + \eta$ によって表されている場合を考える．（図形的には，uv 平面から xy 平面へ1次変換によって写し，

7.3. 変数変換：重積分の置換積分

さらに平行移動を施すことに対応する.）この変換によって，uv 平面上の領域 D が xy 平面上の領域 Ω に移されているとする．このとき，Ω の面積 $\mu(\Omega)$ は，D の面積 $\mu(D)$ の $|\alpha\delta - \beta\gamma|$ 倍になることが知られている．すなわち，

$$\mu(\Omega) = |\alpha\delta - \beta\gamma|\,\mu(D).$$

証明は次のようにすればよい： まず，D が，4点 $K(u_0, v_0)$, $L(u_0+\lambda, v_0)$, $M(u_0+\lambda, v_0+\kappa)$, $N(u_0, v_0+\kappa)$ を頂点にもつような極く小さな長方形の場合を考える．K, L, M, N が上の変換によって，それぞれ K', L', M', N' に写され

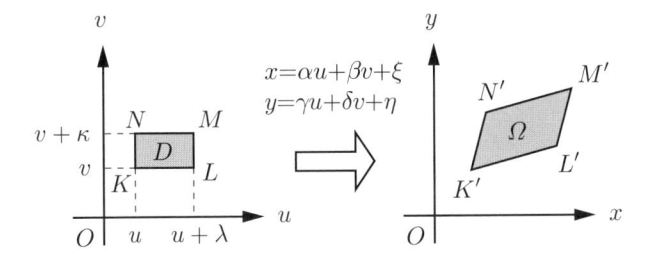

図 7.8: 1次変換と平行移動

るとすると，Ω すなわち4角形 $K'L'M'N'$ は，2つのベクトル $\overrightarrow{K'L'} = (\alpha\lambda, \gamma\lambda)$, $\overrightarrow{K'N'} = (\beta\kappa, \delta\kappa)$ によって張られる平行四辺形となる．よって，$\overrightarrow{K'L'}$ と $\overrightarrow{K'N'}$ のなす角度を θ $(0 \leq \theta \leq \pi)$ とすると，4角形 $K'L'M'N'$ の面積 $\mu(S)$ は，

$$\begin{aligned}
\mu(S) &= |\overrightarrow{K'L'}| \cdot |\overrightarrow{K'N'}| \cdot \sin\theta = |\overrightarrow{K'L'}| \cdot |\overrightarrow{K'N'}|\sqrt{1-\cos^2\theta} \\
&= \sqrt{|\overrightarrow{K'L'}|^2 \cdot |\overrightarrow{K'N'}|^2 - (\overrightarrow{K'L'}, \overrightarrow{K'N'})^2} \\
&= \sqrt{(\alpha^2+\gamma^2)(\beta^2+\delta^2) - (\alpha\beta+\gamma\delta)^2}\,\lambda\kappa \\
&= \sqrt{(\alpha\delta-\beta\gamma)^2}\,\mu(D) = |\alpha\delta - \beta\gamma|\,\mu(D)
\end{aligned}$$

となることがわかる．

D が任意の領域の場合も，D を極く小さな長方形達に分割近似することにより，上と同じ式が成立することがわかる．

注 7.11. 長さの場合は，その方向によって正負を考えられる．しかし，面積の場合にはその正負を考えることができない．そのため，$\alpha\delta - \beta\gamma$ ではなく，その絶対値を考えなくてはならない．

注 **7.12.** 実は，面積にもその正負を考えるという立場がある．この立場にたてば，絶対値を考える必要はない．しかし，面積の正負を考えるためには平面の"向き"を考える必要があり，本書の扱うべき範囲を超えてしまうため，ここでは触れないことにする．

uv 平面から xy 平面への（一般の）変数変換による面積の拡大率

x, y が u, v の C^1 級の関数として $x = x(u,v)$, $y = y(u,v)$ のように表されている場合を考える．(図形的には，uv 平面から xy 平面への一般の変換を考えることに対応する．) ここで，この変換は1対1であるとしておく．

この変換によって，uv 平面上の小さな領域 D が xy 平面上の小さな領域 Ω に，図 7.9 のように移されているとする．

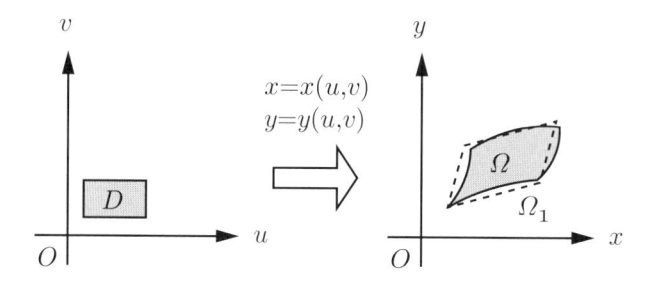

図 7.9: （一般の）変数変換

ここで，x と y を u, v の一次式によって近似する．つまり，関数 $x(u,v), y(u,v)$ を，D 内の点 (a,b) でのテイラー展開によって近似（1 次の項まで）する：

$$x \fallingdotseq x(a,b) + \frac{\partial x(a,b)}{\partial u}(u-a) + \frac{\partial x(a,b)}{\partial v}(v-b)$$
$$= \frac{\partial x(a,b)}{\partial u}u + \frac{\partial x(a,b)}{\partial v}v + 定数,$$
$$y \fallingdotseq y(a,b) + \frac{\partial y(a,b)}{\partial u}(u-a) + \frac{\partial y(a,b)}{\partial v}(v-b)$$
$$= \frac{\partial y(a,b)}{\partial u}u + \frac{\partial y(a,b)}{\partial v}v + 定数.$$

この1次近似によって領域 D が領域 Ω_1 に移されたとすると，Ω の面積と Ω_1 の面積はほぼ等しいと思ってもよいであろう．故に，1次変換の場合の式から，

次の式を得る．

$$\mu(\Omega) \fallingdotseq \mu(\Omega_1) = \left| \frac{\partial x}{\partial u}\frac{\partial y}{\partial v} - \frac{\partial x}{\partial v}\frac{\partial y}{\partial u} \right| \mu(D)$$

ここで，$\dfrac{\partial x}{\partial u}\dfrac{\partial y}{\partial v} - \dfrac{\partial x}{\partial v}\dfrac{\partial y}{\partial u}$ のことを，x, y の u, v に関する**ヤコビアン**といい，$\dfrac{\partial(x,y)}{\partial(u,v)}$ と表す．すなわち，

$$\mu(\Omega) \fallingdotseq \left| \frac{\partial(x,y)}{\partial(u,v)} \right| \mu(D).$$

7.3.2 変数変換の公式

以上で準備は整ったので，2 変数関数の積分の変数変換の公式を導くことにする．

uv 平面上の領域 D が，変換 $x = x(u,v)$, $y = y(u,v)$ （x, y は u,v の C^1 級の関数）によって，xy 平面上の領域 Ω に 1 対 1 に写されているとする．

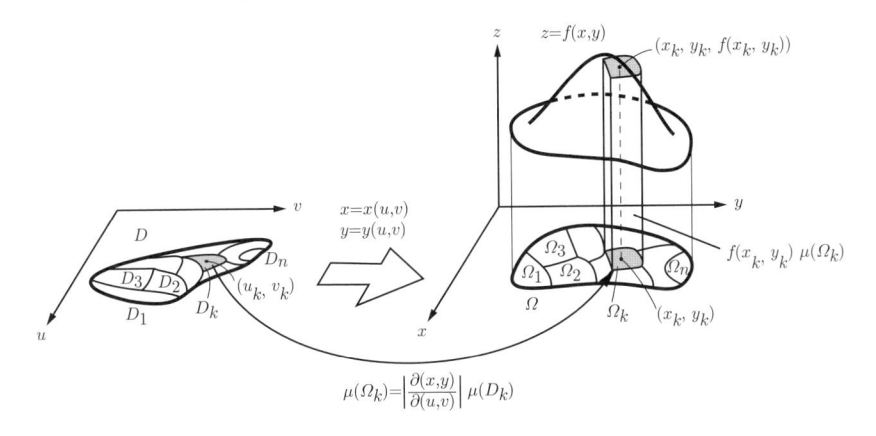

図 7.10: 2 変数関数の変数変換

ここで，領域 D を小さな領域 $D_1, D_2, \cdots, D_n$ に分割しよう．上の変換によって各 D_k が，それぞれ Ω の小領域 $\Omega_1, \Omega_2, \cdots, \Omega_n$ に移されているとすると，$\Omega_1, \Omega_2, \cdots, \Omega_n$ は Ω の分割になっている．

各 D_k 上に任意に点 (u_k, v_k) をとり，$x_k = x(u_k, v_k)$，$y_k = y(u_k, v_k)$ とすれば，点 (x_k, y_k) は Ω_k 上の点になる．

ここで，上に述べたことにより $\mu(\Omega_k) \fallingdotseq \left|\dfrac{\partial(x,y)}{\partial(u,v)}\right| \mu(D_k)$ となっているから，
$f(x_k, y_k)\mu(\Omega_k) \fallingdotseq f(x(u_k, v_k), y(u_k, v_k)) \left|\dfrac{\partial(x,y)}{\partial(u,v)}\right| \mu(D_k)$ が成立する．これをすべての k について足し合わせれば

$$\sum_{k=1}^n f(x_k, y_k)\mu(\Omega_k) \fallingdotseq \sum_{k=1}^n f(x(u_k, v_k), y(u_k, v_k)) \left|\dfrac{\partial(x,y)}{\partial(u,v)}\right| \mu(D_k)$$

となる．ここで分割をどんどん細かくしていけば，この式の左辺は $\iint_\Omega f(x,y)dxdy$ に収束していく．また一方，右辺は $\iint_D f(x(u,v), y(u,v)) \left|\dfrac{\partial(x,y)}{\partial(u,v)}\right| dudv$ に収束していく．さらに，両辺の誤差はなくなっていく．

以上をまとめて，次の定理が得られる．

定理 7.13 (2 変数関数の積分の変数変換). uv 平面上の領域 D が，変換

$$x = x(u,v), \quad y = y(u,v)$$

(x, y は u, v の C^1 級の関数) によって xy 平面上の領域 Ω に 1 対 1 に写されているとする．このとき，

$$\iint_\Omega f(x,y)\,dxdy = \iint_D f(x(u,v), y(u,v)) \left|\dfrac{\partial(x,y)}{\partial(u,v)}\right| dudv.$$

注 7.14. 実は，D から Ω への対応が 1 対 1 でなくても，「1 対 1 でないような D の点全体の面積が 0 である」(例えば，D 内の曲線が Ω の中の 1 点に写されているような場合) という条件を満たしていれば，この定理が成立する．このことは，上の定理の証明を注意深く読めば理解できるであろう．

例 7.4. Ω を，3 点 $(0,0), (\pi,0), (0,\pi)$ を頂点とする 3 角形の周および内部とするとき，$\iint_\Omega (x+y)^2 \cos(x^2 - y^2)\,dxdy$ を求めよ．

7.3. 変数変換：重積分の置換積分

解 $\Omega = \{(x,y) \mid x \geq 0,\, y \geq 0,\, x+y \leq \pi\}$ と表される．ここで，$x^2 - y^2 = (x+y)(x-y)$ であることや Ω を表す不等式の形を考慮し，$u = x+y,\, v = x-y$ と変数変換してみよう．すると，$x = \dfrac{1}{2}(u+v),\, y = \dfrac{1}{2}(u-v)$ であるから，

- $x \geq 0 \Leftrightarrow u+v \geq 0 \Leftrightarrow v \geq -u$
- $y \geq 0 \Leftrightarrow u-v \geq 0 \Leftrightarrow v \leq u$
- $x+y \leq \pi \Leftrightarrow u \leq \pi$.

故に，Ω に対応する uv 平面上の領域 D は，$D = \{(u,v) \mid v \geq -u,\, v \leq u,\, u \leq \pi\} = \{(u,v) \mid 0 \leq u \leq \pi,\, -u \leq v \leq u\}$ となる．

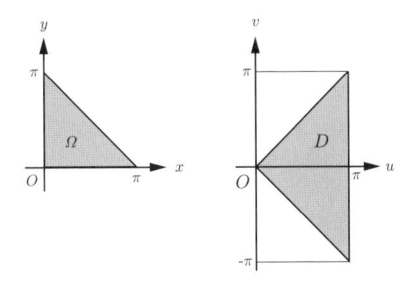

図 7.11: 例 7.4

一方，$\left|\dfrac{\partial(x,y)}{\partial(u,v)}\right| = \left|-\dfrac{1}{2}\right| = \dfrac{1}{2}$ であるから，$\displaystyle\iint_\Omega (x+y)^2 \cos(x^2 - y^2)\, dxdy = \iint_D u^2 \cos(uv) \cdot \dfrac{1}{2}\, dudv = \dfrac{1}{2}\int_0^\pi \left(\int_{-u}^u u^2 \cos(uv)\, dv\right) du = \dfrac{1}{2}\int_0^\pi [u\sin(uv)]_{v=-u}^{v=u}\, du = \dfrac{1}{2}\int_0^\pi 2u\sin(u^2)\, du = \left[-\dfrac{1}{2}\cos(u^2)\right]_0^\pi = \dfrac{1}{2}(1 - \cos(\pi^2))$. ∎

注 7.15. 上の例にみられるように，どのように変数変換すべきかは，積分しようとする関数の形や Ω の形などを十分に考慮して決定しなくてはいけない．

また，変数変換をする場合には，まず Ω を不等式などで表現し，その式ひとつひとつを新しい変数を用いて丁寧に書き直していくという方法が，面倒ではあるが最も確実で間違いが少ない．面倒さを嫌って，安直な方法で D を求めようとすると失敗する場合が多いので注意を要する．

注 **7.16.** 3 変数関数についても，同様にして

$$\iiint_\Omega f(x,y,z)\,dxdydz$$
$$= \iiint_D f(x(u,v,w), y(u,v,w), z(u,v,w)) \left|\frac{\partial(x,y,z)}{\partial(u,v,w)}\right| dudvdw$$

が成立する．ここで，

$$\frac{\partial(x,y,z)}{\partial(u,v,w)} = \begin{bmatrix} x_u & x_v & x_w \\ y_u & y_v & y_w \\ z_u & z_v & z_w \end{bmatrix} \text{の行列式}$$

$$= x_u y_v z_w + x_v y_w z_u + x_w y_u z_v - x_w y_v z_u - x_v y_u z_w - x_u y_w z_v$$

である．4 変数以上の場合も同様．

7.3.3 極座標による変数変換

平面において，直交座標以外の座標系のうちで，最も代表的で，かつ，物理学や化学などにおいても多用されるのが，極座標である．

平面上の点 P に対して，$r =$ (原点 O からの距離) と $\theta =$ (x 軸正の方向から計った，半直線 OP の角度) を用いて，点 P の座標が (r, θ) であると考えるのが極座標である．このとき，P の xy 座標 (x, y) と極座標 (r, θ) の間には以下のような関係がある：

$$x = r\cos\theta, \quad y = r\sin\theta.$$

ただし，$r \geq 0$ であり，θ は長さ 2π の区間を動く．(θ の範囲は，問題に応じて，最も適切な範囲を選べばよい．) このとき，

$$\frac{\partial(x,y)}{\partial(r,\theta)} = \frac{\partial(r\cos\theta)}{\partial r}\frac{\partial(r\sin\theta)}{\partial \theta} - \frac{\partial(r\cos\theta)}{\partial \theta}\frac{\partial(r\sin\theta)}{\partial r} = r(\cos^2\theta + \sin^2\theta)$$
$$= r \,(\geq 0)$$

であるから，定理 7.13 により，次の定理を得る．

7.3. 変数変換：重積分の置換積分

定理 7.17 (極座標を用いた座標変換). xy 平面上の領域 Ω が極座標を用いて $r\theta$ 平面上の領域 D に対応しているとき，

$$\iint_\Omega f(x,y)\,dxdy = \iint_D f(r\cos\theta, r\sin\theta)\cdot r\,drd\theta.$$

例 7.5. $\Omega = \{(x,y) \mid x^2 + y^2 \leq 1,\ y \geq x\}$ のとき，$\displaystyle\iint_\Omega x\,dxdy$ を求めよ．

解 $x = r\cos\theta,\ y = r\sin\theta\ (r \geq 0,\ 0 \leq \theta \leq 2\pi)$ とおくと，Ω の定義式は以下のように変形される：

- $x^2 + y^2 \leq 1 \Leftrightarrow r^2 \leq 1 \Leftrightarrow 0 \leq r \leq 1$ (ここで $r \geq 0$ を用いた.)
- $y \geq x \Leftrightarrow r\sin\theta \geq r\cos\theta \Leftrightarrow (r = 0$ または $\sin\theta \geq \cos\theta)$

$\Leftrightarrow (r = 0$ または $\dfrac{\pi}{4} \leq \theta \leq \dfrac{5\pi}{4})$

故に，Ω に対応する領域 D は，

$$D = \left\{(r,\theta) \;\middle|\; (r = 0,\ 0 \leq \theta \leq 2\pi)\ \text{または}\ (0 \leq r \leq 1,\ \frac{\pi}{4} \leq \theta \leq \frac{5\pi}{4})\right\}$$

となる．ここで，"$r = 0,\ 0 \leq \theta \leq 2\pi$" の部分の面積は 0 であるから，積分の値に

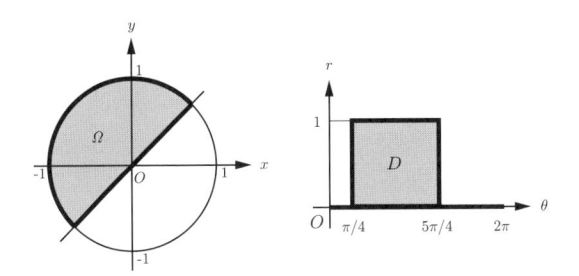

図 7.12: 例 7.5

は影響しない．よって，$D = \left\{(r,\theta) \;\middle|\; 0 \leq r \leq 1,\ \dfrac{\pi}{4} \leq \theta \leq \dfrac{5\pi}{4}\right\}$ と思ってよい．

以上により，$\displaystyle\iint_\Omega x\,dxdy = \iint_D r\cos\theta \cdot r\,drd\theta = \int_{\frac{1}{4}\pi}^{\frac{5}{4}\pi} \left(\int_0^1 r^2\cos\theta\,dr\right)d\theta = -\dfrac{\sqrt{2}}{3}$. ■

例 **7.6.** $\Omega = \{(x,y) \mid x^2 + y^2 \leq 2x\}$ のとき，$\iint_\Omega x\,dxdy$ を求めよ．

解 $x = r\cos\theta, y = r\sin\theta\ (r \geq 0, -\pi \leq \theta \leq \pi)$ とおくと，Ω の定義式は以下のように変形される：

$$x^2 + y^2 \leq 2x \Leftrightarrow r^2 \leq 2r\cos\theta \Leftrightarrow (r=0) \text{ または } r \leq 2\cos\theta$$

故に，Ω に対応する領域 D は，$D = \{(r,\theta) \mid (r=0, -\pi \leq \theta \leq \pi) \text{ または } (0 \leq r \leq 2\cos\theta)\}$ となる．ここで，"$r=0, -\pi \leq \theta \leq \pi$" の部分の面積は 0

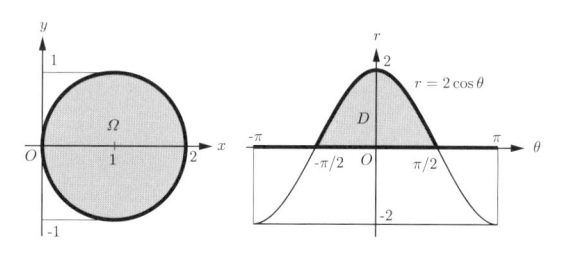

図 7.13: 例 7.6

であるから，積分の値には影響しない．また，$0 \leq r \leq 2\cos\theta$ となるのは，$-\frac{\pi}{2} \leq \theta \leq \frac{\pi}{2}$ のときに限る．よって，$\iint_\Omega x\,dxdy = \iint_D r\cos\theta \cdot r\,drd\theta = \int_{-\frac{\pi}{2}}^{\frac{\pi}{2}} \left(\int_0^{2\cos\theta} r^2 \cos\theta\,dr \right) d\theta = \int_{-\frac{\pi}{2}}^{\frac{\pi}{2}} \left[\frac{r^3}{3} \cos\theta \right]_{r=0}^{r=2\cos\theta} d\theta = \int_{-\frac{\pi}{2}}^{\frac{\pi}{2}} \frac{8}{3} \cos^4\theta\,d\theta = \pi$. ∎

7.3.4 空間での変数変換

平面においては極座標が重要であるが，空間においては，円柱座標と球面座標という 2 種類の座標が重要である．

|円柱座標|

点 $P(x,y,z)$ に対して，$x = r\cos\theta, y = r\sin\theta, z = z$ のとき，(r,θ,z) を P の **円柱座標** という．ただし，$r \geq 0$ であり，θ は長さ 2π の範囲を動く．この

7.3. 変数変換：重積分の置換積分

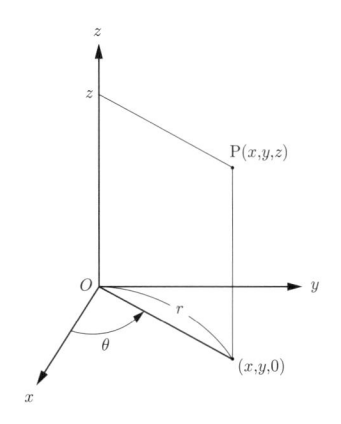

図 7.14: 円柱座標

座標はすなわち，x,y の代わりに極座標を用い，z はそのまま採用した座標である．このとき，

$$\frac{\partial(x,y,z)}{\partial(r,\theta,z)} = \begin{vmatrix} \cos\theta & -r\sin\theta & 0 \\ \sin\theta & r\cos\theta & 0 \\ 0 & 0 & 1 \end{vmatrix} = r \ (\geq 0)$$

である．よって，xyz 空間内の領域 Ω が，円柱座標によって $r\theta z$ 空間内の領域 D に対応しているとき，

$$\iiint_\Omega f(x,y,z)\,dxdydz = \iiint_D f(r\cos\theta, r\sin\theta, z) \cdot r\,drd\theta dz.$$

球面座標

点 $P(x,y,z)$ に対して，$x = r\sin\theta\cos\varphi$, $y = r\sin\theta\sin\varphi$, $z = r\cos\theta$ のとき，(r,θ,φ) を P の **球面座標** という．ただし，$r \geq 0$, $0 \leq \theta \leq \pi$ であり，φ は長さ 2π の範囲を動く．

図形的には，原点から P までの距離が r であり，z 軸正方向から計った半直線 OP までの角度（垂直角）が θ である．さらに，P から xy 平面におろした垂線の足を H とするとき，x 軸正方向から計った半直線 OH までの角度（水

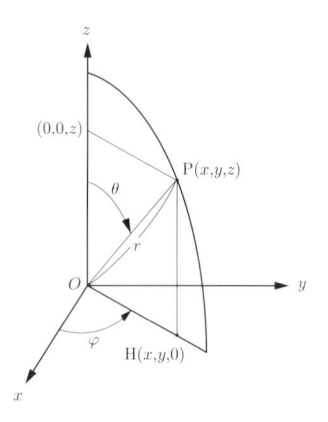

図 7.15: 球面座標

平角）が φ である．このとき，

$$\frac{\partial(x,y,z)}{\partial(r,\theta,\varphi)} = \begin{vmatrix} \sin\theta\cos\varphi & r\cos\theta\cos\varphi & -r\sin\theta\sin\varphi \\ \sin\theta\sin\varphi & r\cos\theta\sin\varphi & r\sin\theta\cos\varphi \\ \cos\theta & -r\sin\theta & 0 \end{vmatrix} = r^2\sin\theta\ (\geq 0).$$

よって，xyz 空間内の領域 Ω が，球面座標によって $r\theta\varphi$ 空間内の領域 D に対応しているとき，

$$\iiint_\Omega f(x,y,z)\,dxdydz$$
$$= \iiint_D f(r\sin\theta\cos\varphi, r\sin\theta\sin\varphi, r\cos\theta) \cdot r^2\sin\theta\,drd\theta d\varphi.$$

注 7.18. 球面座標が (r,θ,φ) であるような点 P は，

- θ, φ を固定して r のみを動かすと，原点を端点とする半直線上を動く．
- r, φ を固定して θ のみを動かすと，原点を中心とする半径 r の球面の経線（北極と南極を通る縦方向の円）上を動く．
- r, θ を固定して φ のみを動かすと，原点を中心とする半径 r の球面の緯線（赤道と平行な横方向の円）上を動く．

7.3. 変数変換：重積分の置換積分

同様に，r を固定して θ と φ を動かすと，点 P は原点を中心とする半径 r の球面上を動く．このことが「球面座標」という名称の所以である．

例 7.7. $\Omega = \{(x, y, z) \mid x^2 + y^2 + z^2 \leq 1\}$ のとき，$\displaystyle\iiint_\Omega \sqrt{x^2 + y^2 + z^2}\, dxdydz$ を求めよ．

解 Ω を球面座標で表すと，
$$D = \{(r, \theta, \varphi) \mid 0 \leq r \leq 1,\, 0 \leq \theta \leq \pi,\, 0 \leq \varphi \leq 2\pi\}.$$
よって，$\displaystyle\iiint_\Omega \sqrt{x^2 + y^2 + z^2}\, dxdydz = \iiint_D r \cdot r^2 \sin\theta\, drd\theta d\varphi = \pi.$ ∎

問 7.3.1. 次の積分の値を，変数変換 $x = \dfrac{1}{2}(u+v),\, y = \dfrac{1}{2}(u-v)$ を用いて求めよ．また，積分領域 Ω と，対応する uv 平面内の積分領域 D を共に図示せよ．

1. $\displaystyle\iint_\Omega (x-y)\sin(x+y)\, dxdy,\quad \Omega = \{(x,y) \mid 0 \leq x+y \leq \pi,\, 0 \leq x-y \leq \pi\}$

2. $\displaystyle\iint_\Omega (x+y)\exp(x+y)\, dxdy,\quad \Omega = \{(x,y) \mid x \geq 0,\, y \geq 0,\, x+y \leq 1\}$

3. $\displaystyle\iint_\Omega (x^2-y^2)\sin(xy)\, dxdy,\quad \Omega = \{(x,y) \mid y \geq 0,\, y-x \leq \pi,\, x+y \leq \pi\}$

4. $\displaystyle\iint_\Omega (x^2+2xy+y^2)\exp(x-y)\, dxdy,\quad \Omega = \{(x,y) \mid |x|+|y| \leq 1\}$

問 7.3.2. 次の積分の値を，極座標 (r, θ) を用いて求めよ．また，積分領域 Ω と，対応する $r\theta$ 平面内の積分領域 D を共に図示せよ．

1. $\displaystyle\iint_\Omega x+y\, dxdy,\quad \Omega = \{(x,y) \mid x^2+y^2 \leq 1,\, x \geq 0,\, y \geq 0\}$

2. $\displaystyle\iint_\Omega \frac{dxdy}{y},\quad \Omega = \{(x,y) \mid x^2+y^2 \leq 1,\, y \geq \frac{1}{2}\}$

3. $\displaystyle\iint_\Omega \log(x^2+y^2)\, dxdy,\quad \Omega = \{(x,y) \mid 1 \leq x^2+y^2 \leq 4\}$

4. $\displaystyle\iint_\Omega y\, dxdy,\quad \Omega = $（点 $(0,2)$ を中心とする半径 2 の円板）

問 7.3.3. 球面座標を用いて，半径 $a > 0$ の球の体積を求めよ．

7.4 広義積分

ここまで，有界な閉領域上で有界な関数の重積分を考えて来たが，そうでない場合，つまり，Ω が有界閉領域でない場合や f が有界でない場合にも，f の重積分（**広義積分**という）が定義できる．考え方としては，1 変数のときと同様に，「積分できる範囲で積分しておいて，その後で極限をとる」という方法をとる．以下，詳しく述べていこう．

領域 Ω に対して，次の 2 条件を満たす面積確定の有界閉領域の列 $\{\Omega_n\}$ を Ω の**近似増加集合列**という．

1. $\Omega_1 \subset \Omega_2 \subset \cdots \subset \Omega_n \subset \cdots \Omega$, $\displaystyle\bigcup_{n=1}^{\infty} \Omega_n = \Omega$.

2. Ω に含まれる任意の有界閉領域 K に対して，n を十分に大きくとれば，$K \subset \Omega_n$ となる．

Ω_n 上 f が積分可能であるような Ω の近似増加集合列 $\{\Omega_n\}$ をどのように選んでも，その選び方によらずに，$\displaystyle\lim_{n\to\infty} \iint_{\Omega_n} f(x,y)\,dxdy$ が一定の値 I に収束するとき，関数 $f(x,y)$ は Ω で**広義積分可能**であるという．そして，I を $\displaystyle\iint_{\Omega} f(x,y)\,dxdy$ と表し，Ω における f の**広義積分**という．上式が収束しないとき，この広義積分は**発散する**という．

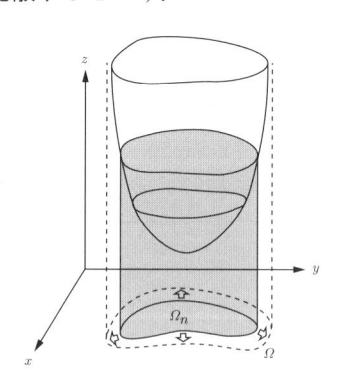

図 7.16: 広義積分

一般に，Ω と f が与えられたとき，広義積分可能か否かを判断することは難

7.4. 広義積分

しい.しかし,次のような定理が成立する.

定理 7.19. $f(x,y)$ が Ω で定義された非負連続関数であり,Ω の一つの近似増加集合列 Ω_n に対して $\displaystyle\lim_{n\to\infty} \iint_{\Omega_n} f(x,y)\,dxdy$ が存在するならば,$f(x,y)$ は Ω で広義積分可能である.

この定理により,一通りでよいから近似増加集合列 $\{\Omega_n\}$ をとり,Ω_n での積分の極限を考えればよいということになる.

例 7.8. 次を求めよ.

1. $\displaystyle\iint_\Omega \frac{1}{\sqrt{1-x^2-y^2}}\,dxdy,\quad \Omega = \{(x,y) \mid x^2+y^2 < 1\}$

2. $\displaystyle\iint_\Omega \frac{1}{(1+x^2+y^2)^2}\,dxdy,\quad \Omega = \{(x,y) \mid x \geq 0, y \geq 0\}$

解

1. Ω が閉領域でないので,この積分は広義積分である.

   $\Omega_n = \left\{(x,y) \,\middle|\, x^2+y^2 \leq \left(1-\dfrac{1}{n}\right)^2\right\}$ とすると,$\{\Omega_n\}$ は Ω の近似増加集合列であり,極座標を使うと,
   $$\iint_{\Omega_n} \frac{1}{\sqrt{1-x^2-y^2}}\,dxdy = \int_0^{2\pi}\left(\int_0^{1-\frac{1}{n}} \frac{1}{\sqrt{1-r^2}} \cdot r\,dr\right)d\theta =$$
   $$\int_0^{2\pi}\left[-\sqrt{1-r^2}\right]_{r=0}^{r=1-\frac{1}{n}}d\theta = 2\pi\left(1 - \sqrt{1-\left(1-\frac{1}{n}\right)^2}\right) \to 2\pi\ (n\to\infty).$$
   故に,$\displaystyle\iint_\Omega \frac{1}{\sqrt{1-x^2-y^2}}\,dxdy = 2\pi.$

2. Ω が有界でないので,この積分は広義積分である.$\Omega_n = \{(x,y) \mid x^2+y^2 \leq n^2, x \geq 0, y \geq 0\}$ とすると,$\{\Omega_n\}$ は Ω の近似増加集合列であり,極座標を使うと,$\displaystyle\iint_{\Omega_n} \frac{1}{(1+x^2+y^2)^2}\,dxdy = \int_0^{\frac{\pi}{2}}\left(\int_0^n \frac{1}{(1+r^2)^2}\cdot r\,dr\right)d\theta$
   $= \displaystyle\int_0^{\frac{\pi}{2}}\left[-\frac{1}{2(1+r^2)}\right]_{r=0}^{r=n}d\theta = \frac{\pi}{4}\left(1 - \frac{1}{1+n^2}\right) \to \frac{\pi}{4}\ (n\to\infty).$ 故に,
   $\displaystyle\iint_\Omega \frac{1}{(1+x^2+y^2)^2}\,dxdy = \frac{\pi}{4}.$ ∎

注 7.20. 1 変数の場合と同様に，実際の計算では，定義通りに $\lim$ の計算をしていることを意識しつつ，$\lim$ を省いた簡便な表記を用いてもよいことにする．例えば，上の例を次のように解答してもよいことにする．

1. Ω を極座標で表示すると，$D = \{(r,\theta) \mid 0 \leq r < 1,\ 0 \leq \theta \leq 2\pi\}$. よって，
$$\iint_\Omega \frac{1}{\sqrt{1-x^2-y^2}}\, dxdy = \iint_D \frac{1}{\sqrt{1-r^2}} \cdot r\, drd\theta$$
$$= \int_0^{2\pi} \left(\int_0^1 \frac{r}{\sqrt{1-r^2}}\, dr \right) d\theta = \int_0^{2\pi} \left[-\sqrt{1-r^2} \right]_{r=0}^{r=1} d\theta = 2\pi.$$

2. Ω を極座標で表示すると，$D = \left\{(r,\theta) \mid r \geq 0,\ 0 \leq \theta \leq \frac{\pi}{2}\right\}$. よって，
$$\iint_\Omega \frac{1}{(1+x^2+y^2)^2}\, dxdy = \int_0^{\frac{\pi}{2}} \left(\int_0^\infty \frac{1}{(1+r^2)^2} \cdot r\, dr \right) d\theta$$
$$= \int_0^{\frac{\pi}{2}} \left[-\frac{1}{2(1+r^2)} \right]_{r=0}^{r=\infty} d\theta = \frac{\pi}{4}.$$

例 7.9. $\displaystyle\iint_\Omega e^{-x^2-y^2}\, dxdy$, $\Omega = \{(x,y) \mid x \geq 0,\ y \geq 0\}$ を求めよ．

解 Ω を極座標で表示すると，$D = \{(r,\theta) \mid r \geq 0,\ 0 \leq \theta \leq \frac{\pi}{2}\}$. よって，
$$\iint_\Omega e^{-x^2-y^2}\, dxdy = \int_0^{\frac{\pi}{2}} \left(\int_0^\infty e^{-r^2} r\, dr \right) d\theta = -\frac{\pi}{4} \left[e^{-r^2} \right]_0^\infty = \frac{\pi}{4}. \blacksquare$$

例 7.10. $\displaystyle\int_0^\infty e^{-x^2}\, dx$ を求めよ．

解 $I = \displaystyle\int_0^\infty e^{-x^2}\, dx = \int_0^\infty e^{-y^2}\, dy$ とおくと，
$$I^2 = \left(\int_0^\infty e^{-x^2}\, dx \right) \cdot \left(\int_0^\infty e^{-y^2}\, dy \right) = \int_0^\infty \left(\int_0^\infty e^{-y^2}\, dy \right) e^{-x^2}\, dx$$
$$= \int_0^\infty \left(\int_0^\infty e^{-x^2-y^2}\, dy \right) dx = \iint_\Omega e^{-x^2-y^2}\, dxdy.\ \text{ただし } \Omega = \{(x,y) \mid x \geq 0, y \geq 0\}\ \text{である．よって，例 7.9 により，}\ I^2 = \frac{\pi}{4}.\ \text{ここで，}\ e^{-x^2} > 0\ \text{であるから，}\ I > 0.\ \text{故に，}\ I = \frac{\sqrt{\pi}}{2}. \blacksquare$$

例 7.11. $\Omega = \mathbb{R}^2$ のとき，$\displaystyle\iint_\Omega e^{-x^2-2xy-5y^2}\, dxdy$ を求めよ．

解 $-x^2-2xy-5y^2 = -\{x^2+2xy+5y^2\} = -\{(x+y)^2+(2y)^2\}$ であるから，$u=x+y$, $v=2y$ とおく．この変数変換によって $\Omega = \mathbb{R}^2$ に対応する uv 平面上の領域 D は，同じく $\mathbb{R}^2$ となる．また，$x = u - \frac{1}{2}v$, $y = \frac{1}{2}v$ だから，$\frac{\partial(x,y)}{\partial(u,v)} = \frac{1}{2}$．よって，$\iint_{\mathbb{R}^2} e^{-x^2-2xy-5y^2}\,dxdy = \iint_{\mathbb{R}^2} e^{-u^2-v^2} \cdot \frac{1}{2}\,dudv$ となる．ここで，さらに uv 平面を極座標で考えると，求める値は，$\int_0^{2\pi} \left(\int_0^\infty e^{-r^2} \cdot \frac{1}{2} \cdot r\,dr \right) d\theta = \frac{\pi}{2}$． ∎

問 7.4.1. 次の広義積分の値を求めよ．

1. $\iint_\Omega \exp(\alpha x + \beta y)\,dxdy$, $\Omega = \{(x,y) \mid x \geq 0,\ y \geq 0\}$ $(\alpha < 0,\ \beta < 0)$
2. $\iint_\Omega \dfrac{dxdy}{\sqrt{xy}}$, $\Omega = \{(x,y) \mid x > 0,\ y > 0,\ x+y < 1\}$

7.5 立体の体積

重積分の定義より，領域 Ω において常に $f(x,y) \geq 0$ のとき，$\iint_\Omega f(x,y)\,dxdy$ は，$z = f(x,y)$ と領域 Ω で挟まれる部分の体積に等しい．このことからただちに，次のことがわかる．

定理 7.21. 領域 Ω において常に $f(x,y) \geq g(x,y)$ が成立している場合，Ω 上で，$z = f(x,y)$ のグラフと $z = g(x,y)$ のグラフで挟まれる部分，つまり，

$$\{(x,y,z) \mid g(x,y) \leq z \leq f(x,y),\ (x,y) \in \Omega\}$$

の体積は

$$\iint_\Omega \{f(x,y) - g(x,y)\}\,dxdy$$

で与えられる．

例 7.12. $f(x,y) = x^2 + 2y^2$, $g(x,y) = 12 - 2x^2 - y^2$ とするとき，$z = f(x,y)$ のグラフと $z = g(x,y)$ のグラフで囲まれる部分の体積を求めよ．

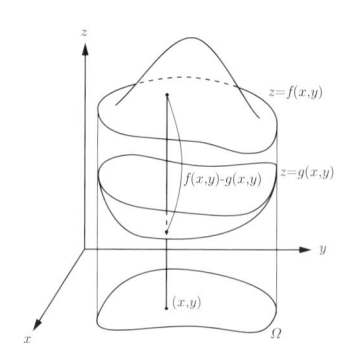

図 7.17: グラフで挟まれた部分の体積

解 定理 7.21 により体積を求めたいのであるが，積分領域 Ω が与えられていない．よって，まず Ω を求めることから始める．

そのために，$f(x,y) \geq g(x,y)$ が成立するような点 (x,y) がどのような領域をなすかを調べる．

$$f(x,y) \geq g(x,y) \Leftrightarrow x^2 + 2y^2 \geq 12 - 2x^2 - y^2 \Leftrightarrow x^2 + y^2 \geq 4$$

であるから，xy 平面上で $f(x,y) \geq g(x,y)$ あるいは $g(x,y) \geq f(x,y)$ となる点 (x,y) は図 7.18 のようになっている．

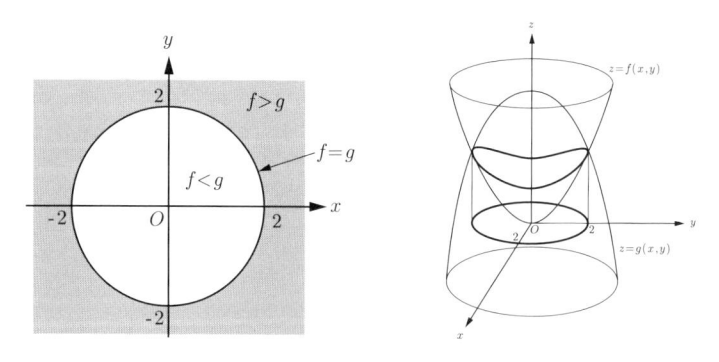

図 7.18: $f(x,y)$ と $g(x,y)$ の値の比較

この図より「$z = f(x,y)$ のグラフと $z = g(x,y)$ のグラフで囲まれる部分」というのは，領域 $\Omega = \{(x,y) \,|\, x^2 + y^2 \leq 4\}$ 上にある部分であり，この領域上では

$g(x,y) \geq f(x,y)$ である．よって求める体積は，$\iint_\Omega \{g(x,y) - f(x,y)\} dxdy =$
$\iint_\Omega 12 - 3x^2 - 3y^2 dxdy = 3\int_0^{2\pi} \left(\int_0^2 (4-r^2) \cdot r\, dr\right) d\theta = 24\pi.$ ∎

問 7.5.1. $f(x,y) = 5x^2 + 3y^2 - 17$, $g(x,y) = x^2 - 6y^2 + 19$ とするとき，$z = f(x,y)$ のグラフと $z = g(x,y)$ のグラフで囲まれる部分の体積を求めよ．

7.6 曲面積

xy 平面上の点 (x,y) の各座標が，1つの変数 t によって，$x = x(t)$, $y = y(t)$ と表されているとき，このような点 (x,y) 全体は，一般に平面上の曲線を表す．同様に，xyz 空間の点 (x,y,z) の各座標が，1つの変数 t によって，$x = x(t)$, $y = y(t)$, $z = z(t)$ と表されているとき，このような点 (x,y,z) 全体は，一般に空間内の曲線を表す．

同様に，xyz 空間の点 (x,y,z) の各座標が，2つの変数 u, v によって，$x = x(u,v)$, $y = y(u,v)$, $z = z(u,v)$ と表されているとき，このような点 (x,y,z) 全体は，一般に空間内の曲面を表すと考えられる．この節では，このような曲面の面積を求める方法について考える．

以下，Ω を uv 平面内の領域とし，xyz 空間内の次のような曲面 S を考える．

$$S = \{(x(u,v), y(u,v), z(u,v)) \mid (u,v) \in \Omega\}.$$

この曲面 S の面積 $\mu(S)$ を以下のようにいくつかのステップに分けて考えていく．

$\boxed{x, y, z \text{ が } u, v \text{ の 1 次式の場合}}$

x, y, z が次のように u, v の1次式になっている場合を考える：

$$x = x(u,v) = Au + Bv + G$$
$$y = y(u,v) = Cu + Dv + H$$
$$z = z(u,v) = Eu + Fv + I.$$

まず，Ω が，4 点 $K(u_0, v_0)$, $L(u_0+\varepsilon, v_0)$, $M(u_0+\varepsilon, v_0+\delta)$, $N(u_0, v_0+\delta)$ を頂点にもつような極く小さな長方形の場合を考える．K, L, M, N が上の変換によって，それぞれ K', L', M', N' に写されるとすると，S すなわち 4 角形 $K'L'M'N'$ は，2 つのベクトル $\overrightarrow{K'L'} = (A\varepsilon, C\varepsilon, E\varepsilon)$, $\overrightarrow{K'N'} = (B\delta, D\delta, F\delta)$ によって張られる平行四辺形となる．よって，$\overrightarrow{K'L'}$ と $\overrightarrow{K'N'}$ のなす角度を θ $(0 \leq \theta \leq \pi)$ とすると，4 角形 $K'L'M'N'$ の面積 $\mu(S)$ は，

$$\begin{aligned}
\mu(S) &= |\overrightarrow{K'L'}| \cdot |\overrightarrow{K'N'}| \cdot \sin\theta = |\overrightarrow{K'L'}| \cdot |\overrightarrow{K'N'}| \sqrt{1-\cos^2\theta} \\
&= \sqrt{|\overrightarrow{K'L'}|^2 \cdot |\overrightarrow{K'N'}|^2 - (\overrightarrow{K'L'}, \overrightarrow{K'N'})^2} \\
&= \sqrt{(A^2+C^2+E^2)(B^2+D^2+F^2) - (AB+CD+EF)^2}\,\varepsilon\delta \\
&= \sqrt{(CF-DE)^2 + (EB-FA)^2 + (AD-BC)^2}\,\mu(\Omega) \\
&= \sqrt{\begin{vmatrix} C & D \\ E & F \end{vmatrix}^2 + \begin{vmatrix} E & F \\ A & B \end{vmatrix}^2 + \begin{vmatrix} A & B \\ C & D \end{vmatrix}^2}\,\mu(\Omega).
\end{aligned}$$

Ω が任意の領域の場合も，Ω を極く小さな長方形達に分割近似することにより，上と同じ式が成立する．

$\boxed{x, y, z \text{ が } u, v \text{ の一般の } C^1 \text{ 級関数の場合}}$

領域 Ω を小さな領域 $\Omega_1, \Omega_2, \cdots, \Omega_n$ に分割し，各 Ω_k 上に任意に点 (u_k, v_k) をとる．$x(u,v), y(u,v), z(u,v)$ を点 (u_k, v_k) でテイラー展開し，2 次以上の項

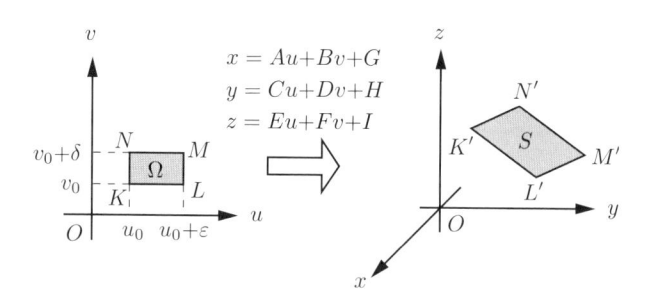

図 7.19: 長方形の 1 次式による像

7.6. 曲面積

を無視すれば，

$$x = x(u,v) \fallingdotseq (\text{定数}) + x_u(u_k,v_k)\cdot u + x_v(u_k,v_k)\cdot v,$$
$$y = y(u,v) \fallingdotseq (\text{定数}) + y_u(u_k,v_k)\cdot u + y_v(u_k,v_k)\cdot v,$$
$$z = z(u,v) \fallingdotseq (\text{定数}) + z_u(u_k,v_k)\cdot u + z_v(u_k,v_k)\cdot v$$

と考えられる．よって，Ω_k が写されてできる xyz 空間内の極く小さな曲面 S_k の面積 $\mu(S_k)$ は，上記の結果を用いて，

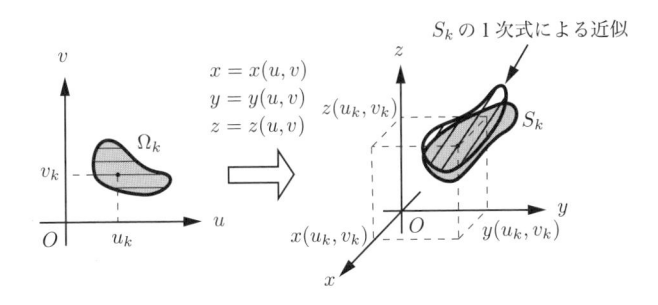

図 7.20: S_k と，その 1 次式による近似

$$\mu(S_k) \fallingdotseq \sqrt{\begin{vmatrix} y_u & y_v \\ z_u & z_v \end{vmatrix}^2 + \begin{vmatrix} z_u & z_v \\ x_u & x_v \end{vmatrix}^2 + \begin{vmatrix} x_u & x_v \\ y_u & y_v \end{vmatrix}^2}\, \mu(\Omega_k)$$
$$= \sqrt{\left(\frac{\partial(y,z)}{\partial(u,v)}\right)^2 + \left(\frac{\partial(z,x)}{\partial(u,v)}\right)^2 + \left(\frac{\partial(x,y)}{\partial(u,v)}\right)^2}\, \mu(\Omega_k).$$

これらを足しあわせて極限をとれば，誤差はなくなっていき，

$$\mu(S) = \lim_{n\to\infty} \sum_{k=1}^{n} \mu(S_k)$$
$$= \lim_{n\to\infty} \sum_{k=1}^{n} \sqrt{\left(\frac{\partial(y,z)}{\partial(u,v)}\right)^2 + \left(\frac{\partial(z,x)}{\partial(u,v)}\right)^2 + \left(\frac{\partial(x,y)}{\partial(u,v)}\right)^2}\, \mu(\Omega_k)$$
$$= \iint_\Omega \sqrt{\left(\frac{\partial(y,z)}{\partial(u,v)}\right)^2 + \left(\frac{\partial(z,x)}{\partial(u,v)}\right)^2 + \left(\frac{\partial(x,y)}{\partial(u,v)}\right)^2}\, dudv.$$

以上をまとめて，次の定理を得る．

定理 7.22. Ω を uv 平面内の領域とし, S を

$$S = \{(x,y,z) \mid x = x(u,v), y = y(u,v), z = z(u,v) \ ((u,v) \in \Omega)\}$$

で定義された xyz 空間内の曲面とする. このとき, S の面積 $\mu(S)$ は,

$$\mu(S) = \iint_\Omega \sqrt{\left(\frac{\partial(y,z)}{\partial(u,v)}\right)^2 + \left(\frac{\partial(z,x)}{\partial(u,v)}\right)^2 + \left(\frac{\partial(x,y)}{\partial(u,v)}\right)^2} \, dudv.$$

注 7.23. 実は, この定理の計算式は**曲面の面積の定義**なのであるが, ここではその気持ちを説明するために, 定理として扱った.

この定理により, 次の定理が直ちに得られる.

定理 7.24. xy 平面内の領域 Ω で定義された関数 $z = f(x,y)$ のグラフとして表される曲面の面積は,

$$\iint_\Omega \sqrt{1 + \{f_x(x,y)\}^2 + \{f_y(x,y)\}^2} \, dxdy.$$

証明 定理 7.22 において, $x = u, y = v, z = f(x,y) = f(u,v)$ とおけばよい. □

定理 7.25. 円柱座標によって与えられた曲面

$$S = \{(x,y,z) \mid z = f(x,y), x = r\cos\theta, y = r\sin\theta \ ((r,\theta) \in \Omega)\}$$

の面積は,

$$\mu(S) = \iint_\Omega \sqrt{1 + \{z_r\}^2 + \frac{1}{r^2}\{z_\theta\}^2} \cdot r dr d\theta.$$

証明 $x = r\cos\theta, y = r\sin\theta, z = f(r\cos\theta, r\sin\theta)$ とおけば,

$$\sqrt{\left(\frac{\partial(y,z)}{\partial(r,\theta)}\right)^2 + \left(\frac{\partial(z,x)}{\partial(r,\theta)}\right)^2 + \left(\frac{\partial(x,y)}{\partial(r,\theta)}\right)^2} = \sqrt{\{f_x\}^2 + \{f_y\}^2 + 1} \cdot r$$

となる. ここで, 問 6.2.5 の 2. により, $\{f_x\}^2 + \{f_y\}^2 = \{z_r\}^2 + \frac{1}{r^2}\{z_\theta\}^2$ だから, 定理 7.22 により, 求める結果が得られる. □

7.6. 曲面積

定理 7.26. xy 平面上の曲線 $y = f(x)$ $(a \leq x \leq b)$ を x 軸の周りに回転して得られる回転面 S の面積は，

$$\mu(S) = 2\pi \int_a^b |f(x)| \sqrt{1 + \{f'(x)\}^2} \, dx.$$

証明 S 上の点 (x, y, z) は，$x = u$ とおき，x 軸の周りでの回転角を v $(0 \leq v \leq 2\pi)$ とすると，$x = u, y = f(u) \cos v, z = f(u) \sin v$ （ただし，$a \leq u \leq b, 0 \leq v \leq 2\pi$) と表される．

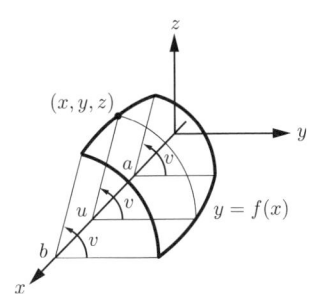

図 7.21: 回転体上の点

このとき，$\dfrac{\partial(y,z)}{\partial(u,v)} = f'(u)f(u)$, $\dfrac{\partial(z,x)}{\partial(u,v)} = -f(u)\cos v$, $\dfrac{\partial(x,y)}{\partial(u,v)} = -f(u)\sin v$
だから，$\mu(S) = \displaystyle\int_a^b \left(\int_0^{2\pi} |f(u)| \sqrt{1 + \{f'(u)\}^2} \, dv \right) du$
$= 2\pi \displaystyle\int_a^b |f(u)| \sqrt{1 + \{f'(u)\}^2} \, du.$ □

例 7.13. 半径 $R > 0$ の球面の面積を求めよ．

解 球面の中心が原点であると仮定してもよい．このとき，この球面 S は，$y = \sqrt{R^2 - x^2}$ $(-R \leq x \leq R)$ のグラフを x 軸の周りに回転してできる回転体と思える．よって，定理 7.26 より，その面積 $\mu(S)$ は，

$$\mu(S) = 2\pi \int_{-R}^R \sqrt{R^2 - x^2} \sqrt{1 + \left(-\frac{x}{\sqrt{R^2 - x^2}} \right)^2} \, dx = 2\pi \int_{-R}^R R \, dx = 4\pi R^2.$$ ■

問 **7.6.1.** 次の曲面の面積を求めよ．

1. $z = x^2 - y^2 \ (x^2 + y^2 \leq 1)$

2. xy 平面上の円 $x^2 + (y-a)^2 = b^2 \ (0 < b < a)$ を x 軸の周りに 1 回転して得られる曲面（このような曲面を円環面［トーラス］という．)

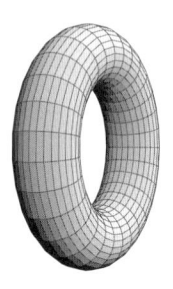

図 7.22: 円環面［トーラス］

演習問題 7

1. 次の 2 重積分の値を求めよ．

    (1) $\iint_\Omega \sqrt{x}\,dxdy, \ \Omega = \{(x,y) \mid x^2 + y^2 \leq 4x\}$

    (2) $\iint_\Omega \dfrac{y^2}{x}\,dxdy, \ \Omega = \{(x,y) \mid x^2 - 2x + y^2 \leq 0, \ |y| \leq x\}$

    (3) $\iint_\Omega \dfrac{dxdy}{\sqrt{x+y}}, \ \Omega = $（点 $(1,1)$ を中心とする半径 $\sqrt{2}$ の円板）

    (4) $\iint_\Omega x+y\,dxdy,$

    $\Omega = $（原点を中心とする半径 2 の円板から点 $(1,0)$ を中心とする半径 1 の円板を除いた領域）

    (5) $\iint_\Omega \dfrac{x}{y}\,dxdy, \ \Omega = \{(x,y) \mid x^2 + y^2 \leq x, \ x^2 + y^2 \leq y\}$

    (6) $\iint_\Omega \dfrac{dxdy}{x}, \ \Omega = \{(x,y) \mid x^2 - 4x + y^2 \leq 0, \ x^2 + y^2 \geq 4\}$

演習問題 7

(7) $\iint_\Omega \exp\left(\dfrac{x-y}{x+y}\right) dxdy$,
$\Omega = (3\,$点$\,(0,0),(2,0),(0,2)\,$を頂点とする 3 角形の内部$)$

(8) $\iint_\Omega (2x^2 - 3xy + y^2 + 2x - y)\sin\left(\dfrac{\pi}{2}(2x-y)^2\right) dxdy$,
$\Omega = (3\,$点$\,(0,0),(1,1),(1,2)\,$を頂点とする 3 角形とその内部$)$

(9) $\iint_\Omega (x^2 - 9y^2)\exp(-x^2 - 6xy - 9y^2)\, dxdy$,
$\Omega = (3\,$点$\,(-3,0),(3,0),(0,1)\,$を頂点とする 3 角形とその内部$)$

(10) $\iint_\Omega (4x^2 - y^2)\exp(4x^2 + 4xy + y^2)\, dxdy$,
$\Omega = \{(x,y) \mid 2|x| + |y| \leq 1,\ y \geq 0\}$

(11) $\iint_\Omega \exp(-5x^2 + 4xy - y^2)\, dxdy$, $\Omega = \mathbb{R}^2$

(12) $\iint_\Omega xy\, dxdy$, $\Omega = \{(x,y) \mid 2x^2 - 10xy + 13y^2 \leq 1\}$

(13) $\iint_\Omega 2xy - y^2\, dxdy$, $\Omega = \{(x,y) \mid 2x^2 + 2xy + 5y^2 \leq 9\}$

2. 次の 3 重積分の値を求めよ.

(1) $\iiint_\Omega \dfrac{dxdydz}{(x+y+z+1)^2}$,
$\Omega = \{(x,y,z) \mid x \geq 0,\ y \geq 0,\ z \geq 0,\ x+y+z \leq 1\}$

(2) $\iiint_\Omega \dfrac{dxdydz}{z}$, $\Omega = \{(x,y,z) \mid x^2 + y^2 + z^2 < z\}$

(3) $\iiint_\Omega \sqrt{x^2 + y^2 + z^2}\, dxdydz$, $\Omega = \{(x,y,z) \mid x^2 + y^2 + z^2 \leq 2z\}$

(4) $\iiint_\Omega \dfrac{x^2}{z}\, dxdydz$,
$\Omega = ($点$\,(0,0,2)\,$を中心とする半径 2 の球の内部$)$

(5) $\iiint_\Omega z^2\, dxdydz$,
$\Omega = ($底面が xy 平面上の原点を中心とする半径 1 の円板であり,
頂点が点 $(0,0,1)$ であるような円錐$)$

3. 次の立体の体積を求めよ．

    (1) 2つの曲面 $z = x^2 + 3y^2$ と $z = 4 - x^2 - y^2$ で囲まれる領域
    (2) 2つの曲面 $z = (9x^2 + y^2)(7 - 4x^2)$ と $z = (9x^2 + y^2)(5x^2 + y^2 - 2)$ で囲まれる領域
    (3) 球 $x^2 + y^2 + z^2 \leq 4$ と円柱 $(x-1)^2 + y^2 \leq 1$ との共通部分

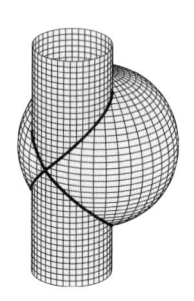

図 7.23: 演習問題 7 の 3.(3)

4. 次の曲面の面積を求めよ．

    (1) $z = \dfrac{1}{2}x^2$ ($x \geq 0$, $y \geq 0$, $x + y \leq 1$) で与えられる曲面
    (2) 楕円 $x^2 + \dfrac{y^2}{4} = 1$ を x 軸の周りに 1 回転させてできる曲面
    (3) $0 \leq t \leq 2\pi$ について，xyz 空間内の 2 点 $P_t(0, 0, t)$, $Q_t(\cos t, \sin t, t)$ を考える．このとき線分 $P_t Q_t$ が通過してできる，螺旋階段状の曲面

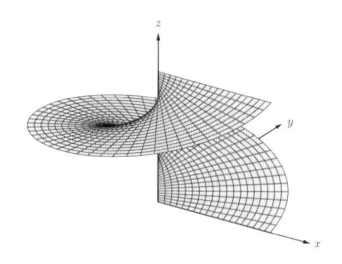

図 7.24: 演習問題 7 の 4.(3)

第8章 微分方程式

種々の自然現象，社会現象の数学モデルとしてしばしば微分方程式が導き出される．その微分方程式を解くことにより，その解から，現象を解析し，さらに現象を分析する．

この章では，数学モデルとしての微分方程式の導出とその説明はせず，基本的な1階の微分方程式 $F(x,y,y')=0$ の解法と2階の微分方程式 $y''+ay'+by=f(x)$ （a,b は定数）の解法を考察する．この章で述べる解法は17世紀，18世紀の遺産の一部分である．

8.1 序

x を独立変数とする未知関数 y の導関数 $y', y'', \cdots, y^{(n)}$ を含む方程式 $F(x,y,y',y'',\cdots,y^{(n)})=0$ を**微分方程式**という．微分方程式に含まれる関数 y の導関数の最大階数を微分方程式の**階数**という．n 階の微分方程式の解で，独立な n 個の任意定数を含むものを**一般解**，任意定数に特定の値を代入した解を**特解**という．微分方程式の解を求めることを**微分方程式を解く**という．

8.2 変数分離形

次の形の1階の微分方程式を**変数分離形**という：

$$\frac{dy}{dx} = f(x)g(y) \tag{8.1}$$

(8.1) は両辺を $g(y)$ で割ると

$$\frac{1}{g(y)}\frac{dy}{dx} = f(x) \tag{8.2}$$

と書かれる．(8.2) の両辺を x に関して積分すると

$$\int \frac{1}{g(y)} dy = \int f(x) dx + C \tag{8.3}$$

(ここで，C は任意の定数)．ただし，$g(\alpha) = 0$ なる定数 α があると定数関数 $y = \alpha$ は (8.1) の解である．

(8.3) の不定積分の計算を実行すると，出てくる結果は，一般には，x, y の関係式 $\phi(x, y, C) = 0$ (C は任意の定数) である．これを (8.1) の解という．ここで，任意定数 C が変わると関係式 $\phi(x, y, C) = 0$ で定まる点 (x, y) の集合は平面上での曲線群を表すことを注意しておく．

例 8.1. 放射性物質の量が時間 x の関数として $y = f(x)$ で表されるとき，放射性物質の量は常にその量に比例して崩壊すると仮定する．すなわち Δx 時間変化での物質の変化量が $f(x + \Delta x) - f(x) = -kf(x)\Delta x$ (k は定数) で与えられる．このとき，$\Delta x \to 0$ とすると，f の満たす微分方程式 $\frac{df}{dx} = -kf$ (k は正定数) が導かれる．この両辺を f で割ると，$\frac{1}{f}\frac{df}{dx} = -k$．これを区間 $[a, t]$ 上で x について積分すると $\int_{f(a)}^{f(t)} \frac{1}{f} df = -\int_a^t k\, dx = -k(t-a)$．これより，$\log \frac{f(t)}{f(a)} = -k(t-a)$，すなわち，$f(t) = f(a)e^{-k(t-a)}$．

これより，$f(T) = \frac{f(a)}{2}$ となる時間 T (この T を放射性物質の**半減期**という) は $e^{k(T-a)} = 2$ より，$T = a + \frac{\log 2}{k}$ となる． ∎

例 8.2. 微分方程式 $y' = y - y^2$ を解け．

解 $\frac{1}{y-y^2} = \frac{-1}{y-1} + \frac{1}{y}$ より，$\frac{1}{y-y^2}\frac{dy}{dx} = 1$ の両辺を x に関して積分すると $\log\left|\frac{y}{y-1}\right| = x + c_1$．ここで，$\log$ をはずすと，$\left|\frac{y}{y-1}\right| = e^x e^{c_1}$ より，$\frac{y}{y-1} = Ce^x$ ($C = \pm \exp c_1$)．また，$y^2 - y = 0$ なる定数 $y = 1, y = 0$ より，定数関数 $y(x) = 1, y(x) = 0$ も解である． ∎

例 8.3. 次の微分方程式を解け．ただし，$\exp t = e^t$ とする．

1. $(9 + y^2) - (y + x^2 y)y' = 0$
2. $\dfrac{\sin y}{1 + \cos y} y' = 2x \exp(x^2)$

解

1. $9+y^2 \neq 0, 1+x^2 \neq 0$ より $\dfrac{y}{9+y^2}\dfrac{dy}{dx} = \dfrac{1}{1+x^2}$. この両辺を x に関して積分すると $\log\sqrt{9+y^2} = \tan^{-1}x + C_1$ (C_1 は任意定数) となるから, 求める一般解は $\sqrt{9+y^2} = C\exp(\tan^{-1}x)$ (C は任意定数).

2. 与式の両辺を x に関して積分すると $-\log|(1+\cos y)| = \exp(x^2) + C_1$ (C_1 は任意定数). よって, 求める解は $1 + \cos y = C\exp(-\exp(x^2))$ (C は任意定数). ∎

問 8.2.1. 次の微分方程式を解け. ただし, $e^t = \exp t$ とする.

(1) $\dfrac{1}{9-x^2} + \dfrac{1}{1+y^2}\dfrac{dy}{dx} = 0$ (2) $x\sqrt{9+y^2} + y\sqrt{4+x^2}\dfrac{dy}{dx} = 0$

(3) $(9-x^2)\dfrac{dy}{dx} + x(y^2+4) = 0$ (4) $ye^x + (e^x+3)\dfrac{dy}{dx} = 0$

(5) $\dfrac{e^x}{e^x+1} + y\dfrac{dy}{dx} = 0$ (6) $\dfrac{1}{1-x^2} + \dfrac{y}{1-y^2}\dfrac{dy}{dx} = 0$

(7) $\dfrac{dy}{dx} = \dfrac{e^y}{\sqrt{100-x^2}}$ (8) $(x^3+x)(1+\tan y) + x(\sec^2 y)\dfrac{dy}{dx} = 0$

(9) $-\dfrac{x^3+2}{\sqrt{x}} + \dfrac{1}{y^2}\dfrac{dy}{dx} = 0$ (10) $(1+e^x)\sin^2 y + (e^{2x}\cos y)\dfrac{dy}{dx} = 0$

8.3 同次形

次の形の 1 階の微分方程式を **同次形** という:

$$\dfrac{dy}{dx} = f\left(\dfrac{y}{x}\right) \tag{8.4}$$

$u = \dfrac{y}{x}$ ($y = ux$) とおくと, $\dfrac{dy}{dx} = x\dfrac{du}{dx} + u$ であるから, (8.4) は

$$\dfrac{du}{dx} = \dfrac{f(u) - u}{x} \tag{8.5}$$

となる. (8.5) は変数分離形であるから,

$$\int \dfrac{1}{f(u) - u}du = \log x + C \qquad u = \dfrac{y}{x} \tag{8.6}$$

(ここで, C は任意の定数). ただし, $f(\alpha) = \alpha$ なる定数 α があると関数 $y = \alpha x$ は (8.4) の解である (この解 $y = \alpha x$ を (8.4) の **直線解** という).

例 8.4. 微分方程式 $\dfrac{dy}{dx} = \dfrac{y^2}{x^2} + 4\dfrac{y}{x} + 2$ を解け.

解 $u = \dfrac{y}{x}$ とおくと, 与式は $\dfrac{du}{dx} = \dfrac{u^2 + 4u + 2 - u}{x} = \dfrac{(u+2)(u+1)}{x}$ となる. これは変数分離形なので, 変数分離して, 両辺を x について積分すると $\displaystyle\int \left(\dfrac{1}{u+1} - \dfrac{1}{u+2} \right) du = \int \dfrac{1}{x} dx + C$. 故に $\log \left| \dfrac{u+1}{u+2} \right| = \log |x| + C_1$, $u = \dfrac{y}{x}$ (C_1 は任意定数). $\log$ を外すと $\dfrac{y+x}{(y+2x)x} = C$ (C は任意定数). また, $u = -1, u = -2$ より, 直線解は $y = -x, y = -2x$ である. ∎

例 8.5. 次の微分方程式を解け (ただし, a, b, c, p, q, r は定数である).

$$\dfrac{dy}{dx} = f\left(\dfrac{ax + by + c}{px + qy + r} \right) \qquad (aq - bp \neq 0)$$

解 $aq - bp \neq 0$ より, $a\alpha + b\beta + c = 0, p\alpha + q\beta + r = 0$ を満たす解 (α, β) が唯一組存在する. いま, $x = u + \alpha$, $y = v + \beta$ と変数変換すると,

$$\dfrac{dv}{du} = \dfrac{dy}{dx} = f\left(\dfrac{au + bv}{pu + qv} \right) = f\left(\dfrac{a + b\dfrac{v}{u}}{p + q\dfrac{v}{u}} \right).$$

これは同次形の微分方程式である. ∎

問 8.3.1. 上の例 8.5 で $aq - bp = 0$ のとき, 与えられた微分方程式は変数分離形に帰着されることを示せ. 次の 3 つの場合を考察すればよい.
(i) $p = 0, a = 0$ (ii) $p = 0, q = 0$ (iii) $p \neq 0$

問 8.3.2. 次の微分方程式を解け.
(1) $(x^2 + y^2) + (x^2 - xy)\dfrac{dy}{dx} = 0$ (2) $(3x^2 + 4xy) + (2x^2 + 3y^2)\dfrac{dy}{dx} = 0$
(3) $\dfrac{dy}{dx} = \dfrac{\sqrt{x^2 + y^2}}{x} + \dfrac{y}{x}$ $(x > 0)$ (4) $\dfrac{dy}{dx} = \dfrac{y^2}{2x^2} + 4\dfrac{y}{x} + 4$

(5) $\dfrac{dy}{dx} = \dfrac{y + \sqrt{x^2 - y^2}}{x}$ $(x > 0)$ 　　(6) $\dfrac{dy}{dx} = \dfrac{2x - y + 1}{x - 2y + 3}$

(7) $\dfrac{dy}{dx} = \dfrac{2x - y + 1}{x - 2y + 1}$ 　　(8) $\dfrac{dy}{dx} = \dfrac{y - 3x - 4}{x - 3y}$

(9) $\dfrac{dy}{dx} = \dfrac{x + 2y + 1}{-2x - 4y + 2}$ 　　(10) $\dfrac{dy}{dx} = \dfrac{x - y - 3}{6x - 6y - 3}$

8.4　完全微分方程式

次の形の 1 階の微分方程式

$$P(x,y)dx + Q(x,y)dy = 0 \tag{8.7}$$

を**全微分方程式**という．(8.7) の左辺がある関数 $f(x,y)$ の全微分 (6 章参照) になっているとき，(8.7) を**完全微分方程式**という．

定理 8.1. 関数 $P(x,y), Q(x,y)$ が C^1 級で，$\dfrac{\partial P}{\partial y} = \dfrac{\partial Q}{\partial x}$ を満たすとき，(8.7) は完全微分方程式になる．

　証明　点 (x_0, y_0) を関数 P, Q の定義域から任意にとってきて固定する．

$$f(x,y) = \int_{x_0}^{x} P(t,y)dt + \int_{y_0}^{y} Q(x_0,t)dt$$

とおくと $\dfrac{\partial f}{\partial x} = P(x,y)$, $\dfrac{\partial f}{\partial y} = Q(x,y)$ である．なぜならば，$\dfrac{\partial f}{\partial x} = P(x,y)$,

$\dfrac{\partial f}{\partial y} = \int_{x_0}^{x} \dfrac{\partial P(t,y)}{\partial y}\,dt + Q(x_0,y) = \int_{x_0}^{x} \dfrac{\partial Q(t,y)}{\partial t} + Q(x_0,y) = Q(x,y) - Q(x_0,y) + Q(x_0,y) = Q(x,y)$.

これより，関数 $f(x,y)$ の全微分は

$$df(x,y) = \dfrac{\partial f}{\partial x}dx + \dfrac{\partial f}{\partial y}dy = Pdx + Qdy = 0$$

を満たすので，$\dfrac{\partial P}{\partial y} = \dfrac{\partial Q}{\partial x}$ ならば，微分方程式 $Pdx + Qdy = 0$ は完全微分方程式となる．　　　　　　　　　　　　　　　　　　　　　　　　　　　□

注 8.2. 定理 8.1 から，関数 $P(x,y), Q(x,y)$ が C^1 級で，$\dfrac{\partial P}{\partial y} = \dfrac{\partial Q}{\partial x}$ を満たすならば，(8.1) の解は

$$\int_{x_0}^{x} P(t,y)dt + \int_{y_0}^{y} Q(x_0,t)dt = C \tag{8.8}$$

注 8.3. (8.7) が完全微分方程式でないときは，適当な関数 $\lambda(x,y)$ を (8.7) にかけてそれが完全微分方程式になれば，$\lambda P dx + \lambda Q dy = 0$ は上のやり方で解ける．この適当な関数 $\lambda(x,y)$ を探す考察は微分方程式の専門書に譲る．

例 8.6. 微分方程式 $xdx + ydy = 0$ を解け．

解 $P(x,y) = x, Q(x,y) = y$ とおくと，$\dfrac{\partial P}{\partial y} = \dfrac{\partial Q}{\partial x} = 0$ を満たす．よって完全微分方程式であり，$f(x,y) = \displaystyle\int_{x_0}^{x} tdt + \int_{y_0}^{y} tdt = x^2 + y^2 + C$ を得る．故に求める解は $x^2 + y^2 = C$ (C は任意定数)．∎

問 8.4.1. 次の微分方程式を解け．
 (1) $(x^2 + 2xy + y)dx + (x^2 + x + y^2)dy = 0$
 (2) $(\tan y - 3x^2)dx + (x\sec^2 y)dy = 0$
 (3) $(y + e^x \sin y)dx + (x + e^x \cos y)dy = 0$
 (4) $(x - 2xy + y^2)dx + (-x^2 + 2xy + y)dy = 0$
 (5) $(\sin y + y \sin x)dx + (x \cos y - \cos x)dy = 0$

8.5　1 階線形微分方程式

関数 $p(x), r(x)$ は区間 I で定義されている既知の連続関数とする．このとき微分方程式

$$\frac{dy}{dx} + p(x)y = r(x) \tag{8.9}$$

を **1 階線形微分方程式** という．

$u(x) = y(x) \exp\left(\displaystyle\int p(x)dx\right)$ とおくと

$$\frac{du}{dx} = \exp\left(\int p(x)dx\right)\left(\frac{dy}{dx} + py\right) = \exp\left(\int p(x)dx\right)r(x)$$

8.5. 1階線形微分方程式

となる．この両辺を積分すると，

$$u(x)(= y(x)\exp\left(\int p(x)dx\right)) = \int r(x)\left(\exp\left(\int p(x)dx\right)\right)dx + C$$

(C は任意定数)．したがって，(8.9) の求める一般解は

$$y(x) = \exp\left(-\int p(x)dx\right)\left\{\int r(x)\left(\exp\left(\int p(x)dx\right)\right)dx + C\right\} \quad (8.10)$$

ここで，C は任意定数．

例 8.7. 微分方程式 $y' + y = \cos x$ を解け．

解 (8.9) で $p(x) = 1, r(x) = \cos x$ であるから，(8.10) から

$$\begin{aligned}
y &= \exp\left(-\int 1 dx\right)\left\{\int \cos x\left(\exp\left(\int 1 dx\right)\right)dx + C\right\} \\
&= \exp(-x)\left\{\int \cos x \exp x\, dx + C\right\} = \exp(-x)\left\{\frac{\exp x(\cos x + \sin x)}{2} + C\right\} \\
&= C\exp(-x) + \frac{\cos x + \sin x}{2}.
\end{aligned}$$ ∎

例 8.8. (ベルヌーイの微分方程式)

$$y' + p(x)\, y = r(x)\, y^n \qquad (n \neq 0, n \neq 1) \tag{8.11}$$

は $w = y^{1-n}$ とおくことにより，次の1階線形微分方程式に変換されることを示せ：

$$w' + (1-n)\, p(x)\, w = (1-n)\, r(x)$$

証明 $w' = (1-n)\, y^{-n}\, y' = (1-n)\, y^{-n}\, (-p(x)y + r(x)y^n) = -p(x)\,(1-n)y^{1-n} + (1-n)r(x) = -(1-n)p(x)w + (1-n)r(x)$. □

例 8.9. 微分方程式 $y' + y = y^2 \cos x$ を解け．

解 (8.11) で $p(x) = 1, r(x) = \cos x, n = 2$ であるから，$w = \dfrac{1}{y}$ とおくと $w' + (-1)\, w = (-1)\cos x$. 公式 (8.10) より $w = Ce^x + \dfrac{\cos x - \sin x}{2}$. よって，$y = \left\{Ce^x + \dfrac{\cos x - \sin x}{2}\right\}^{-1}$. ∎

微分方程式 $y' = f(x,y)$ の解 $y = y(x)$ で，条件 $y(x_0) = y_0$ を満たすものを求める問題を**初期値問題**という．

例 8.10. 初期値問題　$y' - xy = x^3$, $y(0) = -1$ の解を求めよ．

解　(8.9) で $p(x) = -x, r(x) = x^3$ であるから，微分方程式 $y' - xy = x^3$ の一般解は (8.10) より

$$y = \exp\left(\frac{x^2}{2}\right)\left\{\int x^3 \exp\left(-\frac{x^2}{2}\right) dx + C\right\}$$

$$= C\exp\left(\frac{x^2}{2}\right) + \exp\left(\frac{x^2}{2}\right)\left\{-x^2\exp\left(-\frac{x^2}{2}\right) - 2\exp\left(-\frac{x^2}{2}\right)\right\}$$

$$= C\exp\left(\frac{x^2}{2}\right) - (x^2 + 2).$$

$y(0) = -1$ となるように定数 C を定めると，$-1 = C - 2$ より $C = 1$．ゆえに，求める解は，$y = \exp\left(\dfrac{x^2}{2}\right) - (x^2 + 2)$． ∎

次の例はしばしば見かける間違い答案の例である．どこに間違いがあるのか．

例 8.11. 微分方程式 $y' - (\cos x)y = -\sin 2x$ の解を求めよ．

誤答例. $y' - (\cos x)y = -\sin 2x$ の両辺を積分すると，

$$y - (\sin x)y = \frac{1}{2}\cos 2x \quad (\text{ここが間違いである！}).$$

故に $y = \dfrac{\cos 2x}{2(1 - \sin x)}$ である． ∎

問 8.5.1. 次の微分方程式を解け．

(1) $y' + (\cos x)y = \dfrac{1}{2}\sin 2x$ 　　　(2) $y' + \dfrac{y}{2x} = x^2$ $(x > 0)$

(3) $y' + \dfrac{2x}{x^2 + 1}y = \dfrac{2x^2}{1 + x^2}$ 　　　(4) $y' - \dfrac{1}{x+2}y = x^2 + 2x$ $(x > -2)$

(5) $y' + (\tan x)y = \cos^2 x$ $\left(-\dfrac{\pi}{2} < x < \dfrac{\pi}{2}\right)$　(6) $y' + 2y = \sin x$

問 8.5.2. 次の微分方程式を解け．

(1)　$y' - y = 2xy^2$ 　　　　　(2)　$y' + y = \dfrac{x}{2}y^2$

(3)　$y' + x\,y = (1+x)e^{-x}\,y^2$ 　(4)　$y' + 2xy = 2x^3\,y^3$

(5)　$y' - y = e^x\,y^2$ 　　　　(6)　$y' + y = x\,y^4$

問 8.5.3. 次の初期値問題の解を求めよ．

(1) $y' - \dfrac{y}{x} = x^2$, $y(1) = 1$ 　(2) $y' - (\cos x)y = -\sin 2x$, $y(0) = 1$

(3) $y' + x\, y = x^3$, $y(0) = 1$ 　(4) $y' + (\tan x)y = \cos x$, $y(0) = 0$

(5) $y' + \dfrac{y}{x} = \sin x$, $y(\pi) = 1$ 　(6) $y' + y = y^2(\cos x - \sin x)$, $y(0) = 1$

(7) $y' - xy = 2x^3\, y^3$, $y(0) = 1$ 　(8) $y' + \dfrac{y}{x} = y^3 \dfrac{\log x}{x}$, $y(1) = 1$

(9) $y' + y = x\, y^3$, $y(0) = 1$ 　(10) $y' + xy = x\sqrt{y}$, $y(0) = 4$

8.6 定数係数の2階線形微分方程式

関数 $p(x), q(x), f(x)$ は開区間 I で定義された既知の連続関数とする．

$$\frac{d^2y}{dx^2} + p(x)\frac{dy}{dx} + q(x)y = f(x)$$

の形の微分方程式を **2階線形微分方程式** という．$f(x) = 0$ の場合には **同次2階線形微分方程式** という．以下簡単のために $p(x), q(x)$ が定数の場合を考える．このとき，**定数係数の2階線形微分方程式** という．

以下簡単化のために $L(y) \equiv \dfrac{d^2y}{dx^2} + a\dfrac{dy}{dx} + by$ とおく．

8.6.1 定数係数の同次2階線形微分方程式について

定数係数の同次2階線形微分方程式

$$\frac{d^2y}{dx^2} + a\frac{dy}{dx} + by = 0 \quad (x \in I) \tag{8.12}$$

(a, b は定数) の解を考察する．(8.12) の解の候補として，$y = e^{\alpha x}$ (α は定数) なる形のものを探す．$y' = \alpha e^{\alpha x}, y'' = (\alpha)^2 e^{\alpha x}$ より，これらを (8.12) に代入すると $e^{\alpha x}(\alpha^2 + a\alpha + b) = 0$ を得る．2次方程式

$$t^2 + at + b = 0 \tag{8.13}$$

を (8.12) の **補助方程式（特性方程式）** という．

以下，(8.12) の一般解 $y(x)$ をどう求めるかを考える．

(8.12) の基本解系について

区間 I で定義されている (8.12) の 2 つの解 $Y_1(x), Y_2(x)$ に対して

$$c_1 Y_1(x) + c_2 Y_2(x) = 0 \quad (x \in I)$$

を満たす定数 c_1, c_2 が $c_1 = c_2 = 0$ に限る，すなわち，$c_1 = c_2 = 0$ 以外に $c_1 Y_1(x) + c_2 Y_2(x) = 0 \, (x \in I)$ なる定数 c_1, c_2 は存在しないとき，この 2 つの解 $Y_1(x), Y_2(x)$ は **1 次独立である** という．この 1 次独立な 2 つの解 $Y_1(x), Y_2(x)$ の組を (8.12) の **基本解系** という．

(8.12) の基本解系の求め方

補題 8.4. 2 次方程式 (8.13) の解の分類から，次の 3 つの場合に帰着される．

(I) $a^2 - 4b > 0$ ならば，(8.13) の 2 実解を α, β とおくと，$Y_1(x) = e^{\alpha x}$, $Y_2(x) = e^{\beta x}$ は (8.12) の 1 次独立な解である．

(II) $a^2 - 4b = 0$ ならば，(8.13) の重解を α とすると，$Y_1(x) = e^{\alpha x}$, $Y_2(x) = xe^{\alpha x}$ は (8.12) の 1 次独立な解である．

(III) $a^2 - 4b < 0$ ならば，(8.13) の虚数解を $\alpha \pm i\beta \, (\beta \neq 0) \, (i$ は虚数単位) とすると，$Y_1(x) = e^{\alpha x}\cos(\beta x)$, $Y_2(x) = e^{\alpha x}\sin(\beta x)$ は (8.12) の 1 次独立な解である．

例 8.12. 上の (I) を確かめよ．

解 $Y_1(x) = e^{\alpha x}$ と $Y_2(x) = e^{\beta x}$ は (8.12) の解であるのは明らかである．

$$c_1 e^{\alpha x} + c_2 e^{\beta x} = 0 \quad (x \in \mathbb{R}) \tag{8.14}$$

を満たす定数 c_1, c_2 を調べる．(8.14) を微分すると

$$c_1 \alpha e^{\alpha x} + c_2 \beta e^{\beta x} = 0 \quad (x \in \mathbb{R}) \tag{8.15}$$

連立方程式 (8.14),(8.15) を解くと $\alpha \neq \beta$ より，$c_1 = c_2 = 0$ を得る．よって $e^{\alpha x}$, $e^{\beta x}$ は (8.12) の 1 次独立な解である． □

問 8.6.1. 上の補題の (II) と (III) を確かめよ．

8.6. 定数係数の 2 階線形微分方程式

注 8.5. 上の補題の (III) で (8.13) の解は $\alpha \pm i\beta$ である. 第 3 章 (注 3.27 で述べたオイラーの関係式 ($e^{it} = \cos t + i \sin t$ ($t \in \mathbb{R}$)) から, (III) の場合には, 形式的に 2 つの解

$$Z_1(x) = e^{(\alpha+\beta i)x} = e^{\alpha x} e^{i\beta x} = e^{\alpha x} \cos \beta x + i e^{\alpha x} \sin \beta x$$
$$Z_2(x) = e^{(\alpha-\beta i)x} = e^{\alpha x} e^{-i\beta x} = e^{\alpha x} \cos \beta x - i e^{\alpha x} \sin \beta x$$

を得る. これから $Y_1(x) = \frac{Z_1+Z_2}{2} = e^{\alpha x} \cos \beta x$, $Y_2(x) = \frac{Z_1-Z_2}{2i} = e^{\alpha x} \sin \beta x$ とおくと, $L(Z_1) = L(Z_2) = 0$ より, $L(Y_1) = L(Y_2) = 0$ が成り立つ. この 2 つの解 $Y_1(x), Y_2(x)$ が (III) の求める 1 次独立な解である.

さて, 2 つの集合 A, B において, $A = B$ となるのは $A \subset B$ かつ $B \subset A$ が成り立つことであったことを思い出そう.

定理 8.6. $\{Y_1(x), Y_2(x)\}$ を (8.12) の基本解系とする. このとき, 集合 S, T を, $S = \{y \mid y \text{ は } y'' + ay' + by = 0 \text{ の解}\}$, $T = \{c_1 Y_1(x) + c_2 Y_2(x) \mid c_1, c_2 \in \mathbb{R}\}$ とおくと, $S = T$ が成り立つ.

証明

1) $T \subset S$ の証明: T の任意の元 $y = c_1 Y_1 + c_2 Y_2$ をとる. ここで, $Y_1(x)$ と $Y_2(x)$ は (8.12) の解であるから, $L(Y_1) = L(Y_2) = 0$ を満たす. $L(c_1 Y_1(x) + c_2 Y_2(x)) = c_1 L(Y_1) + c_2 L(Y_2) = 0$ が成り立つから, $y(x) = c_1 Y_1(x) + c_2 Y_2(x) \in S$ である. 故に, $T \subset S$.

2) $S \subset T$ の証明: S の任意の $y(x)(\in S)$ をとる. いま, 点 $p \in \mathbb{R}$ を任意にとって固定する. $\{Y_1(x), Y_2(x)\}$ を (8.12) の基本解系とする. このとき, c_1, c_2 に関する 2 元連立 1 次方程式

$$(*) \quad \begin{cases} y(p) = c_1 Y_1(p) + c_2 Y_2(p) \\ y'(p) = c_1 Y_1'(p) + c_2 Y_2'(p) \end{cases}$$

を考える. $\{Y_1(x), Y_2(x)\}$ は基本解系であるから $Y_1(p)Y_2'(p) - Y_2(p)Y_1'(p) \neq 0$ (上の場合 (I), (II), (III) で確かめよ). 例えば, (I) のとき, $Y_1(p)Y_2'(p) - Y_2(p)Y_1'(p) = (\alpha - \beta)e^{(\alpha+\beta)p} \neq 0$. よって, この連立 1 次方程式 $(*)$ はただ一組の解 $(c_1, c_2) = (m, n)$ をもつ. ここで, $W(x) = y(x) - [m Y_1(x) + n Y_2(x)]$ とおくと $W(x)$ は

$$W'' + aW' + bW = 0 \ (-\infty < x < +\infty), \quad W(p) = W'(p) = 0 \quad (8.16)$$

を満たす．このとき，(8.16) の解は $W(x) \equiv 0$ だけである（これは章末の演習問題問 6 とする）．故に $y(x) = m Y_1(x) + n Y_2(x)$ と書ける．故に，$S \subset T$.
1) と 2) から，$T = S$ が成り立つ． □

8.6.2 定数係数をもつ非同次 2 階線形微分方程式について

定数係数をもつ非同次 2 階線形微分方程式

$$\frac{d^2 y}{dx^2} + a \frac{dy}{dx} + by = f(x) \ (a, b \text{ は定数}) \tag{8.17}$$

の一般解を求める．

(8.12) の解の集合を $S_0 = \{y \mid L(y) = 0 \ (x \in I)\}$ とおく．また，(8.17) の解 y の集合を $S = \{y \mid L(y) = f(x) \ (x \in I)\}$ とおく．

定理 8.7. y_p を (8.17) の一つの特解とすると次が成り立つ：

$$S = \{y_p + y_0 \mid y_0 \in S_0\}.$$

証明

1) $\{y_p + y_0 \mid y_0 \in S_0\} \subset S$ の証明：$L(y_p + y_0) = L(y_p) + L(y_0) = f + 0 = f$ より，$y_p + y \in S$.

2) $S \subset \{y_p + y_0 \mid y_0 \in S_0\}$ の証明：任意の $y \in S$ に対して，$L(y - y_p) = L(y) - L(y_p) = f - f = 0$ より，$y - y_p \in S_0$. $w = y - y_p$ とおくと，$y = y_p + w, w \in S_0$ であるから，$S \subset \{y_p + y_0 \mid y_0 \in S_0\}$.

1) と 2) から，$S = \{y_p + y_0 \mid y_0 \in S_0\}$. □

8.6.3 定数係数をもつ非同次 2 階線形微分方程式 (8.17) の特解 y_p の求め方

定理 8.7 から，問題は (8.17) を満たす特解 $y_p(x)$ を如何に見つけるかである．過去の遺産としていくつか特別な関数 $f(x)$ に応じて解 $y_p(x)$ の見つけ方が知られている．以下その典型的な方法を述べる．

α, β を特性方程式 $t^2 + at + b = 0$ の解とする．

8.6. 定数係数の 2 階線形微分方程式

1. $f(x) = b_n x^n + b_{n-1} x^{n-1} + \cdots + b_1 + b_0 (= n$ 次の多項式$)$ の場合：
   $y_p(x) = a_n x^n + a_{n-1} x^{n-1} + \cdots + a_1 x + a_0$ とおいて，これを (8.17) に代入して係数 $a_n, a_{n-1}, \cdots, a_1, a_0$ を決定する．

2. $f(x) = \exp(\gamma x)\,(\gamma$ は 0 でない実数$)$ の場合：

   (1) $\gamma \neq \alpha, \gamma \neq \beta$ のとき，$y_p = \dfrac{\exp(\gamma x)}{\gamma^2 + a\gamma + b}$ である．

   (2) $\gamma = \alpha, \alpha \neq \beta$ のとき，$y_p = x \dfrac{\exp(\gamma x)}{\alpha - \beta}$ である．

   (3) $\gamma = \alpha = \beta$ のとき，$y_p = \dfrac{x^2}{2} \exp(\gamma x)$ である．

3. $f(x) = m\cos(\lambda x) + n\sin(\lambda x)\,(\alpha \neq i\lambda, \beta \neq -i\lambda)$ の場合：
   $y_p(x) = A\cos(\lambda x) + B\sin(\lambda x)$ とおいて，これを (8.17) に代入して定数 A, B を決定する．

4. $f(x) = m\exp(sx)\cos(tx) + n\exp(sx)\sin(tx)\,(s, t$ は 0 でない実数$)$　$(\alpha \neq s + it, \beta \neq s - it)$ の場合：
   $y_p(x) = A\exp(sx)\cos(tx) + B\exp(sx)\sin(tx)$ とおいて，これを (8.17) に代入して定数 A, B を決定する．

5. $f(x) = \exp(sx) \times (n$ 次の多項式$)\,(s$ は 0 でない実数$)$ の場合：

   (1) $s \neq \alpha, s \neq \beta$ のときは，
   $$y_p(x) = \exp(sx)\left(a_n x^n + a_{n-1} x^{n-1} + \cdots + a_1 x + a_0\right)$$

   (2) $s = \alpha, \alpha \neq \beta$ のときは，
   $$y_p(x) = \exp(sx)\left(a_{n+1} x^{n+1} + a_n x^n + \cdots + a_1 x\right)$$

   (3) $s = \alpha = \beta$ のときは，
   $$y_p(x) = \exp(sx)\left(a_{n+2} x^{n+2} + a_{n+1} x^{n+1} + \cdots + a_2 x^2\right)$$

   とそれぞれおいて，それぞれ (8.17) に代入して係数 $a_{n+2}, a_{n+1}, a_n, \cdots, a_2, a_1, a_0$ を決定する．

6. $\alpha = i\lambda, \beta = -i\lambda$ で $f(x) = n\cos\lambda x + m\sin\lambda x$ の場合：
   $y_p(x) = Ax\cos\lambda x + Bx\sin\lambda x$ とおいて，定数 A, B を決定する．

例 **8.13.** 次の微分方程式を解け．

1. $y'' + 4y' + 8y = x^2 + 9x + 1$
2. $y'' + 6y' + 5y = e^{2x}$
3. $y'' - y' - 2y = e^{-x}$
4. $y'' + 2y' + 5y = \cos 2x$
5. $y'' - 2y' + 5y = e^{-x} \sin 5x$
6. $y'' + 2y' + y = (2x^2 + x + 5)e^x$
7. $y'' + 4y = \sin 2x$

解

1. 特性方程式 $t^2 + 4t + 8 = 0$ の解は $t = -2 \pm 2i$ である．$y_p = Ax^2 + Bx + C$ とおいて，これを与式に代入すると $y_p = \dfrac{1}{8}x^2 + x - \dfrac{13}{32}$，同次方程式 $y'' + 4y' + 8y = 0$ の解 y_0 は $y_0 = c_1 e^{-2x} \cos 2x + c_2 e^{-2x} \sin 2x$．∴求める解は $y = y_p + y_0 = \dfrac{1}{8}x^2 + x - \dfrac{13}{32} + c_1 e^{-2x} \cos 2x + c_2 e^{-2x} \sin 2x$.

2. 特性方程式 $t^2 + 6t + 5 = 0$ の解は $t = -5, t = -1$ である．$y_p = Ae^{2x}$ とおいて，これを与式に代入すると $y_p = \dfrac{1}{21} e^{2x}$，同次方程式 $y'' + 6y' + 5y = 0$ の解 y_0 は $y_0 = c_1 e^{-5x} + c_2 e^{-x}$．∴求める解は $y = y_p + y_0 = \dfrac{1}{21} e^{2x} + c_1 e^{-5x} + c_2 e^{-x}$.

3. 特性方程式 $t^2 - t - 2 = 0$ の解は $t = 2, t = -1$ である．$y_p = Axe^{-x}$ とおいて，これを与式に代入すると $y_p = -\dfrac{1}{3} xe^{-x}$，同次方程式 $y'' - y' - 2y = 0$ の解 y_0 は $y_0 = c_1 e^{2x} + c_2 e^{-x}$．∴求める解は $y = y_p + y_0 = -\dfrac{1}{3} xe^{-x} + c_1 e^{2x} + c_2 e^{-x}$.

4. 特性方程式 $t^2 + 2t + 5 = 0$ の解は $t = -1 \pm 2i$ である．$y_p = A \cos 2x + B \sin 2x$ とおいて，これを与式に代入すると $y_p = \dfrac{1}{17} \cos 2x + \dfrac{4}{17} \sin 2x$，同次方程式 $y'' + 2y' + 5y = 0$ の解 y_0 は $y_0 = c_1 e^{-x} \cos 2x + c_2 e^{-x} \sin 2x$．∴求める解は $y = y_0 + y_p = \dfrac{1}{17} \cos 2x + \dfrac{4}{17} \sin 2x + c_1 e^{-x} \cos 2x + c_2 e^{-x} \sin 2x$.

5. 特性方程式 $t^2 - 2t + 5 = 0$ の解は $t = 1 \pm 2i$ である．$y_p = Ae^{-x} \cos 5x + Be^{-x} \sin 5x$ とおいて，これを与式に代入すると $y_p = -\dfrac{17}{689} e^{-x} \cos 5x - \dfrac{20}{689} e^{-x} \sin 5x$，同次方程式 $y'' - 2y' + 5y = 0$ の解 y_0 は $y_0 = c_1 e^x \cos 2x + c_2 e^x \sin 2x$．∴求める解は $y = y_0 + y_p = -\dfrac{17}{689} e^{-x} \cos 5x - \dfrac{20}{689} e^{-x} \sin 5x +$

$c_1 e^x \cos 2x + c_2 e^x \sin 2x$

6. 特性方程式 $t^2 + 2t + 1 = 0$ の解は $t = -1$(重解) である. $y_p = (Ax^2 + Bx + C)e^x$ とおいて，これを与式に代入すると $y_p = (\frac{1}{2}x^2 - \frac{3}{4}x + \frac{7}{4})e^x$，同次方程式 $y'' + 2y' + y = 0$ の解 y_0 は $y_0 = c_1 e^{-x} + c_2 x e^{-x}$. ∴求める解は $y = y_p + y_0 = (\frac{1}{2}x^2 - \frac{3}{4}x + \frac{7}{4})e^x + c_1 e^{-x} + c_2 x e^{-x}$

7. 特性方程式 $t^2 + 4 = 0$ の解は $t = \pm 2i$ である. $y_p = Ax \sin 2x + Bx \cos 2x$ とおいて，これを与式に代入する. $y_p'' = 4A \cos 2x - 4Ax \sin 2x - 4B \sin 2x - 4Bx \cos 2x$ より，$y_p'' + 4y_p = 4A \cos 2x - 4B \sin 2x (= \sin 2x)$ より，$A = 0, B = -\frac{1}{4}$ ∴特解は $y_p = -\frac{1}{4}x \cos 2x$, 同次方程式 $y'' + 4y = 0$ の解 y_0 は $y_0 = c_1 \cos 2x + c_2 \sin 2x$. ∴ $y = y_p + y_0 = c_1 \cos 2x + c_2 \sin 2x - \frac{1}{4}x \cos 2x$. ■

問 8.6.2. 次の微分方程式を解け.
(1) $y'' + 3y' + 2y = -x^2 + 1$ (2) $y'' + 2y' - 3y = x^2 + x$
(3) $y'' - 4y' + 4y = e^x$ (4) $y'' - 3y' + 2y = e^{2x}$
(5) $y'' + 2y' + 5y = \sin 2x$ (6) $y'' - 4y' + 13y = \cos 3x$
(7) $y'' + 6y' + 13y = e^{3x} \sin 2x$ (8) $y'' - 2y' + 5y = e^x \cos 4x$
(9) $y'' - 2y' + y = (2x^2 + 5)e^x$ (10) $y'' - 3y' + 2y = (1 - 2x^2)e^x$

8.7 解の一意性定理と存在定理

初期値問題
$$\begin{cases} \dfrac{dy}{dt} = f(t, y) & (t_0 - a < t < t_0 + a) \\ y(t_0) = y_0 \end{cases}$$

の解 y が存在するかどうか？ 解が存在すれば唯一つかどうか？

自然現象のモデルとして，微分方程式の初期値問題を考えるならば，現象を正確に記述しているかぎり，解の存在と一意性は明らかである．解の存在と一意性について数学的に厳密に考察された結果が次の定理である．定理の証明はこの本の程度を超えているので，微分方程式の専門書を参照されたい．

定理 8.8 (初期値問題の解の存在定理・一意性の定理). 関数 $f(t,y)$ は領域 $D = \{(t,y) \mid |t-t_0| < a, |y-y_0| < b\}$ で連続で, $|f(t,y)| \leq M$ ($(t,y) \in D$) なる定数 M が存在するとする. また, D 内の任意の t, y_1, y_2 に対して

$$|f(t,y_1) - f(t,y_2)| \leq L |y_2 - y_1| \tag{8.18}$$

なる定数 L が存在するものとする. このとき, 微分方程式

$$\frac{dy}{dt} = f(t,y) \tag{8.19}$$

の解 $y = y(t)$ で, 初期条件

$$y(t_0) = y_0 \tag{8.20}$$

を満たす解が, $|t-t_0| < \min\left\{a, \frac{1}{2L}\right\}$ なる t の範囲で, <u>唯一つ存在する</u>.

注 8.9. 条件 (8.18) を**リプシッツ (Lipshitz) 条件**という. $f(t,y)$ はリプシッツ (Lipshitz) 条件を満たすという.

演習問題 8

1. 次の微分方程式を解け. $a(\neq 0)$ は定数とする. $e^t = \exp t$ である.

1. $\tan(ay)\dfrac{dy}{dx} = \dfrac{1}{x^2+3x+2}$
2. $\dfrac{\sin y}{1+\cos y}\dfrac{dy}{dx} = 2x \exp(x^2)$
3. $\cos y \sin^3 y \dfrac{dy}{dx} = \dfrac{(\log x)^2}{x}$
4. $(x^3 + y^3) + 3xy^2 \dfrac{dy}{dx} = 0$ $(x > 0)$
5. $(1+2\exp(\dfrac{x}{y})) = 2\exp(\dfrac{x}{y})(\dfrac{x}{y}-1)\dfrac{dy}{dx}$
6. $\dfrac{dy}{dx} + (\cot x)y = 2\cos x$ $\left(0 < x < \dfrac{\pi}{2}\right)$
7. $\dfrac{dy}{dx} + (\tan x)y = \sin 2x$ $\left(0 < x < \dfrac{\pi}{2}\right)$
8. $\dfrac{dy}{dx} = \dfrac{1}{x+y^2}$
9. $\dfrac{dy}{dx} - y = 3e^x y^3$
10. $\dfrac{dy}{dx} + \dfrac{y}{x} = y^2 \dfrac{2\log x}{x}$ $(x > 0)$

2. 次の微分方程式を解け. a は定数とする.

1. $y'' - y' - 2y = 6x^2 + 3x$
2. $y'' + 2y' + y = 4x^2 + x + 2$
3. $y'' - 6y' + 9y = (x^2+5)e^{3x}$
4. $y'' + 2y' + y = (x^2+x+2)e^{2x}$
5. $y'' - 4y' + 13y = e^{2x}$
6. $y'' - 2y' + 5y = e^x$
7. $y'' + 2y' + 10y = \sin 3x$
8. $y'' + 4y' + 20y = \cos 4x$
9. $y'' - 2y' + 10y = e^x \cos 2x$
10. $y'' - 4y' + 20y = e^{2x} \sin 3x$

3. 次の初期条件を満たす微分方程式の解 $y = y(x)$ を求めよ.

1. $y' = \dfrac{y}{1+x^2}$, $y(0) = 2$ 2. $y' = y - y^2$, $y(0) = 0.5$
3. $y' = y - y^2$, $y(0) = 1.5$ 4. $y' = y - y^3$, $y(0) = 0.5$
5. $y' = y - y^3$, $y(0) = 1.5$

4. (グロンウオールの不等式) a を含む区間 I で $f(x)$ は C^1 級の関数とする. K を定数とする. このとき,

$$f'(x) \leq Kf \quad (a \leq x, x \in I) \tag{i}$$

ならば, $f(x) \leq f(a) \exp(K(x-a))$ $(a \leq x, x \in I)$ が成り立つことを示せ.

$$Kf \leq f'(x) \quad (x \leq a, x \in I) \tag{ii}$$

ならば, $f(x) \leq f(a) \exp(K(x-a))$ $(x \leq a, x \in I)$ が成り立つことを示せ.

ヒント $g(x) = f(x) \exp(-K(x-a))$ とおいて, (i) の場合に $g'(x) \leq 0$ $(a \leq x, x \in I)$ を示し, (ii) の場合に $g'(x) \geq 0$ $(x \leq a, x \in I)$ を示せ.

5. $p(x), q(x)$ は点 a を含む有界な閉区間 I で連続な関数とする. このとき, 初期値問題 $y' + p(x)y = 0$ $(x \in I)$, $y(a) = 0$ を満たす解 y は $y \equiv 0$ に限ることを示せ.

ヒント $f(x) = y^2(x)$ とおいて, $f'(x) \leq Kf$ (K は定数) を導け.

6. 点 p は区間 (α, β) の一つの点とする. このとき,

$$W'' + aW' + bW = 0 \quad (\alpha < x < \beta), \ W(p) = W'(p) = 0$$

の解は $W(x) = 0$ $(\alpha < x < \beta)$ であることを証明せよ. ただし, a, b は定数とする.

ヒント $f(x) = (W(x))^2 + (W'(x))^2$ とおく. $f(x)$ を微分して,

$$f'(x) \leq c_1 f(x) \qquad (p \leq x < \beta) \tag{1}$$

と

$$-c_1 f(x) \leq f'(x) \qquad (\alpha \leq x < p) \tag{2}$$

(c_1 は定数) を導き, 上の問 4 のグロンウオールの不等式を用いよ.

7. λ は定数とする．次の問題の定数でない解 $y(x)$ を求めよ：

$$\begin{cases} y'' = -\lambda y & (0 < x < L) \\ y(0) = y(L) = 0 \\ y(x) \neq 0 & (0 < x < L) \end{cases}$$

ヒント　(i) $\lambda = 0$, (ii) $\lambda = -a^2 (a > 0)$, (iii) $\lambda = a^2\ (a > 0)$ の場合をそれぞれ考察しなさい．さらに，(iii) の場合で，$a = \frac{n\pi}{L}$ のときのみ，$\lambda = (\frac{n\pi}{L})^2$ で解 $y = \sin \frac{n\pi}{L} x$ をもつことを示せ．

8. λ は定数とする．次の問題の定数でない解 $y(x)$ を求めよ：

(1) $\begin{cases} y'' = -\lambda y & (0 < x < L) \\ y'(0) = y'(L) = 0 \\ y(x) \neq 0 & (0 < x < L) \end{cases}$　(2) $\begin{cases} y'' = -\lambda y & (0 < x < L) \\ y(0) = y'(L) = 0 \\ y(x) \neq 0 & (0 < x < L) \end{cases}$

ヒント　上の問 7 のヒントを参考にせよ．

9. a を 0 でない定数とするとき，微分方程式 $\frac{d^2y}{dx^2} + \frac{a}{x}\frac{dy}{dx} = 0$, $y = y(x)\ (0 < x)$ を次のようにして解け．

(1)　$z = \frac{dy}{dx}$ とおくと z は $\frac{dz}{dx} + \frac{az}{x} = 0$ を満たすことを示し，z を求めよ．

(2)　y を求めよ．

10. a を正の定数とするとき，微分方程式 $x\frac{d^2y}{dx^2} + 2\frac{dy}{dx} + a^2 xy = 0$, $y = y(x)\ (0 < x)$ を次のようにして解け．

(1)　$y = \frac{z}{x}$ とおくと z は $\frac{d^2z}{dx^2} + a^2 z = 0$ を満たすことを示し，z を求めよ．

(2)　y を求めよ．

11. 次の各問に答えよ．

(1) 微分方程式 $(1-x^2)\frac{d^2y}{dx^2} - x\frac{dy}{dx} = 0$ において，変数変換 $x = \cos t$ を行うと，y は微分方程式 $\frac{d^2y}{dt^2} = 0$ を満たすことを示せ．そして y を求めよ．

(2) 微分方程式 $x^2 \frac{d^2y}{dx^2} + 2x\frac{dy}{dx} + \frac{a^2}{x^2} y = 0 (a$ は定数$)$ において，変数変換 $x = \frac{1}{t}$ を行うと，y は微分方程式 $\frac{d^2y}{dt^2} + a^2 y = 0$ を満たすことを示せ．そして y を求めよ．

(3) 微分方程式 $x^2\dfrac{d^2y}{dx^2}+2x\dfrac{dy}{dx}+y=0$ において変数変換 $x=e^t$ を行うと, y は微分方程式 $\dfrac{d^2y}{dt^2}+\dfrac{dy}{dt}+y=0$ を満たすことを示せ. そして y を求めよ.

(4) 微分方程式 $\dfrac{d^2y}{dx^2}-\dfrac{dy}{dx}-e^{2x}y=0$ において, 変数変換 $x=\log(1+t)$ を行うと, y は微分方程式 $\dfrac{d^2y}{dt^2}-y=0$ を満たすことを示せ. そして y を求めよ.

12. κ を正の定数とする. 偏微分方程式 $\dfrac{\partial u}{\partial t}=\kappa\dfrac{\partial^2 u}{\partial x^2}$ の解 $u=u(x,t)\,(\neq 0)$ が, $u(x,t)=X(x)T(t)$ という形に書かれていると仮定する. このとき,

(1) $X(x)$, $T(t)$ は, α を定数とすると, $\dfrac{dT}{dt}=\alpha\kappa T$, $\dfrac{d^2X}{dx^2}=\alpha X$ を満たすことを示せ.

(2) (1) から, $u(x,t)=X(x)T(t)\,(\neq 0)$ という形の解を求めよ.

問と演習問題の略解

第 1 章

問 **1.1.1.** 略　問 **1.2.1.**　1. 等式 $(1+k)^3 - k^3 = 1 + 3k + 3k^2$　$(k=1,2,\cdots,n)$ を使用せよ．　2. 等式 $(1+k)^4 - k^4 = 4k^3 + 6k^2 + 4k + 1$　$(k=1,2,\cdots,n)$ を使用せよ．　問 **1.2.2.** 略　問 **1.2.3.** (i) $a > 1$ のとき発散, (ii) $a = 1$ のとき収束, (iii) $|a| < 1$ のとき 0 に収束, (iv) $a \leq -1$ のとき振動　問 **1.2.4.**　0　問 **1.2.5.** $\left|\left(\sqrt{a_n} - \sqrt{\alpha}\right)\right| = \left|\dfrac{a_n - \alpha}{(\sqrt{a_n} + \sqrt{\alpha})}\right| \leq \dfrac{|a_n - \alpha|}{\sqrt{\alpha}}$ を使用　問 **1.2.6.** (1) ∞　(2) 0　(3) ∞　(4) 2　(5) 0　(6) 0　(7) 0　(8) $-1 < a^2 - 4a \leq 1$ のとき収束, その他の a で発散 (9) $0 < a < 1$ のとき 0 に収束, $a = 1$ のとき 1 に収束, $1 < a$ のとき発散．　問 **1.4.1.** (1) 定義域は $x \neq -1$　(2) 定義域は $x \neq 2$　(3) 定義域は $\mathbb{R}$　(4) 定義域は $x \neq \pm 1$　(5) 定義域は $\mathbb{R}$　問 **1.5.1.** (1) 値域は $\mathbb{R}$. この逆関数 $x = f^{-1}(y)$ は $x = -\dfrac{1}{2}(y-4)$.　(2) 値域は $(-\infty, 1)$. この逆関数 $x = f^{-1}(y)$ は $x = \dfrac{y}{1-y}$　$(y < 1)$.　問 **1.5.2.** (1)　$f(g(x)) = (\sqrt[3]{x})^2 = \sqrt[3]{x^2}$　$(x \in \mathbb{R})$,　$g(f(x)) = \sqrt[3]{x^2}$　$(x \in \mathbb{R})$.　(2) $f(g(x)) = x + 1$　$(0 \leq x)$,　$g(f(x)) = \sqrt{x^2 + 1}$　$(x \in \mathbb{R})$　問 **1.5.3.** (1) 定義域は $[\dfrac{1}{2}, \infty)$ (2) 定義域は $(-\infty, 2]$ (3) 定義域は $[-1, \infty)$ (4) 定義域は $\mathbb{R}$ (5) 定義域は $(-\infty, -1] \cup [1, \infty)$　問 **1.6.1.** (グラフは省略) (1) 定義域は $(-\infty, \infty)$, 値域は $[-1, 1]$　(2) $\cos^2 x = \dfrac{1 + \cos 2x}{2}$ より, 定義域は $(-\infty, \infty)$, 値域は $[0, 1]$　問 **1.7.1.** 略　問 **1.8.1.** (1) $-\dfrac{7}{25}$　(2) $\dfrac{24}{7}$　問 **1.8.2.** (1) $\sin^{-1}\dfrac{12}{13} = \alpha, \cos^{-1}\dfrac{5}{13} = \beta$ とおき, $\alpha = \beta$ を示す．(2) $\tan^{-1}2 = \alpha, \tan^{-1}3 = \beta$ とおき, $\alpha + \beta = \dfrac{3\pi}{4}$ を示す．　問 **1.9.1.** 略．　問 **1.10.1.** (1) 収束 (2) 収束 (3) 発散 (4) 収束 (5) 収束

演習問題 1

1. (1) -1　(2) $\dfrac{1}{2}$　(3) 0　(4) 1　(5) $\dfrac{1}{2}$　(6) e^2
2. 略　**3.** 略　**4.** 略　**5.** 略
6. (1) $f(g(x)) = \exp(x^2 - x + 1)$ $(x \in \mathbb{R})$,　$g(f(x)) = e^{2x} - e^x + 1$ $(x \in \mathbb{R})$,

(2) $-1 < x < 3$ で $g(x) > 0$ であるから，$f(g(x)) = \log(-x^2 + 2x + 3)$ $(-1 < x < 3)$, $g(f(x)) = -(\log x)^2 + 2\log x + 3$ $(x \in (0, \infty))$ (3) $f(g(x)) = \sin(e^x)$ $(x \in \mathbb{R})$, $g(f(x)) = \exp(\sin x)$ $(x \in \mathbb{R})$ **7.** 略 **8.** 略

9. (1) $f(x) = x^2 + 1$ $(0 \leq x)$ の値域は $[1, \infty)$. $y \in [1, \infty)$ に対して $y = x^2 + 1$ $(0 \leq x)$ なる x は $x = \sqrt{y-1}$. 逆関数は $x = \sqrt{y-1}$ $(1 \leq y < \infty)$
(2) $f(x) = x^3 - 1$ $(x \in \mathbb{R})$ の値域は $(-\infty, \infty)$. $y \in (-\infty, \infty)$ に対して $y = x^3 - 1$ $(x \in \mathbb{R})$ なる x は $x = \sqrt[3]{y+1}$. 逆関数は $x = \sqrt[3]{y+1}$ $(y \in \mathbb{R})$

10. (1) $\dfrac{\pi}{3}$ (2) $\dfrac{-\pi}{4}$ (3) $\dfrac{3\pi}{4}$ (4) $\dfrac{\pi}{3}$ (5) $-\dfrac{\pi}{6}$ (6) $-\dfrac{\pi}{4}$

11. (1) $\sin^{-1}(-x) = -\sin^{-1} x$ (2) $\cos^{-1}(-x) = \pi - \cos^{-1} x$ (3) $\tan^{-1}(-x) = -\tan^{-1} x$

12. (1) $\cos^{-1} \dfrac{63}{65} = a$, $\cos^{-1} \dfrac{12}{13} = b$ とおき，$a + b = \sin^{-1} \dfrac{3}{5}$ を示す． (2) $\tan^{-1} \dfrac{1}{5} = \alpha$, $\tan^{-1} \dfrac{1}{239} = \beta$ とおき，$4\alpha - \beta = \dfrac{\pi}{4}$ を示す．

13. 略

14. $\sin^{-1} x = a$, $2\tan^{-1} \sqrt{\dfrac{1-x}{1+x}} = b$ とおき，$a + b = \dfrac{\pi}{2}$ を示す．

15. 略 **16.** (1) $x = \log(y + \sqrt{y^2 + 1})$ $(y \in \mathbb{R})$ (2) $x = \log(y + \sqrt{y^2 - 1})$ $(y \in [1, \infty))$

17. (1) $\dfrac{5}{6}$ に収束 (2) $\dfrac{7}{4}$ に収束 (3) 発散 (4) 発散 (5) 収束 (6) $x = 0$ のとき発散, $x \neq 0$ のとき収束

18. 略． **19.** すべて偽である．

第 2 章

問 2.1.1. (1) 1 (2) 3 (3) $\dfrac{1}{2}$ (4) 0 (5) 0 (6) 1 (7) 0 (8) e^λ (9) e^λ

問 2.2.1. (1) $f(x) = e^x - 3x$ とおく．$f(0) = 1, f(1) = e - 3 < 0$ より定理 2.9 から区間 $[0, 1]$ で $f(x) = 0$ なる x が存在する． (2) $f(x) = \sin 2x - x$ とおく．$f(\frac{\pi}{4}) = 1 - \frac{\pi}{4} > 0, f(\frac{\pi}{2}) = -\frac{\pi}{2} < 0$ より定理 2.9 から区間 $[\frac{\pi}{4}, \frac{\pi}{2}]$ で $f(x) = 0$ なる x が存在する． (3) $f(x) = x^3 - 9x^2 + 2$ とおく．$f(0) = 2, f(1) = -6, f(2) = -26, f(3) = -52$ より定理 2.9 から区間 $[0, 1]$ で $f(x) = 0$ なる x が存在する． (4) $f(x) = x^5 + x^3 + x + 1$ とおく．$f(-1) = -2, f(1) = 4 > 0$ より定理 2.9 から区間 $[-1, 1]$ で $f(x) = 0$ なる x が存在する．

演習問題 2

1. (1) $\dfrac{1}{4}$ (2) 0 (3) $\dfrac{a}{b}$ (4) $\dfrac{a^2}{b}$ (5) $\dfrac{a}{b}$ (6) $-\dfrac{1}{2}$ (7) $\dfrac{\pi}{4}$ (8) $-\dfrac{\pi}{4}$ (9) 0 (10) 0
2. すべて，$x = 0$ で連続である．
3. $|x| < 1$ のとき $\lim_{n\to\infty} |x|^n = 0$ より，$f(x) = 1$，$|x| = 1$ のとき $f(x) = \dfrac{2}{3}$，$|x| > 1$ のとき，$\lim_{n\to\infty} \dfrac{1}{|x|^n} = 0$ より $f(x) = \dfrac{1}{2}$．グラフは明らかである．
4. 略
5. $g(x) = f(x) - x$ とおく．仮定より，$a \leq f(a) \leq b, a \leq f(b) \leq b$ であるから，$g(a) = f(a) - a \geq 0, g(b) = f(b) - b \leq 0$，定理 2.5 より $g(c) = 0$ すなわち，$f(c) = c$ となる点 $c \in [a, b]$ が存在する．
6. 略． 7. すべて偽である．

第 3 章

問 **3.2.1** (1) $z'(x) = f'(x) \cos f(x)$ (2) $z'(x) = f'(\sin x) \cos x$ (3) $z'(x) = \dfrac{1}{f(x)} f'(x)$ (4) $z'(x) = f'(\log x) \dfrac{1}{x}$ (5) $z'(x) = f'(x^2) 2x$ 問 **3.2.2.** (1) $a \cosh ax$ (2) $3(x - \dfrac{1}{x})^2 (1 + \dfrac{1}{x^2})$ (3) $\dfrac{-6x^2 - 6x + 3}{(x^2 + x + 1)^2}$ (4) $a \sinh ax$ (5) $2x \sin ax + ax^2 \cos ax$ (6) $2x \log_a x + \dfrac{x}{\log a}$ (7) $e^x (\sin(ax+b) + a\cos(ax+b))$ (8) $3x^2 \tan(\dfrac{1}{x}) - x \sec^2(\dfrac{1}{x})$ (9) $\dfrac{4}{3\sqrt[3]{2x+3}}$ (10) $\dfrac{1}{\sqrt{a^2-x^2}}$ (11) $\dfrac{1}{\sqrt{x^4+x^2+1}}$ $\dfrac{1-x^2}{1+x^2}$ (12) $-\dfrac{1}{\sqrt{a^2-x^2}}$ (13) $\dfrac{x}{|x|} \dfrac{1}{\sqrt{1-x^2}}$ (14) $\dfrac{a}{x^2+a^2}$ (15) $\dfrac{e^x}{1+e^{2x}}$ (16) $\dfrac{x}{\sqrt{a+x^2}}$ (17) $-\dfrac{x}{\sqrt{a^2-x^2}}$ (18) $\dfrac{1}{\sqrt{x^2+1}}$ (19) $(2x + x^2 \log a) a^x$ (20) $e^x \sin(ax)(\sin(ax) + 2a\cos(ax))$ (21) $-2xe^{-x^2}$
問 **3.2.3.** (1) $-\cot t$ (2) $\dfrac{\sin t}{(1-\cos t)}$ (3) $\dfrac{3}{2} \tanh t$ (4) $\dfrac{\cos t - t \sin t}{\sin t + t \cos t}$
問 **3.3.1.** (1) $z' = 2f(x)f'(x)$, $z'' = 2(f'(x))^2 + 2f(x)f''(x)$ (2) $z' = 2xf'(x^2)$, $z'' = 4x^2 f''(x^2) + 2f'(x^2)$ (3) $z' = \cos(f(x))f'(x)$, $z'' = -\sin(f(x))(f'(x))^2 + \cos(f(x))f''(x)$ (4) $z' = \cos x f'(\sin x)$, $z'' = \cos^2 x\, f''(\sin x) - \sin x f'(\sin x)$ (5) $z' = \dfrac{1}{f(x)} f'(x)$, $z'' = \dfrac{-1}{f^2(x)}(f'(x))^2 + \dfrac{1}{f(x)} f''(x)$ (6) $z' = f'(\log x) \dfrac{1}{x}$, $z'' = f''(\log x) \dfrac{1}{x^2} - \dfrac{1}{x^2} f'(\log x)$ 問 **3.3.2.** 略

問と演習問題の略解 221

問 3.3.3. ((1),(2),(3) は 2 つの関数の和.(4) と (5) はライプニッツの公式) (1) $\frac{1}{2}\left(5^n \sin(5x + \frac{n\pi}{2}) - \sin(x + \frac{n\pi}{2})\right)$ (2) $\frac{1}{2}\left(\frac{(-1)^n n!}{(x-1)^{n+1}} - \frac{(-1)^n n!}{(x+1)^{n+1}}\right)$ (3) $-2^{n-1}\cos(2x + \frac{n\pi}{2})$ (4) $x^2 \sin(x + \frac{n\pi}{2}) + n2x \sin(x + \frac{(n-1)\pi}{2}) + n(n-1)\sin(x + \frac{(n-2)\pi}{2})$ (5) $x^3 e^x + n3x^2 e^x + n(n-1)3x e^x + n(n-1)(n-2) e^x$ **問 3.4.1.** 略

問 3.4.2. 略 **問 3.5.1.** (1) $a = 0$ のとき, $\cos \pi x \fallingdotseq 1$, $\cos \pi x \fallingdotseq 1 - \frac{(\pi)^2}{2}x^2$. $a = 1$ のとき, $\cos \pi x \fallingdotseq -1$, $\cos \pi x \fallingdotseq -1 + \frac{\pi^2}{2}(x-1)^2$. (2) $a = 0$ のとき, $\sin \pi x \fallingdotseq \pi x$, $\sin \pi x \fallingdotseq \pi x + 0$. $a = 1$ のとき, $\sin \pi x \fallingdotseq -\pi(x-1)$, $\sin \pi x \fallingdotseq -\pi(x-1) + 0$. (3) $a = 0$ のとき, $\frac{1}{1+x} \fallingdotseq 1 - x$, $\frac{1}{1+x} \fallingdotseq 1 - x + x^2$. $a = 1$ のとき, $\frac{1}{1+x} \fallingdotseq \frac{1}{2} - \frac{1}{4}(x-1)$, $\frac{1}{1+x} \fallingdotseq \frac{1}{2} - \frac{1}{4}(x-1) + \frac{1}{8}(x-1)^2$. (4) $a = 0$ のとき, $\log(1+x) \fallingdotseq x$, $\log(x+1) \fallingdotseq x - \frac{1}{2}x^2$. $a = 1$ のとき, $\log(1+x) \fallingdotseq \log 2 + \frac{1}{2}(x-1)$, $\log(1+x) \fallingdotseq \log 2 + \frac{1}{2}(x-1) - \frac{1}{8}(x-1)^2$. (5) $a = 0$ のとき, $\tan^{-1} x \fallingdotseq x$, $\tan^{-1} x \fallingdotseq x + 0$. $a = 1$ のとき, $\tan^{-1} x \fallingdotseq \tan^{-1} 1 + \frac{1}{2}(x-1)$, $\tan^{-1} x \fallingdotseq \tan^{-1} 1 + \frac{1}{2}(x-1) - \frac{1}{4}(x-1)^2$. (6) $a = 0$ のとき, $\sqrt{1+x} \fallingdotseq 1 + \frac{x}{2}$, $\sqrt{1+x} \fallingdotseq 1 + \frac{x}{2} - \frac{1}{8}x^2$. $a = 1$ のとき, $\sqrt{1+x} \fallingdotseq \sqrt{2} + \frac{1}{2\sqrt{2}}(x-1)$, $\sqrt{1+x} \fallingdotseq \sqrt{2} + \frac{1}{2\sqrt{2}}(x-1) - \frac{1}{8} 2^{-3/2}(x-1)^2$. **問 3.5.2.** (1) 0.52 (2) 10.03 (3) 10.01 (4) 1.01 **問 3.5.3.** (1) $\sum_{k=1}^{n}(-1)^{k-1}\frac{1}{k}x^k + (-1)^n \frac{1}{n+1}\frac{1}{(1+\theta x)^{n+1}}x^{n+1}$ $(0 < \theta < 1)$ (2) $1 + \sum_{k=1}^{n}(-1)^k \frac{1}{(2k)!}x^{2k} + \frac{1}{(2n+1)!}\cos(\theta x + n\pi + \frac{\pi}{2})x^{2n+1}$ $(0 < \theta < 1)$ (3) $1 + \sum_{k=1}^{n}(\log a)^k \frac{1}{k!}x^k + \frac{1}{(n+1)!}(\log a)^{n+1} a^{\theta x} x^{n+1}$ $(0 < \theta < 1)$ (4) $1 + \sum_{k=1}^{n}(-1)^{k-1}\frac{1 \cdot 3 \cdots (2k-3)}{2^k k!}x^k + (-1)^n \frac{1 \cdot 3 \cdots (2n-1)}{2^{n+1}(n+1)!}(1+$

$\theta x)^{-\frac{n+1}{2}} x^{n+1}$ $(0 < \theta < 1)$ 問 **3.6.1.**   (1) $\sum_{n=1}^{\infty} \frac{(-1)^{n-1}}{n} x^n$ $(|x| < 1)$ (2) $1 + \sum_{k=1}^{\infty} (\log a)^k \frac{1}{k!} x^k$ $(x \in \mathbb{R})$ (3) $1 + \frac{x}{2} + \sum_{k=2}^{\infty} (-1)^{k-1} \frac{1 \cdot 3 \cdots (2k-1)}{k!} (\frac{x}{2})^k$ $(|x| < 1)$ 問 **3.7.1.**   (1) $\frac{1}{2}$ (2) $\frac{1}{2}$ (3) -1 (4) $\frac{1}{2}$ (5) 2 (6) 0 (7) 1 (8) 0 (9) 0 (10) 2 問 **3.7.2.** 略   問 **3.7.3**   (1) $x = 3$ で極大値 $27e^{-3}$ をとる.   (2) $x = 0$ で極大値 0 をとる. $x = 4/3$ で極小値 $-\frac{32}{27}$ をとる.   (3) $x = 4$ で極大値 $4^4 e^{-4}$ をとる. $x = 0$ の近くでは $f(x) > 0 = f(0)$ $(x \neq 0)$ より, $x = 0$ で極小値 0 をとる.   (4) $x = 3\pi/4 + 2n\pi$ $(n = 0, \pm 1, \pm 2, \cdots)$ で極小値 $-\frac{1}{\sqrt{2}} \exp(-\frac{3\pi}{4} - 2n\pi)$ をとる. $x = 7\pi/4 + 2n\pi$ $(n = 0, \pm 1, \pm 2, \cdots)$ で極大値 $\frac{1}{\sqrt{2}} \exp(-\frac{7\pi}{4} - 2n\pi)$ をとる.   (5) $x = 0$ で極大値 0 をとる. $x = \pm 1$ で極小値 -1 をとる.   (6) $x = 0, x = a$ で極小値 0 をとる. $x = a/2$ で極大値 $\frac{a^4}{16}$ をとる.   問 **3.8.1.** 略   問 **3.8.2.** 略

演習問題 3

1.   (1) $2x \tan^{-1} ax + \frac{ax^2}{1 + a^2 x^2}$ (2) $2x \cos^{-1} x - \frac{x^2}{\sqrt{1 - x^2}}$ (3) $\frac{1}{3 + 3x} \frac{3}{2\sqrt{3x + 2}}$ (4) $\frac{1}{\log 10} \frac{1 + 2x}{1 + x + x^2}$ (5) $-\frac{\sin x}{1 + \cos x}$ (6) $\frac{-a}{x^2 + a^2}$ (7) $\frac{1}{2} \cot(\frac{x}{2}) \sec^2(\frac{x}{2})$ [別解] $\frac{1}{\sin x}$ (8) $\frac{a}{a^2 + x} \frac{1}{2\sqrt{x}}$ (9) $(1 + \frac{1}{x}) \exp(-\frac{1}{x})$ (10) $\frac{1}{\cosh^2 x}$ (11) $x^{x^x} = \exp(x^x \log x)$, $x^x = \exp(x \log x)$, $(x^x)' = (x^x)(\log x + 1)$ より, $(x^{x^x})' = (x^{x^x})(x^x \log x)' = (x^{x^x})(x^{x-1} + (x^x)(\log x + 1) \log x)$ (12) $\frac{-2}{\sin x}$ **2.**   (1) $x = 0$ で微分不可能である. なぜなら, $\frac{f(h) - f(0)}{h} = \frac{1}{h^{2/3}}$ より, $\lim_{h \to 0} \frac{f(h) - f(0)}{h}$ は存在しない.   (2) $f'(0) = 0$ (3) $f'(0) = 0$ (4) $f'(0) = 0$ (5) $f'(0) = 0$ (6) $f'(0) = 0$ **3.** 略   **4.**   (1) 0 (2) 0 (3) 0 (4) $-\frac{1}{6}$ (5) 0 (6) 0 **5.** 略   **6** 略   **7.** 略   **8.** 略   **9.** 略   **10.** 略   **11.** 略   **12.**   (1) $f(x)$ は $x = e^{-\frac{1}{2}}$ で極小値 $-\frac{1}{2e}$ をとる.   (2) $x = \frac{m(n-1)}{n(1+m)}$ で, $f(x)$ は極小値 $f(\frac{m(n-1)}{n(1+m)}) = \left(\frac{m(n-1)}{n(1+m)}\right)^{n-1} \left(\frac{m+n}{1+m}\right)^{-n-m}$ をとる.   (3) $f(x)$ は $x = n$ で極大値 $n^n e^{-n}$ をと

る．(4) $f(x)$ は $x=\dfrac{\pi}{4}$ で極大値 $\dfrac{1}{\sqrt{2}}e^{-\frac{\pi}{4}}$ をとり，$x=\dfrac{5\pi}{4}$ で極小値 $-\dfrac{1}{\sqrt{2}}e^{-\frac{5\pi}{4}}$ をとる．(5) $f(x)$ は $x=-\dfrac{3}{4}$ で極小値 $-\dfrac{3}{4}\left(\dfrac{1}{4}\right)^{\frac{1}{3}}$ をとる．(6) 点 $x=\dfrac{-1-\sqrt{13}}{3}$ と $x=\dfrac{-1+\sqrt{13}}{3}$ で極大値 $f(\dfrac{-1-\sqrt{13}}{3})$，$f(\dfrac{-1+\sqrt{13}}{3})$ をとる．点 $x=-1$ と $x=2$ で極小値 0 をとる．(7) $x=\sqrt{\dfrac{1}{2}}$ で極大値 $\sqrt{2}$ をとる．**13.** 略 **14.** すべて偽

第 4 章

問 4.1.1. (1) $\dfrac{2}{5}x^2\sqrt{x}+6\sqrt{x}$ (2) $x-3\log|x+2|$ (3) $-\log|\cos x|$
(4) $\dfrac{2}{3}\sin x\sqrt{\sin x}$ (5) $\dfrac{1}{\sqrt{2}}\sin^{-1}\left(\dfrac{x}{\frac{1}{\sqrt{2}}}\right)$ (6) $\sqrt{x^2+2x+2}$ **問 4.2.1.**
(1) $\dfrac{x^2}{2}\log x-\dfrac{1}{4}x^2$ (2) $x\tan x+\log|\cos x|$ (3) $\dfrac{(\log x)^2}{2}$ (4) $\log|e^x+e^{-x}|$
(5) $x\sin^{-1}x+\sqrt{1-x^2}$ (6) $(-x^2-2x-2)e^{-x}$ **問 4.3.1.** (1) $x^2-x+2\log|x-2|-\log|x-1|$ (2) $\dfrac{1}{3}\log|x+1|-\dfrac{1}{6}\log|x^2-x+1|+\dfrac{1}{\sqrt{3}}\tan^{-1}\dfrac{2x-1}{\sqrt{3}}$
(3) $\dfrac{1}{2}\log|x^2+1|+\dfrac{1}{2}\cdot\dfrac{x-1}{x^2+1}+\dfrac{1}{2}\tan^{-1}x$ **問 4.4.1.** (1) $x-\tan\dfrac{x}{2}$ (2) $x-\dfrac{1}{\sqrt{2}}\tan^{-1}\left(\dfrac{\tan x}{\sqrt{2}}\right)$ (3) $-x+\sqrt{2}\tan^{-1}\left(\sqrt{2}\tan x\right)$ (4) $-\dfrac{4}{3}(2-x)^{\frac{3}{2}}+\dfrac{2}{5}(2-x)^{\frac{5}{2}}$ (5) $-3(2-x)^{\frac{2}{3}}+\dfrac{3}{5}(2-x)^{\frac{5}{3}}$
(6) $x\sqrt{\dfrac{x-1}{x}}+\dfrac{1}{2}\left(\log\left|\sqrt{\dfrac{x-1}{x}}-1\right|-\log\left|\sqrt{\dfrac{x-1}{x}}+1\right|\right)$
(7) $\dfrac{1}{2}\left(x\sqrt{x^2+a}+a\log\left|x+\sqrt{x^2+a}\right|\right)$ (8) $\dfrac{x}{2}\sqrt{1-x^2}+\tan^{-1}\sqrt{\dfrac{x+1}{1-x}}$
［別解］$\dfrac{1}{2}\left(x\sqrt{1-x^2}+\sin^{-1}x\right)$ (9) $\dfrac{1}{6}(2x^2-x+1)\sqrt{x^2-2x+2}+\dfrac{1}{24}+\dfrac{1}{2}\log\left|x-1+\sqrt{x^2-2x+2}\right|$

演習問題 4

1. (1) $\dfrac{1}{51}(x+1)^{51}$ (2) $\dfrac{12}{7}x^{\frac{7}{3}}+20x^{\frac{1}{4}}$ (3) $-\dfrac{1}{4(2x+5)^2}$ (4) $\dfrac{2}{3}x^{\frac{3}{2}}-\dfrac{4}{5}x^{\frac{5}{2}}+\dfrac{2}{7}x^{\frac{7}{2}}$ (5) $\dfrac{-6}{\sqrt{2x-1}}$ (6) $-\dfrac{1}{a}\log|\cos ax|$ (7) $-\dfrac{1}{2}\cos x^2$ (8) $\dfrac{x^2}{2}\log ax-$

$\frac{1}{4}x^2$ (9) $-x^2\cos x + 2x\sin x + 2\cos x$ (10) $\frac{1}{9}x^3(3\log x - 1)$ (11) $\frac{(\log x)^3}{3}$
(12) $-\frac{1}{x}(1 + \log x)$ (13) $-\frac{(\log x)^2}{2x^2} - \frac{\log x}{2x^2} - \frac{1}{4x^2}$
(14) $-\frac{1}{4}\sin^{-1} x + \frac{1}{2}x^2 \sin^{-1} x + \frac{1}{4}x\sqrt{1-x^2}$ (15) $\frac{1}{4}(2x^2-1)(\sin^{-1} x)^2 + \frac{1}{2}x\sqrt{1-x^2}\sin^{-1} x - \frac{1}{4}x^2 + \frac{1}{8}$

2. (1) $-\frac{1}{7}\log|2x+1| + \frac{1}{14}\log|3x^2+1| + \frac{2\sqrt{3}}{21}\tan^{-1}(\sqrt{3}x)$ (2) $\frac{x^3}{3} + x + \frac{1}{2}(\log|x-1| - \log|x+1|)$ (3) $\frac{1}{4}(\log|x-1| - \log|x+1| - 2\tan^{-1} x)$
(4) $\frac{\sqrt{2}}{4}\tan^{-1}(\sqrt{2}x - 1) - \frac{1}{4\sqrt{2}}\log|x^2 - \sqrt{2}x + 1| + \frac{\sqrt{2}}{4}\tan^{-1}(\sqrt{2}x+1) + \frac{1}{4\sqrt{2}}\log|x^2 + \sqrt{2}x+1|$ (5) $\frac{1}{2}\tan^{-1}(x^2)$
(6) $\frac{1}{4}(\log|x-1| - \log|x+1| + 2\tan^{-1} x)$ (7) $\frac{1}{6}\log|x-1| - \frac{1}{6}\log|x+1| - \frac{\sqrt{3}}{6}\tan^{-1}\left(\frac{2x-1}{\sqrt{3}}\right) + \frac{1}{12}\log|x^2-x+1| - \frac{\sqrt{3}}{6}\tan^{-1}\left(\frac{2x+1}{\sqrt{3}}\right) - \frac{1}{12}\log|x^2+x+1|$ (8) $\frac{3}{4}\left(\frac{x}{2(x^2+1)} + \frac{1}{2}\tan^{-1} x\right) + \frac{1}{4}\frac{x}{(x^2+1)^2}$ (9) $\frac{1}{8}\frac{x}{x^2+1} - \frac{1}{4}\frac{x}{(x^2+1)^2} + \frac{1}{8}\tan^{-1} x$

3. (1) $\log\left|\tan\frac{x}{2}\right|$ ［別解］ $\frac{-1}{2}(\log|1+\cos x| - \log|1-\cos x|)$
(2) $\log\left|\tan\frac{x}{2}\right| + 2\cos^2\frac{x}{2}$
(3) $\frac{1}{a^2+b^2}\left(2a\tan^{-1}\left(\tan\frac{x}{2}\right) + b\log|a\cos x + b\sin x|\right)$ (4) $\frac{-2}{1+\tan\frac{x}{2}}$
(5) $\frac{2}{\sqrt{a^2-1}}\tan^{-1}\left(\frac{a\tan\frac{x}{2}+1}{\sqrt{a^2-1}}\right)$.   (6) $\frac{1}{\sqrt{a(a+1)}}\tan^{-1}\left(\frac{\sqrt{a+1}\tan x}{\sqrt{a}}\right)$
(7) $\tan x - x$ (8) $\frac{-2}{\tan x} + \tan x$
(9) $\frac{1}{a-1}\left(\tan^{-1}(\tan x) - \frac{1}{\sqrt{a}}\tan^{-1}\left(\frac{\tan x}{\sqrt{a}}\right)\right)$ (10) $-\log\left|\sqrt{\frac{x+1}{x-1}} - 1\right| + \log\left|\sqrt{\frac{x+1}{x-1}} + 1\right| - 2\tan^{-1}\sqrt{\frac{x+1}{x-1}}$

問と演習問題の略解   225

(11) $2\log\left|\sqrt{\dfrac{2-x}{2+x}}-1\right|-\log\left|\dfrac{4}{x+2}\right|+2\tan^{-1}\sqrt{\dfrac{2-x}{2+x}}$

(12) $\dfrac{1}{2}\tan^{-1}\left(\dfrac{\sqrt{x-4}}{2}\right)-\dfrac{\sqrt{x-4}}{x}$ (13) $\dfrac{1}{16}+\dfrac{1}{4}(2x+1)\sqrt{4x^2+4x+5}+\log|1+2x+\sqrt{4x^2+4x+5}|$ (14) $\dfrac{(x+1)\sqrt{-x^2-2x+3}}{2}+4\tan^{-1}\sqrt{\dfrac{x+3}{1-x}}$

(15) $2\tan^{-1}\sqrt{\dfrac{x-a}{b-x}}$ (16) $-\dfrac{\sqrt{4-x^2}}{x}-2\tan^{-1}\sqrt{\dfrac{x+2}{2-x}}$

4. (1) $I_n=\dfrac{n-1}{n}I_{n-2}+\dfrac{1}{n}\cos^{n-1}x\sin x$ (2) $I_n=\dfrac{1}{n-1}\tan^{n-1}x-I_{n-2}$

第 5 章

問 5.1.1. 略 **問 5.2.1.** (1) $2-3\log 3$ (2) $\dfrac{1}{2}\log 2$ (3) $\dfrac{\pi}{4\sqrt{2}}$ (4) $\sqrt{5}-1$

問 5.2.2. $g'(x)=e^x f(e^x)+f(-x)$, $g''(x)=e^x f(e^x)+e^{2x}f'(e^x)-f'(-x)$

問 5.2.3. $g'(x)=e^x f(x)-f(\log(x+1))$, $g''(x)=e^x\{f(x)+f'(x)\}-\dfrac{1}{x+1}f'(\log(x+1))$ **問 5.3.1.** (1) $\dfrac{4}{3}$ (2) $2\log 3$ (3) $\dfrac{a^3}{3}$ (4) $\dfrac{\pi}{4\sqrt{2}}+\dfrac{1}{\sqrt{2}}-1$ (5) $\dfrac{1}{4}(e^2+1)$ (6) $\dfrac{\pi}{2}-\log 2$ **問 5.4.1.** (1) $a>-1$ のとき $\dfrac{1}{a+1}$, $a\leq -1$ のとき ∞ (2) $\dfrac{1}{2}$ (3) $\dfrac{1}{2}\log 2$ (4) $\dfrac{\pi}{2}$ (5) $\dfrac{\pi}{2}$ (6) $\dfrac{(b-a)\pi}{2}$ **問 5.5.1.** (1) $\dfrac{\pi}{4}$ (2) $\dfrac{\pi}{4}$ **問 5.5.2.** (1) $\dfrac{a^2}{6}$ (2) $\dfrac{1}{3}$ **問 5.5.3.** (1) $\dfrac{4}{3}ab^2\pi$ (2) $\dfrac{\sqrt{2}}{60}\pi$ **問 5.5.4** (1) $6a$ (2) $\pi\sqrt{1+4\pi^2}+\dfrac{1}{2}\log(2\pi+\sqrt{1+4\pi^2})$ **問 5.6.1.** 略 **問 5.6.2.** (1) 台形公式による近似値は, 1.112. シンプソン公式による近似値は, 1.111. (2) 台形公式による近似値は, 0.830. シンプソン公式による近似値は, 0.837.

演習問題 5

1. (1) 1 (2) $\pi-2$ (3) $\dfrac{1}{\pi}$ (4) $6-2e$ (5) $\dfrac{16}{105}$ (6) $\dfrac{1}{4}$ (7) $\dfrac{1}{2}$ (8) $20\log 2-6\log 3-4$ (9) $\dfrac{1}{3}a^3$ (10) $\dfrac{a^4}{16}\pi$ (11) $a\left(\dfrac{\pi}{2}-1\right)$ (12) $\dfrac{\pi}{8}$ (13) $\log(2-\sqrt{3})$ (14) $\dfrac{m!\,n!}{(m+n+1)!}$ (15) $\dfrac{\pi}{2}-1$ (16) $\log\dfrac{3+\sqrt{5}}{2}$ (17) $\dfrac{(b-a)^2}{8}\pi$ (18) $\dfrac{2n-1}{2n}\cdot\dfrac{2n-3}{2n-2}\cdots\dfrac{1}{2}\cdot\dfrac{\pi}{2}$

2. (1) $\dfrac{\pi}{2}$ (2) $\dfrac{2}{3a}$ (3) $\dfrac{b}{a^2+b^2}$ (4) $\dfrac{a}{a^2+b^2}$ (5) 発散する (6) 発散する (7) 発散する (8) $-\dfrac{1}{4}$ (9) 2 (10) $-1+\log 2$ (11) 0 (12) $\dfrac{16}{15}$ (13) $\dfrac{\pi}{4}$ (14) $\log(2+\sqrt{3})$ (15) $\dfrac{\pi}{2}+1$ (16) $\dfrac{2}{\sqrt{3}}\pi$

3. (1) $\dfrac{1}{2}(\log 8-\log 5)$ (2) $-\dfrac{1}{4}$

4. (1) $2\sqrt{a^2+1}$ (2) $\dfrac{3}{4}\pi$

5. (1) $\dfrac{16}{3}\sqrt{2}$ (2) $\dfrac{1}{3}\pi$

6. (1) $\dfrac{\omega\ell}{\pi}$ が整数となること (2) $\dfrac{\alpha}{\omega}\sin\omega x$

第 6 章

問 6.1.1.（曲面の概形は省略） (1) c をパラメーターとする放物線群 $y=x^2+c$ (2) 円群 $x^2+y^2=c^2$ (3) 双曲線群 $xy=c$ **問 6.1.2.** 急な上り（下り）の状態 **問 6.1.3.** $\{(x,y)\in\mathbb{R}^2\,|\,y\leq x^2-x\}$ **問 6.1.4** (1) 不連続 (2) 連続 **問 6.1.5.** (1) $z_x=6x^2$, $z_y=6y$ (2) $z_x=e^x\sin 3y$, $z_y=3e^x\cos 3y$ (3) $z_x=\dfrac{-2x^2+2y^2+2}{(x^2+y^2+1)^2}$, $z_y=\dfrac{-4xy}{(x^2+y^2+1)^2}$ **問 6.1.6.** 点 $(1,1)$ では $(6,9)$, 点 $(-1,1)$ では $(-6,9)$, 他の点では $(0,0)$. **問 6.1.7.** (1) $z_{xx}=6x$, $z_{xy}=z_{yx}=-6y$, $z_{yy}=-6x+6y$ (2) $z_{xx}=4e^{2x}\cos 3y$, $z_{xy}=z_{yx}=-6e^{2x}\sin 3y$, $z_{yy}=-9e^{2x}\cos 3y$ **問 6.2.1.** 1.00375 **問 6.2.2** 略 **問 6.2.3.** 略 **問 6.2.4** 略 **問 6.2.5** 略 **問 6.2.6** r **問 6.2.7.** 略 **問 6.2.8.** 向き $\left(\dfrac{-1}{5\sqrt{5}},\dfrac{-2}{5\sqrt{5}}\right)$, 変化率 $\dfrac{1}{5}$ **問 6.3.1.** $\log 6+\dfrac{1}{6}(x-3)+\dfrac{1}{2}(y-1)+\dfrac{1}{2!}\left(\dfrac{-1}{36}(x-3)^2+2\left(\dfrac{-1}{12}\right)(x-3)(y-1)+\dfrac{-1}{4}(y-1)^2\right)+\cdots$ **問 6.4.1.** (1) 極値なし (2) $x=y=-2$ で極大値 8 (3) $x=y=\dfrac{\pi}{3}$ で極大値 $\dfrac{3\sqrt{3}}{2}$ **問 6.6.1.** $x=y=\dfrac{1}{\sqrt{2}}$ で極大値 $\sqrt{2}$, $x=y=-\dfrac{1}{\sqrt{2}}$ で極小値 $-\sqrt{2}$

演習問題 6

1. (1) $f_x=yze^{xyz}$, $f_y=xze^{xyz}$, $f_z=xye^{xyz}$ (2) $f_x=\dfrac{2x}{x^2+y^2+z^2}$, $f_y=\dfrac{2y}{x^2+y^2+z^2}$, $f_z=\dfrac{2z}{x^2+y^2+z^2}$ (3) $f_x=\cos(x+3y+5z)$ $f_y=$

問と演習問題の略解

$3\cos(x+3y+5z)$ $f_z = 5\cos(x+3y+5z)$ (4) $f_x = \dfrac{x}{\sqrt{x^2+y^2+z^2}}$, $f_y = \dfrac{y}{\sqrt{x^2+y^2+z^2}}$, $f_z = \dfrac{z}{\sqrt{x^2+y^2+z^2}}$ (5) $f_x = 2x\sec^2(x^2+y^2)$, $f_y = 2y\sec^2(x^2+y^2)$ (6) $f_x = \cos y \cos(x\cos y)$, $f_y = -x\cos(x\cos y)\sin y$ (7) $f_x = -\dfrac{y}{x^2}h\left(\dfrac{y}{x}\right)$, $f_y = \dfrac{1}{x}h\left(\dfrac{y}{x}\right)$ (8) $f_x = 2x(x^2+y^2)h(x^2+y^2) - xy^2 h(xy)$, $f_y = 2y(x^2+y^2)h(x^2+y^2) - x^2yh(xy)$

2. (1) $\dfrac{1}{\sqrt{x^2+y^2}}$ (2) 0 (3) 0 (4) 0 (5) 0 (6) $\dfrac{-2(x+y+x^2+y^2)}{(1+x+y)^3}$

3. (1) $(yze^{xyz}, xze^{xyz}, xye^{xyz})$ (2) (yz, zx, xy) (3) $(y+z, z+x, x+y)$
(4) $(-2\sin 3y \exp(-2x\sin 3y), -6x\cos 3y \exp(-2x\sin 3y))$

4. (1) $x^2y^3 + C$（C は任意定数） (2) $\log(1+xy) + C$（C は任意定数）

5. $-2\sin^2 t - 24\cos^2 t \sin t + 2\cos^2 t$

6. $\dfrac{1+2\sqrt{3}}{5}$

7. (1) 点 $\left(\dfrac{10}{3}, \dfrac{8}{3}\right)$ で極小値 $-\dfrac{28}{3}$ (2) 点 $(1, -1)$ で極小値 -1 (3) 極値なし (4) 極値なし (5) 点 $\left(\dfrac{1}{3}, \dfrac{1}{3}\right)$ で極大値 $\dfrac{1}{27}$ (6) 点 $(\sqrt{2}, -\sqrt{2})$ および点 $(-\sqrt{2}, \sqrt{2})$ で極小値 -8

8. (1) 全微分可能 (2) 全微分可能 (3) 全微分可能でない

9. 略

第 7 章

問 **7.1.1.** $\dfrac{1}{4}$ 問 **7.2.1.**（積分領域は略） 1. 5 2. 2 3. π 4. $\dfrac{1}{2}\log(1+\sqrt{2})$ 5. $\dfrac{\pi}{2}$ 6. 0 7. e 問 **7.2.2**（積分領域は略）

1. $\displaystyle\int_0^1 \left(\int_y^{\sqrt{y}} xy\, dx\right) dy = \dfrac{1}{24}$ 2. $\displaystyle\int_0^1 \left(\int_0^{y^2} x^2+y^2\, dx\right) dy = \dfrac{26}{105}$

3. $\displaystyle\int_0^{\frac{\pi}{4}} \left(\int_0^{\sin y} \sin y\, dx\right) dy + \int_{\frac{\pi}{4}}^{\frac{\pi}{2}} \left(\int_0^{\cos y} \sin y\, dx\right) dy = \dfrac{\pi}{8}$

4. $\displaystyle\int_0^1 \left(\int_0^y e^{y^2} dx\right) dy = \dfrac{1}{2}(e-1)$ 問 **7.3.1.**（積分領域は略） 1. $\dfrac{1}{2}\pi^2$

2. $e-2$ 3. 0 4. $\dfrac{1}{3}\left(e - \dfrac{1}{e}\right)$ 問 **7.3.2.**（積分領域は略） 1. $\dfrac{2}{3}$

2. $2\log(\sqrt{3}+1) - 2\log(\sqrt{3}-1) - \sqrt{3}$ **3.** $(8\log 2 - 3)\pi$ **4.** 8π 問 **7.3.3** $\dfrac{4\pi}{3}a^3$ 問 **7.4.1** **1.** $\dfrac{1}{\alpha\beta}$ **2.** π 問 **7.5.1** 108π 問 **7.6.1.** **1.** $\dfrac{1}{6}(5\sqrt{5}-1)\pi$ **2.** $4ab\pi^2$

演習問題 7

1. (1) $\dfrac{256}{15}$ (2) $\dfrac{\pi}{6}$ (3) $\dfrac{16}{3}$ (4) $-\pi$ (5) $\dfrac{1}{4}\log 2$ (6) $\dfrac{8}{3}\pi + 4\log\dfrac{\sqrt{3}-1}{\sqrt{3}+1}$ (7) $e - \dfrac{1}{e}$ (8) $\dfrac{\pi-2}{2\pi^2}$ (9) 0 (10) 0 (11) π (12) $\dfrac{5}{4}\pi$ (13) -3π

2. (1) $\dfrac{3}{4} - \log 2$ (2) $\dfrac{1}{2}\pi$ (3) $\dfrac{8}{5}\pi$ (4) $\dfrac{16}{3}\pi$ (5) $\dfrac{\pi}{30}$

3. (1) $2\sqrt{2}\pi$ (2) $\dfrac{81}{2}\pi$ (3) $\dfrac{16}{3}\pi - \dfrac{64}{9}$

4. (1) $\dfrac{\sqrt{2}-1}{3\sqrt{2}} + \dfrac{1}{2}\log(\sqrt{2}+1)$ (2) $4\pi\left(2 + \dfrac{1}{\sqrt{3}}\log(2+\sqrt{3})\right)$ (3) $\left(\sqrt{2} + \log(\sqrt{2}+1)\right)\pi$

第 8 章

以下 C, C_1, C_2 は任意定数とする.

問 **8.2.1.** (1) $\tan^{-1} y = (-\dfrac{1}{6})(\log|\dfrac{x+3}{x-3}|) + C$ (2) $\sqrt{y^2+9} + \sqrt{4+x^2} = C$ (3) $\dfrac{1}{2}\tan^{-1}\dfrac{y}{2} = \dfrac{1}{2}\log|x^2-9| + C$ (4) $y(e^x+3) = C$ (5) $\dfrac{1}{2}y^2 + \log(1+e^x) = C$ (6) $\dfrac{(1-y^2)(1-x)}{1+x} = C$ (7) $\sin^{-1}\dfrac{x}{10} + e^{-y} = C$ (8) $(1+\tan y) = C\exp(-\dfrac{x^3}{3} - x)$ (9) $-\dfrac{1}{y} = \dfrac{2}{7}x^{7/2} + 4\sqrt{x} + C$ (10) $\dfrac{-1}{\sin y} = \dfrac{1}{2e^{2x}} + \dfrac{1}{e^x} + C$ また, $y = n\pi$ $(n = 0, \pm 1, \cdots)$ も解.   問 **8.3.1.** 略   問 **8.3.2.** (1) $x(1+\dfrac{y}{x})^2 = C\exp(\dfrac{y}{x})$ (2) $y^3 + 2yx^2 + x^3 = C$ (3) $y + \sqrt{x^2+y^2} = Cx^2$ (4) $\dfrac{y+2x}{(y+4x)x} = C$ (5) $\sin^{-1}(\dfrac{y}{x}) = \log|x| + C$ (6) $x^2 + y^2 - xy + x - 3y = C_2$ (7) $x^2 + y^2 - xy + x - y = C_2$ (8) $(x-y+1)(x+y+2)^2 = C$ (9) $(x+2y-1)^2 = -4x + C$ (10) $x - 6y - \log(6x - 6y)^3 = C$ 問 **8.4.1.** (1) $\dfrac{x^3}{3} + x^2 y + xy + \dfrac{y^3}{3} = C$ (2) $x\tan y - x^3 = C$ (3) $xy + e^x \sin y = C$ (4) $\dfrac{x^2}{2} - x^2 y + xy^2 + \dfrac{y^2}{2} = C$ (5) $x\sin y - y\cos x = C$ 問 **8.5.1.** (1) $y = C\exp(-\sin x) + (\sin x - 1)$ (2) $y = $

$C\dfrac{1}{\sqrt{x}} + \dfrac{2}{7}x^3$ (3) $y = C\dfrac{1}{x^2+1} + \dfrac{1}{1+x^2}\dfrac{2}{3}x^3$ (4) $y = C(x+2) + \dfrac{x^2}{2}(x+2)$ (5) $y = C\cos x + \cos x \sin x$ (6) $y = C\exp(-2x) - \dfrac{1}{5}\cos x + \dfrac{2}{5}\sin x$

問 8.5.2. (1) $y = \{Ce^{-x} + (-2x+2)\}^{-1}$ (2) $y = \left\{\dfrac{1}{2}(x+1) + Ce^x\right\}^{-1}$
(3) $y = \left\{\exp(-x) + C\exp(\dfrac{x^2}{2})\right\}^{-1}$ (4) $y = \left\{x^2 + \dfrac{1}{2} + C\exp(2x^2)\right\}^{-1/2}$
(5) $y = \left\{-\dfrac{1}{2}e^x + C\exp(-x)\right\}^{-1}$ (6) $y^{-3} = (x+\dfrac{1}{3}) + C\exp(3x)$ **問 8.5.3.**
(1) $y = \dfrac{x+x^3}{2}$ (2) $y = 2(1+\sin x) - \exp(\sin x)$ (3) $y = (x^2-2) + 3\exp(-\dfrac{x^2}{2})$ (4) $y = x\cos x$ (5) $y = \dfrac{\sin x}{x} - \cos x$ (6) $\dfrac{1}{y} = w = e^x - \sin x$
(7) $\dfrac{1}{y^2} = w = -\exp(-x^2) - 2x^2 + 2$ (8) $\dfrac{1}{y^3} = w = \dfrac{1}{2}(x^2+1) + \log x$ (9) $\dfrac{1}{y^2} = w = \dfrac{1}{2}(\exp(2x)+1) + x$ (10) $\sqrt{y} = w = \exp(-\dfrac{1}{4}x^2) + 1$

問 8.6.1. 略 **問 8.6.2.** 同次方程式の解を y_0, 非同次方程式の特解を y_p とする. (1) $y = y_p + y_0 = -\dfrac{1}{2}x^2 + \dfrac{3}{2}x - \dfrac{5}{4} + c_1 e^{-2x} + c_2 e^{-x}$ (2) $y = y_p + y_0 = -\dfrac{1}{3}x^2 - \dfrac{7}{9}x - \dfrac{20}{27} + c_1 e^{-3x} + c_2 e^x$ (3) $y = y_p + y_0 = e^x + c_1 e^{2x} + c_2 x e^{2x}$
(4) $y = y_p + y_0 = xe^{2x} + c_1 e^{2x} + c_2 e^x$ (5) $y = y_0 + y_p = -\dfrac{4}{17}\cos 2x + \dfrac{1}{17}\sin 2x + c_1 e^{-x}\cos 2x + c_2 e^{-x}\sin 2x$ (6) $y = y_0 + y_p = \dfrac{1}{40}\cos 3x - \dfrac{3}{40}\sin 3x + c_1 e^{2x}\cos 3x + c_2 e^{2x}\sin 3x$ (7) $y = y_0 + y_p = -\dfrac{1}{78}e^{3x}\cos 2x + \dfrac{1}{52}e^{3x}\sin 2x + c_1 e^{-3x}\cos 2x + c_2 e^{-3x}\sin 2x$ (8) $y = y_0 + y_p = -\dfrac{1}{12}e^x\cos 4x + c_1 e^x\cos 2x + c_2 e^x\sin 2x$ (9) $y = y_p + y_0 = (\dfrac{1}{6}x^4 + \dfrac{5}{2}x^2)e^x + c_1 e^x + c_2 x e^x$
(10) $y = y_p + y_0 = (\dfrac{2}{3}x^3 + 2x^2 + 3x)e^x + c_1 e^{2x} + c_2 e^x$

演習問題 8

1. 1. $-\dfrac{1}{a}\log|\cos(ay)| = \log|\dfrac{x+1}{x+2}| + C$ 2. $-\log|1+\cos y| = e^{x^2} + C$
3. $\dfrac{1}{4}\sin^4 y = \dfrac{1}{3}(\log x)^3 + C$ 4. $x^4\left(1 + 4(\dfrac{y}{x})^3\right) = C$ 5. $x + 2y\exp(\dfrac{x}{y}) = C$

6. $y = C\dfrac{1}{|\sin x|} + \dfrac{-\cos 2x}{2\sin x}$ 7. $y = C\cos x - 2(\cos x)^2$ 8. $x = -(y^2 + 2y + 2) + Ce^y$ 9. $y^{-2} = Ce^{-2x} - 2e^x$ 10. $y^{-1} = Cx + 2(1 + \log x)$

2. 同次方程式の解を y_0, 非同次方程式の特解を y_p とする． 1. $y = y_p + y_0 = -3x^2 + \dfrac{3}{2}x - \dfrac{15}{4} + c_1 e^{2x} + c_2 e^{-x}$ 2. $y = y_p + y_0 = 4x^2 - 15x + 24 + c_1 e^{-x} + c_2 x e^{-x}$ 3. $y = y_p + y_0 = e^{3x}(\dfrac{1}{12}x^4 + \dfrac{5}{2}x^2) + c_1 e^{3x} + c_2 x e^{3x}$ 4. $y = y_p + y_0 = (\dfrac{1}{9}x^2 - \dfrac{1}{27}x + \dfrac{2}{9})e^{2x} + c_1 e^{-x} + c_2 x e^{-x}$ 5. $y = y_p + y_0 = \dfrac{1}{9}e^{2x} + c_1 e^{2x}\cos 3x + c_2 e^{2x}\sin 3x$ 6. $y = y_p + y_0 = \dfrac{1}{4}e^x + c_1 e^x \cos 2x + c_2 e^x \sin 2x$ 7. $y = y_p + y_0 = -\dfrac{6}{37}\cos 3x + \dfrac{1}{37}\sin 3x + c_1 e^{-x}\cos 3x + c_2 e^{-x}\sin 3x$ 8. $y = y_p + y_0 = \dfrac{1}{68}\cos 4x + \dfrac{1}{17}\sin 4x + c_1 e^{-2x}\cos 4x + c_2 e^{-2x}\sin 4x$ 9. $y = y_p + y_0 = \dfrac{1}{5}e^x\cos 2x + c_1 e^x\cos 3x + c_2 e^x \sin 3x$ 10. $y = y_p + y_0 = \dfrac{1}{7}e^{2x}\sin 3x + c_1 e^{2x}\cos 4x + c_2 e^{2x}\sin 4x$

3. 1. $y = 2\exp(\tan^{-1} x)$ 2. $y = \dfrac{e^x}{1 + e^x}$ 3. $y = \dfrac{3e^x}{3e^x - 1}$ 4. $y = \sqrt{\dfrac{e^{2x}}{3 + e^{2x}}}$ 5. $y = \sqrt{\dfrac{e^{2x}}{e^{2x} - \frac{5}{9}}}$

4. 略 **5.** 略 **6.** 略

7. $\lambda = \lambda_n = (\dfrac{n\pi}{L})^2$ $(n = 1, 2, \cdots)$ のとき，問題は解 $y_n(x) = B_n \sin \dfrac{n\pi}{L}x$ (B_n は任意定数である) をもつ．

8. (1) $\lambda = \lambda_n = (\dfrac{n\pi}{L})^2$ $(n = 0, 1, 2, \cdots)$ のとき，解 $(y \neq 0)$ が存在し，λ_n に対応する解 $y_n(x)$ は $y_n(x) = A_n \cos(\dfrac{n\pi}{L}x)$ $(n = 0, 1, 2, \cdots)$ である． (2) $\lambda = \lambda_n = (\dfrac{(2n-1)\pi}{2L})^2$ $(n = 1, 2, \cdots)$ のとき，解 $(y \neq 0)$ が存在し，λ_n に対応する解 $y_n(x)$ は $y_n(x) = A_n \sin(\dfrac{(2n-1)\pi}{2L}x)$ $(n = 1, 2, \cdots)$ である．

9. 略 **10.** 略

11. 1. $y = C_1 \cos^{-1} x + C_2$ 2. $y = C_1 \cos(\dfrac{a}{x}) + C_2 \sin(\dfrac{a}{x})$ 3. $y = C_1 \dfrac{1}{\sqrt{x}}\cos(\dfrac{\sqrt{3}}{2}\log x) + C_2 \dfrac{1}{\sqrt{x}}\sin(\dfrac{\sqrt{3}}{2}\log x)$ 4. $y = C_1 \exp(e^x - 1) + C_2 \exp(-e^x + 1)$

12. 1. 略 2. (i) $\alpha = a^2$ $(a > 0)$ のとき，$T(t) = \exp(\kappa a^2 t)$, $X(x) = C_1 \exp(ax) + C_2 \exp(-ax)$, $u(x,t) = X(x)T(t) = \exp(\kappa a^2 t)(C_1 \exp(ax) + C_2 \exp(-ax))$

(ii) $\alpha = -a^2\,(a>0)$ のとき，$T(t) = \exp(-\kappa a^2 t)$, $X(x) = C_1\cos(ax) + C_2\sin(ax)$, $u(x,t) = X(x)T(t) = \exp(-\kappa a^2 t)\,(C_1\cos(ax) + C_2\sin(ax))$ (iii) $\alpha = 0$ のとき，$T(t) = C$, $X(x) = C_1 x + C_2, u(x,t) = (C_1 x + C_2)$

索　引

あ　行

アステロイド　123
1階線形微分方程式　204
1対1の上への関数　12
1対1の関数　12
1次近似　147
1次独立　208
一般解　199
陰関数　160
陰関数定理　160, 161
上への関数　12
円環面　196
円柱座標　182
オイラーの関係式　72

か　行

開区間　1
開集合　135
階数　199
カテナリー　121
関数　10
関数行列　151
関数行列式　151
完全微分方程式　203
基本解系　208
逆関数　12
逆三角関数　22
逆正弦関数　22
逆正接関数　23
逆余弦関数　22
級数　26

球面座標　183
境界点　135
極限　3, 137
極限値　3, 32
極値　74, 157
近傍　135
区間　1
区分積分法　116
グラディエント　142
グロンウォールの不等式　215
元　1
原始関数　86
高位の無限小　37
広義積分　114, 186
高次導関数　56
高次偏導関数　143
合成関数　13
合成関数の微分　50, 57, 148
勾配　142
コーシーの平均値の定理　64
弧状連結　135
弧度法　15

さ　行

サイクロイド　118, 121
最小　42
最大　42
最大値・最小値の定理　42, 139
指数関数　19
自然対数　20
自然対数の底　8
重積分　165

収束　3, 26, 32, 137
常用対数　20
初期値問題　206
振動　3
シンプソン公式　125
数値解　77
数列　2
整関数　10
正弦関数　17
正接関数　17
正割関数　17
積分可能　104, 165
積分区間　104
積分順序の交換　172
積分定数　87
積分の平均値の定理　106
積分変数　104
積分領域　165
接線　46
絶対収束　26
接平面　148
線形近似　147
全微分　48, 147
全微分可能　145
全微分の不変性　150
全微分方程式　203
双曲線関数　24

た 行

台形公式　124
対数関数　20
対数微分法　52
多変数関数　135
単調関数　10
単調減少関数　10
単調減少数列　6
単調数列　6
単調増加関数　10
単調増加数列　6

値域　10, 136
置換積分　88, 109
逐次積分　167
中間値の定理　41
中点公式　124
定義域　10, 136
定積分　104
テイラー級数　155
テイラー級数展開　70
テイラー展開　155
テイラーの定理　65, 155
停留点　157
等位曲線　136
等位面　136
導関数　47
等高線　136
同次形　201
同次2階線形微分方程式　207
トーラス　196
特解　199
特性方程式　207
度数法　15

な 行

内点　135
2階線形微分方程式　207
二項定理　8
2分法　78
ニュートン法　79
ネピアの数　8

は 行

はさみうちの原理　4, 33
発散　3, 26, 137
半減期　200
左側極限値　36
微分可能　45
微分係数　45
微分する　47

索　引

微分積分の基本定理　107
微分できない　45
微分不可能　45
微分方程式　199
フーリエ級数　127
フーリエ係数　128
フーリエ展開　127
フーリエの定理　128
不定形　72
不定積分　86
部分積分　90, 109
部分分数分解　93
不連続　137
分数関数　11
平均値の定理　63
平均変化率　45
閉区間　1
閉集合　135
ベルヌーイの微分方程式　205
変数分離形　199
偏導関数　140
偏微分　140
偏微分可能　139
偏微分係数　140
方向微分係数　142
法線　148
補助方程式　207
ポテンシャル面　136

ま　行

マクローリン級数　156
マクローリン級数展開　70
マクローリン展開　156
マクローリンの定理　68, 156
右側極限値　36
無限級数　26
無限小　37
無限大　1
無理関数　14

や　行

ヤコビアン　151, 177
ヤコビ行列　151
有界　6, 136
有理関数　11
要素　1
余弦関数　17
余接関数　17
余割関数　17

ら　行

ライプニッツの公式　60
ラグランジュの乗数　161
ラグランジュの剰余項　66
ラグランジュの未定乗数法　161
ラゲール多項式　83
ラジアン　15
リプシッツ条件　214
領域　135
臨界点　157
累次積分　167
ルジャンドル多項式　83
連鎖律　50, 57
連続　38, 137
ロピタルの定理　72
ロルの定理　62

A～Z

$\arccos x$　22
$\arcsin x$　22
$\arctan x$　23
C^∞ 級　57, 144
C^n 級　57, 144
$\cos^{-1} x$　22
$\cosh x$　24
e　8
grad　142
∇　142

$\sin^{-1} x$	22	$\tan^{-1} x$	23
$\sinh x$	24	$\tanh x$	25

著者略歴

笹野　一洋（ささの　かずひろ）
1977 年　東京大学理学部数学科卒業
1986 年　同大学院博士課程修了
　　　　　富山医科薬科大学講師,助教授を経て
現　在　富山大学教授
　　　　　理学博士（東京大学）

南部　德盛（なんぶ　とくもり）
1966 年　九州大学大学院理学研究科修士課程修了
　　　　　九州大学教授,富山医科薬科大学教授,
　　　　　富山大学教授を歴任
　　　　　博士(理学)（九州大学）

松田　重生（まつだ　しげお）
1971 年　新潟大学大学院理学研究科修士課程修了
　　　　　富山県立技術短期大学助教授を経て
現　在　富山高等専門学校名誉教授

よくわかる微分積分概論

Ⓒ2004　笹野・南部・松田　　Printed in Japan

2004 年 11 月 30 日　初　版　発　行
2019 年 3 月 31 日　初版第 8 刷発行

著　者　　笹　野　一　洋
　　　　　南　部　德　盛
　　　　　松　田　重　生
発行者　　井　芹　昌　信

発行所　㈱ 近代科学社
〒162-0843 東京都新宿区市谷田町2-7-15
電話 03-3260-6161　振替 00160-5-7625
http://www.kindaikagaku.co.jp

大日本法令印刷　　ISBN978-4-7649-1044-7

定価はカバーに表示してあります。